Lina
Rosemann
R6a

wissen.biologie

1

Herausgeber
Rainer Hausfeld
Wolfgang Schulenberg

Autoren
Harald Glaser
Jürgen Gronotte
Rainer Hausfeld
Mariela Kalkhake
Joachim Kühmstedt
Norbert Pütz
Martin Ratermann
Wolfgang Schulenberg
Manfred Schulte
Franz Stoppel
Henning Teschner
Bernd Vorwerk

westermann

Westermann Schroedel Diesterweg Schöningh Winklers GmbH, Braunschweig
www.westermann.de

Druck A[2] Jahr 2008
Alle Drucke der Serie A sind im Unterricht parallel verwendbar.

Redaktion: Dr. Helga Röske, Heidrun Kiene, Ingeborg Kassner
Herstellung: Reinhard Hörner
Umschlaggestaltung: Kleeis Visuelle Konzepte, Braunschweig
Typographie: Andrea Heissenberg
Satz: Jesse Konzept & Text GmbH, Hannover
Druck und Bindung: westermann druck GmbH, Braunschweig

ISBN 978-3-14-**150707**-2

Inhaltsverzeichnis

Biologie – die Lehre von den Lebewesen

Menschen halten Tiere

Tiere in ihrem Lebensraum

Den eigenen Körper verstehen und gesund erhalten

Blütenpflanzen in ihrem Lebensraum

Biologie – die Lehre von den Lebewesen

1 Kennzeichen von Lebewesen

1.1 Biologie – ein neues Unterrichtsfach

1 *Lebewesen*

Auf deinem Stundenplan findest du ein neues Unterrichtsfach: **Biologie**. Das Wort setzt sich aus zwei Begriffen zusammen, die aus der griechischen Sprache stammen. „Bios“ bedeutet Leben und „logos“ bedeutet Wissenschaft. Biologie ist also eine Wissenschaft, die sich mit der lebenden Natur beschäftigt, den Lebewesen selbst und ihrer Umwelt.

Biologie ist wie Chemie oder Physik eine **Naturwissenschaft**. In den Naturwissenschaften werden bestimmte Methoden angewendet. Neben genauem Beschreiben von Abläufen in der Natur spielen vor allem **Experimente** eine große Rolle. Wenn sich ein Biologe oder eine Biologin für eine bestimmte Fragestellung interessiert, planen sie häufig Versuche, um wichtige Informationen zu erhalten. Die Versuchsdurchführung und die Ergebnisse schreiben sie in ein **Protokoll**.

In diesem Buch findest du viele Arbeitsaufträge. Zu deren Bearbeitung benötigst du ein Heft oder eine Mappe. Manchmal sind Skizzen oder Zeichnungen anzufertigen. Dafür verwendet man nur Bleistifte und Buntstifte, keine Filzstifte. Damit du in deiner Mappe noch den Überblick behältst, solltest du die Seiten nummerieren und Protokolle und Aufgaben mit einem Datum und einer Überschrift versehen. Sinnvoll ist auch ein Hinweis auf die Buchseite, von der die Aufgabe stammt. Besonders hilfreich ist ein **Inhaltsverzeichnis**, das du auf der ersten Seite deines Heftes anlegen kannst.

Mein Biologieheft führen

Fragestellung: Die Aufgabe, die gelöst werden soll, wird formuliert, die Buchseite wird angegeben.

Die **Seitennummerierung** und das **Datum** dienen dazu, die Aufzeichnungen zu ordnen und bei Bedarf wieder zu finden.

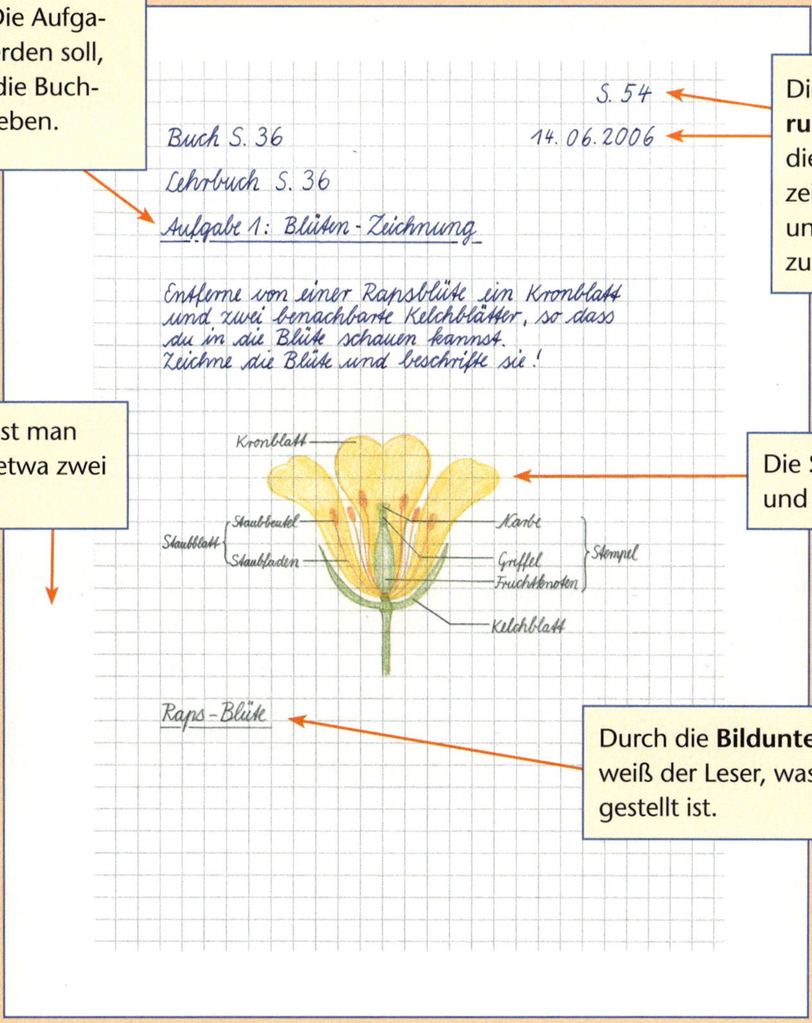

An den Seiten lässt man einen **Rand** von etwa zwei Zentimetern.

Die **Skizze** ist mit Bleistift und Buntstiften angefertigt.

Durch die **Bildunterschrift** weiß der Leser, was dargestellt ist.

2 *Eine gut geführte Heftseite*

Mit einem **Inhaltsverzeichnis** kann man ein Heft übersichtlich gestalten.
Es ist so auch später leicht möglich, eigene Aufzeichnungen zu den bearbeiteten Themen zu finden.

Inhaltsverzeichnis

S. 1 Kennzeichen von Lebewesen
S. 3 Sind Pflanzen auch Lebewesen?
S. 4 Vielfalt der Lebewesen
S. 6 Beobachten und Beschreiben
S. 7 Hunde sind beliebte Haustiere
S. 9 .....

Nur nicht den Überblick verlieren – Basiskonzepte

Das Leben auf der Erde ist sehr vielfältig. Es reicht von winzigen Bakterien, Regenwürmern, blühenden Rosen bis zu mächtigen Elefanten, von den Tropen bis zu den Eiswüsten an den Polen. All die verschiedenartigen Lebewesen unterscheiden sich sehr. Wenn man sich mit Biologie beschäftigt, kann es passieren, dass die riesige Fülle von Beispielen, Fragestellungen und Untersuchungsmöglichkeiten unüberschaubar wird. Um das zu verhindern, kann man sich eines Hilfsmittels bedienen.

Arbeiten mit Basiskonzepten: Ein Hilfsmittel sind die so genannten Basiskonzepte oder die „grundlegenden Erkenntnisse im Fach Biologie". Fast jedes Thema des Biologieunterrichts lässt sich einem oder mehreren dieser Basiskonzepte zuordnen. Durch die Zuordnung entsteht im Laufe des Biologieunterrichts eine übersichtliche Struktur, die hilft, die vielen Themen gedanklich zu verbinden.

System

Ein System besteht aus mehreren Teilen. Zwischen den Teilen eines Systems gibt es Beziehungen und Wechselwirkungen.

Biologische Systeme können unterschiedlich groß sein: Die ganze Erde, ein bestimmter Lebensraum, ein Lebewesen mit seinen Organen oder ein Organ eines Lebewesens.

Im Bewegungs-System eines Hundes arbeiten Muskeln, Knochen und Gelenke zusammen.

Struktur und Funktion

Unter Struktur versteht man in der Biologie den Bau von Lebewesen. Mit ihrem Bau sind sie an bestimmte Aufgaben (Funktionen) angepasst, zum Beispiel sich zu bewegen und zu ernähren. – Zwischen Struktur und Funktion gibt es Zusammenhänge.

Die Reißzähne eines Hundes sind so angeordnet und gebaut, dass sie beim Schließen des Mauls wie die beiden Hälften einer scharfen Schere aneinander vorbei gleiten. Die Reißzähne haben die Aufgabe (Funktion), Fleischstückchen von der Beute abzutrennen.

Stoff- und Energieumwandlung

Lebewesen nehmen Stoffe aus der Umgebung auf, wandeln sie um und geben Stoffe an die Umgebung ab. Manche Stoffe enthalten viel nutzbare Energie. Energie ist für alle Lebensvorgänge notwendig.

Die Muttermilch, die die Welpen trinken, dient zum Aufbau des Körpers und liefert nutzbare Energie für die Tätigkeit der Organe und für Bewegungen.

Vielfalt und Angepasstheit

Auf der Erde gibt es eine große Vielfalt der Arten. Selbst die Nachkommen von Eltern zeigen neben Gemeinsamkeiten Unterschiede in den Merkmalen. Alle Lebewesen besitzen Merkmale, mit denen sie an ihre Umwelt angepasst sind.

Zum Beispiel ähneln die Welpen eines Hundepaares den Eltern und sich untereinander, zeigen jedoch auch vielfältige Unterschiede in den Merkmalen. Das Gebiss eines Hundes zeigt Merkmale, die vorteilhaft für einen Fleischfresser sind. Das ist ein Beispiel für Angepasstheit.

Beispiel

Stammesgeschichte und Verwandtschaft
Jedes heutige Lebewesen hat Vorfahren, Vor-Vorfahren, Vor-Vor-Vorfahren und so weiter. Lebewesen sind im Laufe langer Zeiträume aus anderen Lebewesen hervorgegangen. Das nennt man stammesgeschichtliche Entwicklung oder kurz „Stammesgeschichte".
Der Wolf ist der Vorfahr aller Hunde. Wölfe und Hunde haben viele gemeinsame Merkmale. Wölfe und Hunde sind miteinander verwandt.

Oberflächenvergrößerung
Lebewesen nehmen Stoffe aus der Umgebung auf. Je größer die Oberfläche ist, an der die Stoffaufnahme stattfindet, desto größer kann die Menge an Stoffen sein, die über diese Oberfläche aufgenommen wird.
Hunde atmen mit Lungen. Die Oberfläche der Lungen eines Schäferhundes ist ungefähr so groß wie ein halbes Klassenzimmer. Über diese große Fläche kann viel Sauerstoff aus der Luft in den Körper aufgenommen werden

Hund

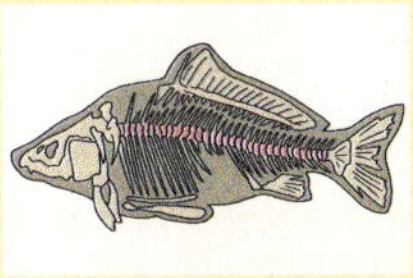

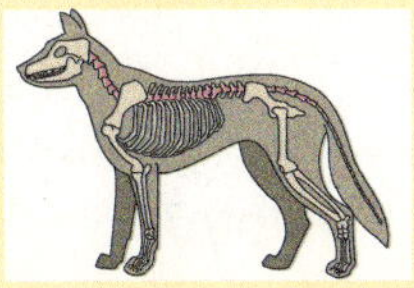

Lebensräume verändern sich
Die Lebensräume von Tieren und Pflanzen verändern sich im Laufe der Zeit.
Wenn du regelmäßig mit deinem Hund spazieren gehst, wirst du die Veränderungen in Gärten, Parks, Hecken und Wäldern im Verlauf der Jahreszeiten bemerken.

Gemeinsamkeiten und Unterschiede von Lebewesen
Wenn man Lebewesen miteinander vergleicht, erkennt man Gemeinsamkeiten und Unterschiede.
Das Skelett eines Fisches und eines Hundes zeigen neben Unterschieden auch Gemeinsamkeiten. Dazu gehört die Wirbelsäule. Beide Lebewesen gehören zur Gruppe der Wirbeltiere.

Steuerung und Regelung
Viele Zustände und Vorgänge im Körper eines Lebewesen werden gesteuert oder geregelt. Dadurch werden die Bedingungen im Körper beständig (stabil) gehalten.
Hunde sind wie alle Säugetiere gleichwarme Lebewesen. Ihre Körpertemperatur bleibt gleich, auch wenn es in der Umgebung sehr warm oder sehr kalt ist.

Fortpflanzung und Entwicklung
Lebewesen haben eine begrenzte Lebensdauer. Durch Fortpflanzung vermehren sich Lebewesen und dadurch wird ihr Fortbestand gesichert.
Bei Hunden werden die Nachkommen durch Männchen und Weibchen gezeugt. Das nennt man geschlechtliche Fortpflanzung.

Lebewesen entwickeln sich im Laufe ihres Lebens und verändern sich dabei
Aus kleinen, bei der Geburt hilflosen Schäferhund-Welpen entwickeln sich im Laufe des ersten Lebensjahres große Schäferhunde.

1.2 Lebewesen haben typische Kennzeichen

1 *Aus dem Leben eines Eichhörnchens*

Biologie ist eine Wissenschaft, die sich mit Lebewesen befasst. Woran aber erkennt man ein Lebewesen?

Ein Eichhörnchen kann sehen, hören, riechen und tasten. Durch Reize erhält ein Eichhörnchen Informationen über seine Umwelt. Ein Reiz kann zum Beispiel der Anblick eines Marders sein. Die aufgenommenen Informationen werden blitzschnell verarbeitet und das Eichhörnchen kann darauf reagieren. Beim Anblick eines Marders wird es flüchten. Das ist ein Beispiel dafür, dass Lebewesen **auf Reize reagieren**.

Ein Eichhörnchen kann sich sehr geschickt auf den Ästen der Bäume bewegen. Die Fähigkeit zu **selbstständigen Bewegungen** ist ein weiteres Kennzeichen eines Lebewesens.

Alle Lebewesen stammen von anderen Lebewesen ab. Sie pflanzen sich auch selbst fort. **Fortpflanzung** ist ein weiteres Kennzeichen von Lebewesen.

Neugeborene Eichhörnchen sind nackt und blind. Erst nach einigen Tagen entwickeln sie ein Fell. Nach einigen Monaten sind sie so groß wie ihre Eltern. **Wachstum und Entwicklung** zeigen alle Lebewesen.

Ohne Nahrung würde ein Eichhörnchen sterben. Es frisst und atmet. Die Nahrung wird im Körper des Eichhörnchens verdaut. Unverdauliche Reste scheidet es aus. Wie alle Lebewesen hat ein Eichhörnchen einen **Stoffwechsel**.

Jedes Lebewesen besitzt **alle** auf dieser Seite genannten Kennzeichen.

1 Kennzeichen von Lebewesen.

a) Lies den Text auf der Grundwissenseite. Formuliere in Form eines Merksatzes, woran man ein Lebewesen erkennt.

b) Finde für jedes der Bilder auf dieser und der Grundwissenseite eine geeignete Bildunterschrift.

c) Lege eine Tabelle nach dem folgenden Muster an. Notiere, welche Kennzeichen von Lebewesen die in Abbildung 1 und 2 dargestellten Beispiele zeigen. Bei welchen Objekten handelt es sich nicht um Lebewesen? Begründe.

2 Versuch: Entsteht hier Leben? Fülle ein Reagenzglas zur Hälfte mit verdünnter Kupfersulfatlösung (Schutzbrille tragen). Gib in die Kupfersulfatlösung einen großen Kristall gelbes Blutlaugensalz. Stelle das Reagenzglas ruhig ab und beobachte einige Minuten. Beschreibe deine Beobachtungen. Entsteht hier Leben (Abb. 3)? Begründe deine Antwort.

Kennzeichen des Lebendigen	Eichhörnchen	Frösche	...
Wachstum und Entwicklung	ja		
Selbstständige Bewegung	ja		
Reizbarkeit	ja		
Stoffwechsel	ja		
Fortpflanzung	ja		

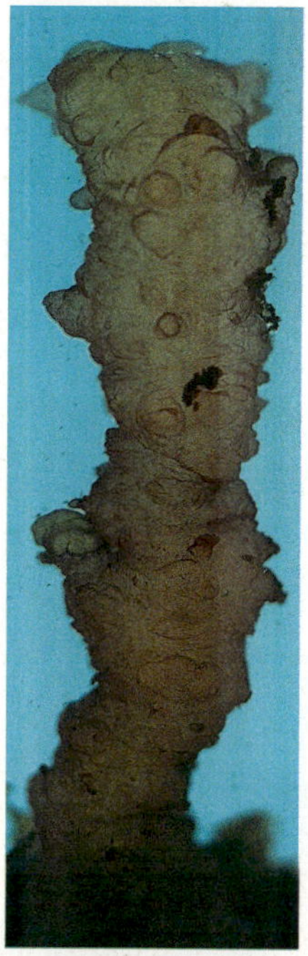

3 *Entsteht hier Leben?*

2 *Belebt oder unbelebt?*

1.3 Sind Pflanzen auch Lebewesen?

Wenn Pflanzen ebenfalls zu den Lebewesen gehören, müssen auch sie alle Kennzeichen der Lebewesen zeigen.

Bohnenpflanzen bilden im Herbst Samen. Sät man die Samen aus, entwickeln sich daraus neue Bohnenpflanzen (Abb. 1). Bohnenpflanzen zeigen also die Merkmale **Fortpflanzung** sowie **Wachstum** und **Entwicklung**.

Eine Bohnenpflanze benötigt zum Wachstum Stoffe aus ihrer Umwelt. Mit dem Dünger führen wir ihr Mineralsalze zu. Über die Blätter nehmen Bohnenpflanzen im Sonnenlicht Kohlenstoffdioxid auf und geben Sauerstoff ab. Im Inneren der Pflanze werden Stoffe umgewandelt. Bohnenpflanzen haben auch einen **Stoffwechsel**.

Dass Pflanzen reizbar sind, ist häufig nur mit viel Geduld zu erkennen. Der Spross der Bohnenpflanzen führt langsame, kreisende Suchbewegungen aus. Stößt er auf ein geeignetes Hindernis, windet sich der Spross an diesem Hindernis empor (Abb. 1). Bohnenpflanzen reagieren also auf den Berührungsreiz des Hindernisses. Sie sind **reizbar**.

Beobachtet man eine Bohnenpflanze im Tagesverlauf, stellt man fest, dass sich die Blattstellung verändert. Abends nehmen die Blätter eine so genannte „Schlafstellung" ein (Abb. 2). Die Veränderung der Blattstellung ist ein Beispiel dafür, dass Bohnenpflanzen aktive **Bewegungen** ausführen können.

Wie die Bohnenpflanzen zeigen auch alle anderen Pflanzen alle Kennzeichen von Lebewesen.

1 *Samen, Keimling und ausgewachsene Feuerbohnenpflanze*

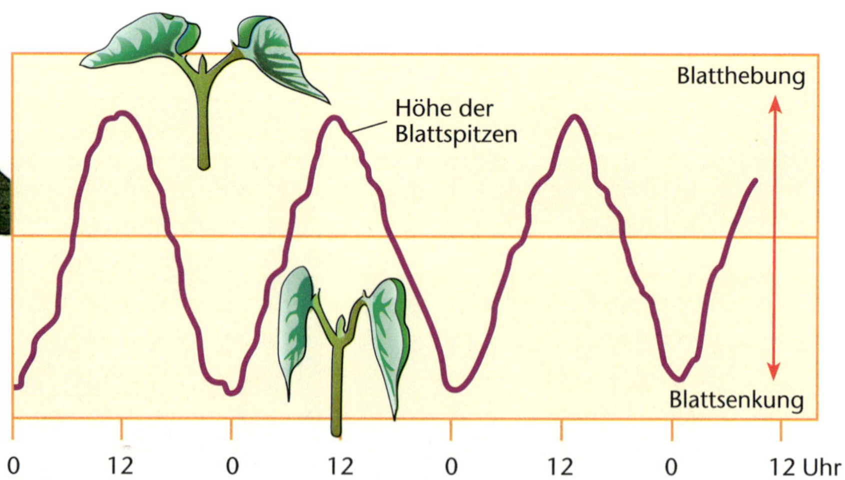

2 *Bewegungen bei Blättern der Feuerbohnenpflanze*

1 Versuch zum Kressewachstum. Gib etwas Watte in eine Petrischale und halte sie feucht. Lege auf die Watte Kressesamen und stelle die Schale in einen geschlossenen Schuhkarton. An einer Seite soll sich eine quadratische Öffnung mit einer Seitenlänge von ca. 8 cm befinden (Abb. 3).

a) Beobachte die Kressesamen täglich. Notiere, welche Veränderungen sich ergeben.

b) Erläutere, welche Kennzeichen von Lebewesen du an der Kresse in diesem Versuch beobachten kannst.

2 Pflanzen reagieren auf Berührung. Beschreibe die Abbildungen 4 und 5. Welche Vorgänge sind zu beobachten? Welche Kennzeichen von Lebewesen kannst du den Bildern zuordnen?

3 *Versuchsaufbau zu Aufgabe 1*

3 Pflanzen im Tagesverlauf.

a) Betrachte ein Gänseblümchen morgens, mittags und abends. Notiere deine Beobachtungen.

b) Beschreibe ausführlich das Versuchsergebnis, das du der Abbildung 2 entnehmen kannst.

4 Pflanzen sind Lebewesen. Begründe am Beispiel einer dir bekannten Pflanze, warum sie ein Lebewesen ist. Schreibe dazu einen Text.

4 *Mimose vor (links) und nach Berührung (rechts)*

5 *Venus-Fliegenfalle bei Berührung durch eine Fliege*

1.4 Vielfalt der Lebewesen

physikalische Umwelt
Temperatur, Luftfeuchtigkeit, Luftdruck, Wind, Elektrizität, Strahlung, Lärm

chemische Umwelt
Sauerstoff, Kohlenstoffdioxid, Rohstoffe, Trinkwasser, Schadstoffe

mitmenschliche Umwelt
Familienangehörige, Freundin, Freunde, Mitschüler/innen

biologische Umwelt
Tiere, Pflanzen, Pilze, Bakterien

1 *Marie lebt in einer kleinen Stadt. Tiere, Pflanzen und Bakterien gehören zu ihrer biologischen Umwelt. Marie ist eine von über sechs Milliarden Menschen auf der Erde.*

Jeder Mensch hat eine Innenwelt und eine Außenwelt. Zur Innenwelt gehören alle körperlichen und seelischen Vorgänge im Menschen selbst. Die Außenwelt bezeichnet man auch als **Umwelt.** Unsere Umwelt kann man in **mitmenschliche**, **biologische**, **chemische** oder **physikalische Umwelt** unterteilen (Abb. 1).

Zur biologischen Umwelt eines Menschen gehören andere Lebewesen. So findet man in der Umgebung einer Schule verschiedene Lebewesen, zum Beispiel Rotkehlchen und andere Vögel, Eichhörnchen, Honigbienen und andere Insekten sowie Blütenpflanzen wie den Löwenzahn (Abb. 1). Manche Lebewesen in der Umwelt eines Menschen sind so klein, dass man sie nicht mit den Augen sehen kann. Erst Lupe oder Mikroskop machen sie sichtbar. Zu den kleinsten Lebewesen überhaupt gehören die Bakterien. Viele Milliarden Bakterien könnten in einem Stecknadelkopf Platz finden.

Die Welt der Lebewesen ist sehr vielfältig – vom riesigen Blauwal bis zur mikroskopisch kleinen Bakterie, vom gigantischen Mammutbaum bis zu winzigen Pflanzen, die im Wasser schweben. Man schätzt, dass die Erde ungefähr zehn Millionen Arten beherbergt. Mit dem Begriff **Art** bezeichnet man alle Lebewesen, die sich untereinander fortpflanzen können. So gehören alle Buchfinken zu einer Art und alle Kohlmeisen zu einer anderen Art. Lebewesen, die sich nicht untereinander fortpflanzen können, gehören zu verschiedenen Arten. Man schätzt, dass wir heute erst ein Fünftel aller lebenden Arten kennen. Laufend werden unbekannte Lebewesen entdeckt und beschrieben.

Wenn Forscher oder Forscherinnen ein unbekanntes Lebewesen entdecken, wird es in drei Schritten untersucht: **Beschreiben**, **Vergleichen**, **Ordnen**. Zunächst werden die Merkmale des Lebewesens beschrieben, dann wird es mit anderen, bereits bekannten Lebewesen verglichen und im dritten Schritt in eine bestimmte Gruppe von Lebewesen eingeordnet. Alle Lebewesen werden vier großen Gruppen zugeordnet: **Tiere**, **Pflanzen**, **Pilze** oder **Bakterien**. Jede dieser Gruppen wird weiter unterteilt, Tiere unter anderem in die Tiere mit Wirbelsäule, die Wirbeltiere und ohne Wirbelsäule, die Wirbellosen. Zu den Wirbeltieren gehören fünf Gruppen: Fische, Amphibien, Reptilien, Vögel und Säugetiere. Der Mensch hat viele Merkmale mit den Säugetieren gemeinsam.

2 **„Vielfalt der Arten auf der Erde – unsere irdischen Mitbewohner".** Fertige zu dieser Überschrift mithilfe von Informationen dieser beiden Seiten einen Aufsatz.

3 **Lebewesen in einem Lebensraum in Schulnähe.**
a) Nenne Lebensräume für Tiere und Pflanzen im Umfeld deiner Schule. In diesem Buch findest du eine Übersicht zu verschiedenen Lebensräumen. Suche die Seite mithilfe des Stichwortverzeichnisses und benutze die Angaben, um die Lebensräume zu benennen.
b) Beschreibe und benenne Lebewesen in einem Lebensraum im Umfeld deiner Schule.

4 **Ordnen der Vielfalt der Tiere in einer alten Hecke.** Benenne die in Abbildung 2 dargestellten Lebewesen.
Es sind: Turmfalke, Hermelin, Dorngrasmücke, Hase, Zauneidechse, Neuntöter, Kleiner Fuchs, Habicht, Schwebfliege, Hainschnirkelschnecke, Goldammer, Igel, Rötelmaus, Fasan, Laufkäfer, Buntspecht, Erdkröte. Ordne dann diese Lebewesen nach selbst gewählten Gesichtspunkten.

1 **Mitmenschliche, biologische, chemische und physikalische Umwelt.** Übertrage den Text der Abbildung 1 in dein Heft. Beschreibe dann deine biologische Umwelt zu Hause.

2 *In einer Hecke können viele verschiedene Tiere leben*

Lernen und Hausaufgaben

1. Hausaufgaben aufschreiben?
Ich notiere mir meine Hausaufgaben
(a) in ein Hausaufgabenheft,
(b) auf einem losen Zettel,
(c) in das Heft des jeweiligen Faches;
(d) ich behalte die Aufgaben im Kopf.

2. Wann erledige ich die Hausaufgaben?
Ich erledige die Hausaufgaben
(a) sofort nach dem Mittagessen,
(b) nach 30 Minuten Pause nach dem Mittagessen,
(c) am späten Nachmittag,
(d) am Abend,
(e) zu verschiedenen Zeitpunkten, je nachdem welche anderen Termine ich habe.

3. Wo erledige ich die Hausaufgaben?
Die Hausaufgaben mache ich
(a) meistens am Küchentisch,
(b) meistens am Wohnzimmertisch,
(c) meistens an meinem Schreibtisch.

4. Allein oder mit Eltern, Geschwistern, Freunden?
Meine Hausaufgabe mache ich
(a) fast immer alleine,
(b) manchmal mit meinen Eltern oder Geschwistern,
(c) manchmal mit Freunden.

5. Reihenfolge der Hausaufgaben?
(a) Ich habe keine bestimmte Reihenfolge.
(b) Ich mache erst schwere, dann leichte Aufgaben,
(c) erst die leichten, dann die schweren Aufgaben,
(d) ich wechsele mündliche mit schriftlichen Hausaufgaben ab.

6. Musik bei den Hausaufgaben?
Bei den Hausaufgaben
(a) höre ich nie Musik,
(b) fast immer Musik,
(c) manchmal Musik,
(d) ganz selten Musik.

7. Mit oder ohne Pausen?
Bei den Hausaufgaben mache ich
(a) nach jeder einzelnen Hausaufgabe eine Pause,
(b) manchmal eine Pause,
(c) nie eine Pause.

8. Belohnung für erledigte Hausaufgaben?
Nach den Hausaufgaben belohne ich mich
(a) mit ein paar Süßigkeiten,
(b) mit einem Telefonat mit Freunden,
(c) indem ich nach draußen zum Spielen gehe,
(d) mit ein bisschen Fernsehen;
(e) ich belohne mich nicht auf besondere Weise.

1 *Wie mache ich meine Hausaufgaben?*

In jedem Augenblick werden Informationen von den Sinnesorganen eines Menschen zum Gehirn übermittelt. Man spricht von **Gedächtnis**, wenn Informationen im Gehirn gespeichert werden und von dort wieder abgerufen werden können. Beim **Lernen** werden neue Informationen im Gedächtnis gespeichert.

Eine Reihe von Faktoren begünstigen oder beeinträchtigen Lernen und Gedächtnis. Wenn Interesse und gute Gefühle das Lernen begleiten, verläuft die Speicherung besser. Auch wenn mit einer gewissen Anstrengung gelernt und wiederholt wird, kann dies die Gedächtnisleistung verbessern. Wiederholungen helfen mit, das Gelernte nicht so schnell zu vergessen. Auch das Verknüpfen von neuen Informationen und vorhandenem Wissen erleichtert das Lernen.

Hausaufgaben dienen dazu, das in der Schule Gelernte zu üben, zu vertiefen, zu erweitern oder die nächste Stunde vorzubereiten. Zu einer guten Organisation der Hausaufgaben gehört, dass die Zeit außerhalb der Schule für den Tag und für einige Tage im Voraus bedacht wird. Ein Hausaufgabenheft und eine Wochenplanung können helfen, die Zeit sinnvoll zwischen Hausaufgaben und Freizeit aufzuteilen.

Der Arbeitsplatz zu Hause sollte einige Bedingungen erfüllen, damit die Hausaufgaben leichtfallen. Es ist ziemlich nervig, wenn man auf dem Schreibtisch zwischen Stapeln von Papier, leeren Jogurtbechern, Gläsern, CDs, Playstation, Walkman, Spielzeug und Zeitschriften nach Unterlagen suchen muss. Der Arbeitsplatz sollte es ermöglichen, in Ruhe und frei von Ablenkungen zu arbeiten.

Aufgaben mit Musik

12	X	4	+	12	-	14	=	46
23	X	3	-	21	+	11	=	59
14	X	6	-	13	-	15	=	56
8	X	9	+	16	-	19	=	78
11	X	5	+	16	+	19	=	90
18	X	3	+	15	-	13	=	56
5	X	8	-	23	+	8	=	25
25	X	3	+	13	-	26	=	62
13	X	7	-	11	-	10	=	80
26	X	3	-	16	+	20	=	64
17	X	4	-	24	+	14	=	58
6	X	15	+	3	-	33	=	60
14	X	2	-	2	+	20	=	46
21	X	4	+	16	-	10	=	89
10	X	6	-	6	-	15	=	39
18	X	3	+	21	-	15	=	60
19	X	3	+	21	+	15	=	63
7	X	7	-	23	-	7	=	19
12	X	4	+	12	+	14	=	74
16	X	2	-	20	+	15	=	27
4	X	17	-	24	+	14	=	58
29	X	2	-	29	-	11	=	18
15	X	3	+	15	+	15	=	75
15	X	3	-	15	-	13	=	17
4	X	13	+	15	+	16	=	83

Aufgaben ohne Musik

12	X	4	+	12	-	14	=	46
23	X	3	-	21	+	11	=	59
14	X	6	-	13	-	15	=	56
8	X	9	+	16	-	19	=	69
11	X	5	+	16	+	19	=	90
18	X	3	+	15	-	13	=	56
5	X	8	-	23	+	8	=	25
25	X	3	+	13	-	26	=	62
13	X	7	-	11	-	10	=	70
26	X	3	-	16	+	20	=	82
17	X	4	-	24	+	14	=	58
6	X	15	+	3	-	33	=	60
14	X	2	-	2	+	20	=	46
21	X	4	+	16	-	10	=	89
10	X	6	-	6	-	15	=	39
18	X	3	+	21	-	15	=	60
19	X	3	+	21	+	15	=	93
7	X	7	-	23	-	7	=	19
12	X	4	+	12	+	14	=	74
16	X	2	-	20	+	15	=	27
4	X	17	-	24	+	14	=	58
29	X	2	-	29	-	11	=	40
15	X	3	+	15	+	15	=	75
15	X	3	-	15	-	13	=	17
4	X	13	+	15	+	16	=	83

2 *Rechenaufgaben mit und ohne Musik gerechnet*

1 Verknüpfungen helfen dem Gedächtnis. Im Gehirn wird etwas Neues besser gespeichert, wenn es mit schon vorhandenen Informationen verknüpft wird. Beim Lernen kann man Verknüpfungen herstellen, indem man:
- in Gedanken Verknüpfungen und Zusammenhänge herstellt,
- den Lernstoff bebildert und Zeichnungen anfertigt,
- verwandte Begriffe notiert.

Veranschauliche diese Gesichtspunkte am Beispiel folgender Aussage: „Säugetiere haben ein Fell aus Haaren und sind gleichwarm."

2 Wie sollen die Hausaufgaben gemacht werden? Lies den Text in Abbildung 1. Zu jeder Frage sind verschiedene Alternativen angegeben.

a) Schreibe auf, wie du deine Hausaufgaben in der Regel machst. Benutze dazu die Kombination aus Ziffern und Buchstaben aus Abbildung 1.

b) Welche Veränderungen wären sinnvoll? Diskutiert über verschiedene Alternativen und nenne Argumente für oder gegen die jeweilige Alternative.

3 Hausaufgaben mit oder ohne Musik? Eine Schülerin hat im Abstand von einer Woche die gleichen Rechenaufgaben gerechnet, einmal mit, einmal ohne Musik. Werte den Rechentest in Abbildung 2 aus. Begründe, ob sich das Ergebnis verallgemeinern lässt oder nicht.

4 Wiederholungen gegen das Vergessen. Die Kurven in Abbildung 3 zeigen, wie Vokabeln behalten wurden, mit und ohne Wiederholungen. Werte die Abbildung 3 aus und formuliere einen Merksatz über die Bedeutung von Wiederholungen.

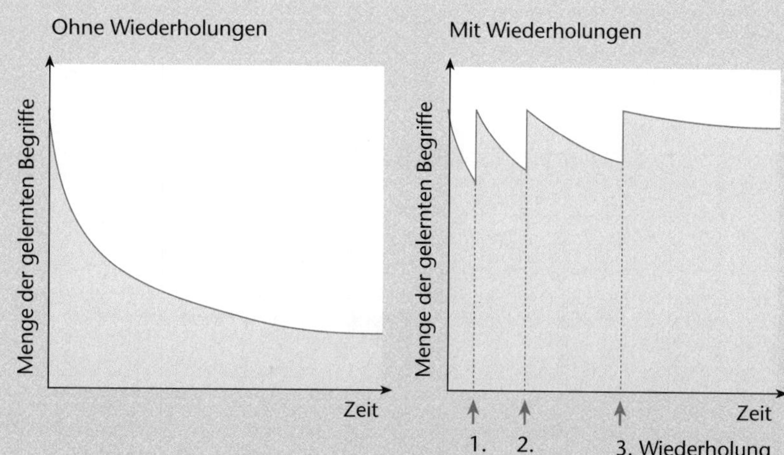

3 *Vokabellernen mit und ohne Wiederholungen*

Menschen halten Tiere

2 Haustiere

2.1 Hunde sind beliebte Haustiere

1 *Ein Hund in der Familie*

2 *Rauschgiftspürhund beim Zoll*

- Habe ich genug Zeit, den Hund mehrmals täglich auszuführen?
- Ist der Vermieter mit der Hundehaltung einverstanden?
- Wer sorgt für den Hund, wenn ich im Urlaub bin?
- Ist unsere Wohnung groß genug für das Tier?
- Welche Ansprüche stellt das Tier? Braucht es zum Beispiel besonders viel Bewegung? Kann ich das Tier seinen Ansprüchen gemäß halten?
- Ist die ganze Familie mit der Haltung des Hundes einverstanden?
- Habe ich genug Geld für das Futter, die Steuer, eine Haftpflichtversicherung und den Tierarzt?
- Was mache ich, wenn der Hund nicht so ist, wie ich es mir erträumt habe? Bringe ich dann trotzdem die Geduld auf, das Tier gut zu pflegen?

3 *Fragen zum Kauf eines Hundes*

Hunde sind sehr beliebte Haustiere. Wer einen Hund hält, übernimmt Pflichten und Verantwortung für das Tier (Abb. 3). Die Haltung eines Hundes kostet Zeit, Geduld und Geld. Wie alle Lebewesen haben auch Hunde bestimmte Ansprüche.

Das Verhalten und die Ansprüche eines Hundes versteht man besser, wenn man die Lebensweise des Vorfahrens aller Hunde, des Wolfes, betrachtet. Wölfe sind neugierige Tiere, die gut lernen können. Sie leben gesellig in einem **Rudel,** zu dem die beiden Elterntiere, ihre Welpen und die Welpen des Vorjahres gehören. Im Rudel herrscht eine Rangordnung. Manchmal wird um einen höheren Rang gekämpft. Gegenüber dem Leittier ordnen sich alle Rudelmitglieder unter und sind gehorsam. Wölfe haben eine vielseitige Körpersprache, mit der sie ihren Artgenossen drohen, Unterwürfigkeit zeigen oder zum Spielen auffordern. Wölfe haben ein **Revier.** So nennt man den vertrauten Lebensbereich, der gegen Tiere fremder Rudel verteidigt wird. Die Grenzen des Reviers werden von männlichen Tieren mit einem Duftstoff aus dem Harn markiert. Wölfe können sehr gut hören und riechen. Sie bewegen sich viel und sind ausdauernde Läufer.

Haushunde haben Verhaltensweisen, die denen der Wölfe ähneln. Ein Hund sieht in seinem Besitzer sein „Leittier" und hört auf ihn. Ähnlich den Jungwölfen muss er von klein auf lernen, was er darf und was er nicht darf. Für ein gutes Zusammenleben mit einem Hund ist es wichtig, dass er die Rangordnung beachtet und sich allen Mitgliedern seines „Menschen-Rudels" unterordnet. Das Haus und die nähere Umgebung sind sein Revier, das er gegenüber Fremden verteidigt.

1 Steckbrief eines Hundes. Erstelle einen Steckbrief von einem Hund, den du kennst. Berichte darüber, welche besonderen Erlebnisse du mit ihm hattest.

2 Ansprüche an Haltung und Pflege. Stellt anhand des Textes auf der Grundwissen-Seite und den Abbildungen 3 und 5 Bedingungen zusammen, damit ein Schäferhund ein gutes Zuhause hat. Beurteilt eure Zusammenstellung in Hinblick darauf, ob die Forderungen des Tierschutzgesetzes (Abb. 4) erfüllt werden.

3 Kosten der Hundehaltung. Berechne anhand der Abbildung 5 die möglichen Gesamtkosten pro Jahr für einen Bernhardiner, einen Kleinen Münsterländer und für einen Yorkshireterrier, wenn die Tiere in den Ferien a) nicht in ein Tierheim, b) in ein Tierheim gegeben werden.

„Wer ein Tier hält,
1. muss das Tier seiner Art und seinen Bedürfnissen entsprechend angemessen ernähren, pflegen und verhaltensgerecht unterbringen,
2. darf die Möglichkeiten des Tieres zu artgemäßer Bewegung nicht so einschränken, dass ihm Schmerzen oder vermeidbare Leiden oder Schäden zugefügt werden."

4 *Auszug aus dem Tierschutzgesetz*

	Bernhardiner	Kl. Münsterländer	Yorkshireterrier
Futter:	900 €	450 €	228 €
Tierarzt:	125 €	115 €	115 €
Steuer:	75 €	75 €	75 €
Versicherung:	50 €	50 €	50 €
Spielzeug, Leine:	10 €	10 €	10 €
Pflegemittel:	25 €	25 €	25 €
Vier Wochen Ferien im Tierheim:	375 €	340 €	300 €

5 *Mögliche Kosten eines Hundes, bezogen auf ein Jahr*

6 *Verhaltensweisen eines Hundes*

4 Verhalten des Hundes – Verhalten von Wölfen. Beschreibe anhand der Abbildung 6 Verhaltensweisen von Hunden. Gib jeweils an, mit welchen Verhaltensweisen von Wölfen diese vergleichbar sind.
Wie verhält sich der Hund gegenüber Familienangehörigen, wie gegenüber Fremden?

5 Hunde als Helfer des Menschen. Lege eine zweispaltige Tabelle an. In die erste Spalte trägst du die folgenden Begriffe untereinander ein: Jagdhund, Schoßhund, Polizeihund, Wachhund, Spürhund, Schäferhund, Windhund, Schlittenhund, Blindenhund, Lawinensuchhund.
In die zweite Spalte schreibst du, welche Merkmale und Eigenschaften dieser Hunde für den Menschen besonders wichtig sind.

2.2 Fortpflanzung und Ernährung des Hundes

1 *Saugende Welpen*

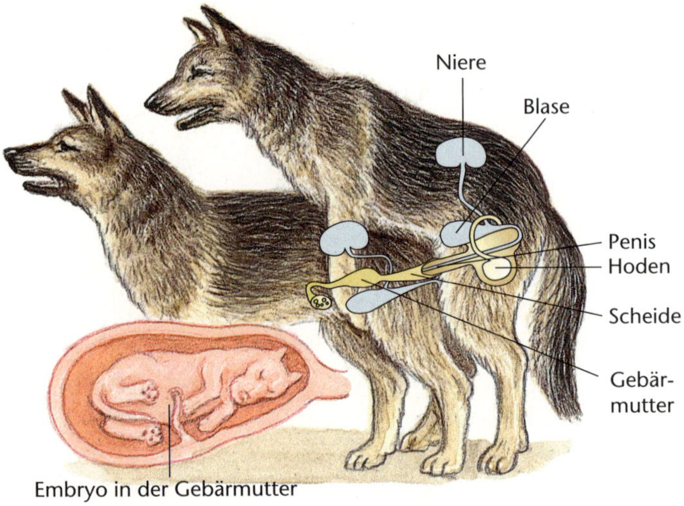

2 *Fortpflanzung und Entwicklung beim Hund*

Hunde haben mit anderen **Säugetieren** eine Reihe gemeinsamer Merkmale. Dazu gehört das Fell aus Haaren und eine gleichwarme Körpertemperatur. Säugetiere pflanzen sich geschlechtlich fort (Abb. 2). Die Befruchtung findet im Inneren des weiblichen Körpers statt. Bei der Befruchtung verschmelzen Eizelle und Spermazelle. Aus der befruchteten Eizelle geht ein Embryo hervor. Etwa 63 Tage nach der Befruchtung werden die Welpen geboren. Sie sind zunächst hilflos und können noch nicht sehen. Erst zwölf Tage nach der Geburt öffnen sich die Augen.

Die Welpen besitzen eine Reihe von Merkmalen, zum Beispiel die Körperform, die Form der Ohren, die Beinlänge sowie die Färbung des Fells. Vergleicht man die Welpen untereinander oder mit ihren Eltern, stellt man viele Ähnlichkeiten, aber auch Unterschiede fest, zum Beispiel in der Fellfärbung (Abb. 1). Alle Lebewesen mit **geschlechtlicher Fortpflanzung** haben Nachkommen, die neben Gemeinsamkeiten auch Unterschiede aufweisen.

Ungefähr fünf Wochen werden die Welpen von der Hündin gesäugt. Wie bei allen Säugetieren, enthält die Muttermilch alle Stoffe, die für das Wachstum und die Entwicklung der Jungen notwendig sind. Dazu gehören Eiweiße, Fette, Kohlenhydrate, z. B. Zucker, sowie Mineralsalze und Vitamine.

Nach der Entwöhnung von der Muttermilch müssen die jungen Hunde ihr Gebiss einsetzen. Erwachsene Hunde haben ein kräftiges **Fleischfressergebiss** (Abb. 3). Vorne im Oberkiefer und im Unterkiefer sitzen jeweils sechs scharfe Schneidezähne. Rechts und links der Schneidezähne folgt je ein dolchartiger Eckzahn, auch Fangzahn genannt. Die größten Backenzähne heißen Reißzähne. Wenn der Hund sein Maul schließt, gleiten die Reißzähne des Oberkiefers und des Unterkiefers wie die beiden Hälften einer scharfen Schere aneinander vorbei. Mit den Eckzähnen kann ein Hund seine Beute greifen, festhalten und töten. Mit den Reißzähnen werden Fleischstückchen abgetrennt. Mit den Schneidezähnen kann Fleisch von Knochen abgenagt werden.

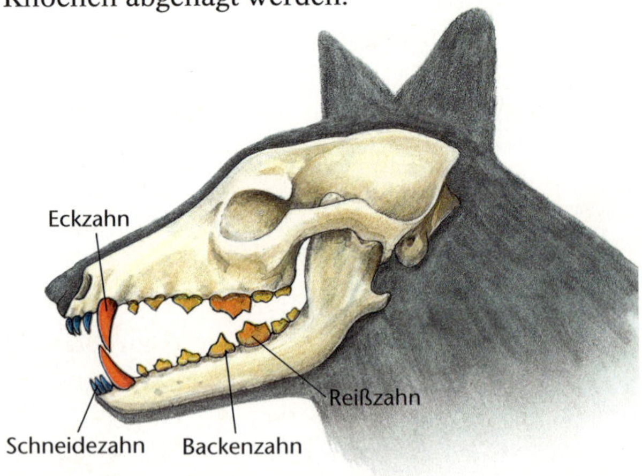

3 *Schädel und Gebiss eines Hundes*

1 Ähnlichkeiten und Unterschiede bei den Nachkommen. Betrachte die Abbildung 1 und beschreibe Ähnlichkeiten und Unterschiede zwischen den Welpen.

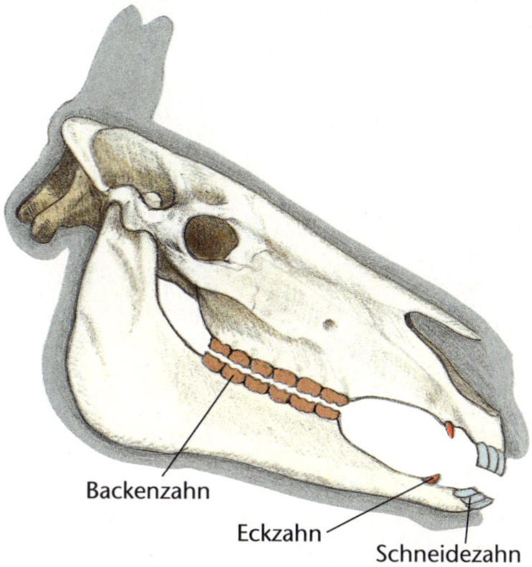

5 *Gebiss eines Pferdes*

Hundewelpen sind Nesthocker. Nach der Geburt können sie nicht sehen, nicht hören und nicht laufen. Um den 12. Lebenstag öffnen sich langsam Augen und Gehörgänge. Ab dem 18. Lebenstag beginnen sie mit Laufversuchen. Muttermilch versorgt die Welpen in den ersten Lebenswochen mit allen Nährstoffen, die sie benötigen. Muttermilch enthält auch Stoffe, die die Welpen in den ersten Tagen vor Krankheitserregern schützen. Ein einzelner Welpe braucht zwei Gramm Muttermilch, um ein Gramm Körpergewicht zuzusetzen. Sechs Schäferhundwelpen nehmen pro Tag insgesamt etwa 400 Gramm zu. Das bedeutet eine tägliche Milchleistung der Mutter von 800 Gramm. Ab der vierten Lebenswoche beginnt das Wachstum der Milchzähne. Erst mit der Entwicklung der Zähne können die Jungen feste Nahrung aufnehmen.

4 *Hundewelpen werden gesäugt*

2 Angepasstheiten beim Fleisch- und Pflanzenfresser-Gebiss. Vergleiche das Gebiss eines Schäferhundes (Abb. 3) mit dem eines Pferdes (Abb. 5). Die Backenzähne des Pferdes haben eine große, raue Kaufläche. Wie hängen Ernährungsweise und Gebiss zusammen?

3 Bedeutung des Säugens. „Zum Säugen gibt es keine Alternative!" Finde Begründungen für diese Aussage eines Hundezüchters. Verwende dazu Abbildung 4 und den Grundwissentext. Warum können junge Welpen nicht durch Jagd selbst die notwendige Nahrung erbeuten?

Methode

Eine Kurve beschreiben, auswerten und erklären

In der Mathematik versteht man unter einer Kurve eine gekrümmte oder gerade Linie. Häufig stellt diese Linie die Beziehung von zwei Werten in einem Koordinatensystem dar. Für die Auswertung solcher Kurven ist es sinnvoll, in Schritten vorzugehen:

1. Thema der Kurve. Welche beiden Werte werden im Koordinatensystem aufeinander bezogen? Welche Maßeinheit hat jeder dieser Werte?
2. Beschreibung des Kurvenverlaufs. Welche Abschnitte hat die Kurve? Wie verläuft die Kurve?
3. Auswertung der Kurve. Was sagt der Kurvenverlauf über die Beziehung der Werte aus?
4. Vermutungen, offene Fragen. Oft können keine vollständigen Erklärungen gefunden werden. Dann kann man weitere Vermutungen oder Fragen zur Kurve notieren und besprechen.

4 Wachstumskurve eines Bernhardiners. Beschreibe die Wachstumskurve in Abbildung 6 und werte sie aus.

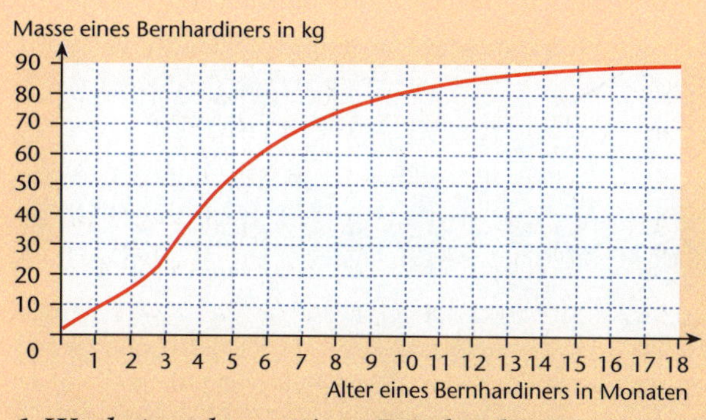

6 *Wachstumskurve eines Bernhardiners*

2.3 Hundezüchtung und Hunderassen

1 *Wölfe*

Das Verbreitungsgebiet des Wolfes liegt in der nördlichen Erdhälfte und reicht von der Arktis bis nach Indien. Alle Wölfe gehören zu einer **Art** mit dem lateinischen Namen Canis lupus. Mitglieder einer Art sind alle Lebewesen, die sich untereinander fortpflanzen können. Lebewesen, die sich nicht untereinander fortpflanzen können, gehören zu verschiedenen Arten. Zum Beispiel sind Wolf und Fuchs verschiedene Arten. Sie können keine gemeinsamen Nachkommen haben.

Aus Skelettfunden weiß man, dass Wölfe bereits in der Steinzeit vor 15 000 Jahren mit Menschen zusammenlebten. Vielleicht zogen Menschen der Steinzeit erstmals Welpen groß, deren Elterntiere gestorben waren. Diese Tiere wuchsen in einer Menschengruppe auf und folgten ihr. Der Wolf brachte verschiedene Eigenschaften mit, die seine Zähmung erleichterten. Wölfe leben gesellig in Rudeln und jedes Rudelmitglied gehorcht dem Leittier. Schon bald erkannte der Mensch die Nützlichkeit dieser Tiere und begann, sie für bestimmte Aufgaben gezielt zu züchten, zum Beispiel als Jagdhund oder Wachhund.

2 *Welpen – Gemeinsamkeiten und Unterschiede*

Die Nachkommen eines Wolfspaares oder eines Hundepaares sind nicht vollkommen gleich. Die Geschwister eines Wurfes ähneln den Eltern und ähneln sich untereinander, zeigen jedoch auch unterschiedliche Eigenschaften und Merkmale (Abb. 2). Diese Unterschiede macht man sich bei der Züchtung zu Nutze. Die Züchter wählen solche Tiere zur Zucht aus, die aus Sicht des Menschen vorteilhafte Eigenschaften hatten, zum Beispiel besonders wachsam sind. Tiere mit vorteilhaften Eigenschaften werden verpaart und in der nächsten Generation werden wieder die Nachkommen mit vorteilhaften Merkmalen ausgewählt. Die Auswahl von Lebewesen mit bestimmten Eigenschaften zur Fortpflanzung nennt man **Züchtung.** So ist es im Laufe der Zeit gelungen, die vielfältigen Züchtungsformen der Hunde hervorzubringen. Man nennt diese Züchtungsformen auch **Hunderassen** (Abb. 3). Der Mensch hat über 400 Hunderassen gezüchtet. Alle Hunderassen gehören zur Art Canis lupus.

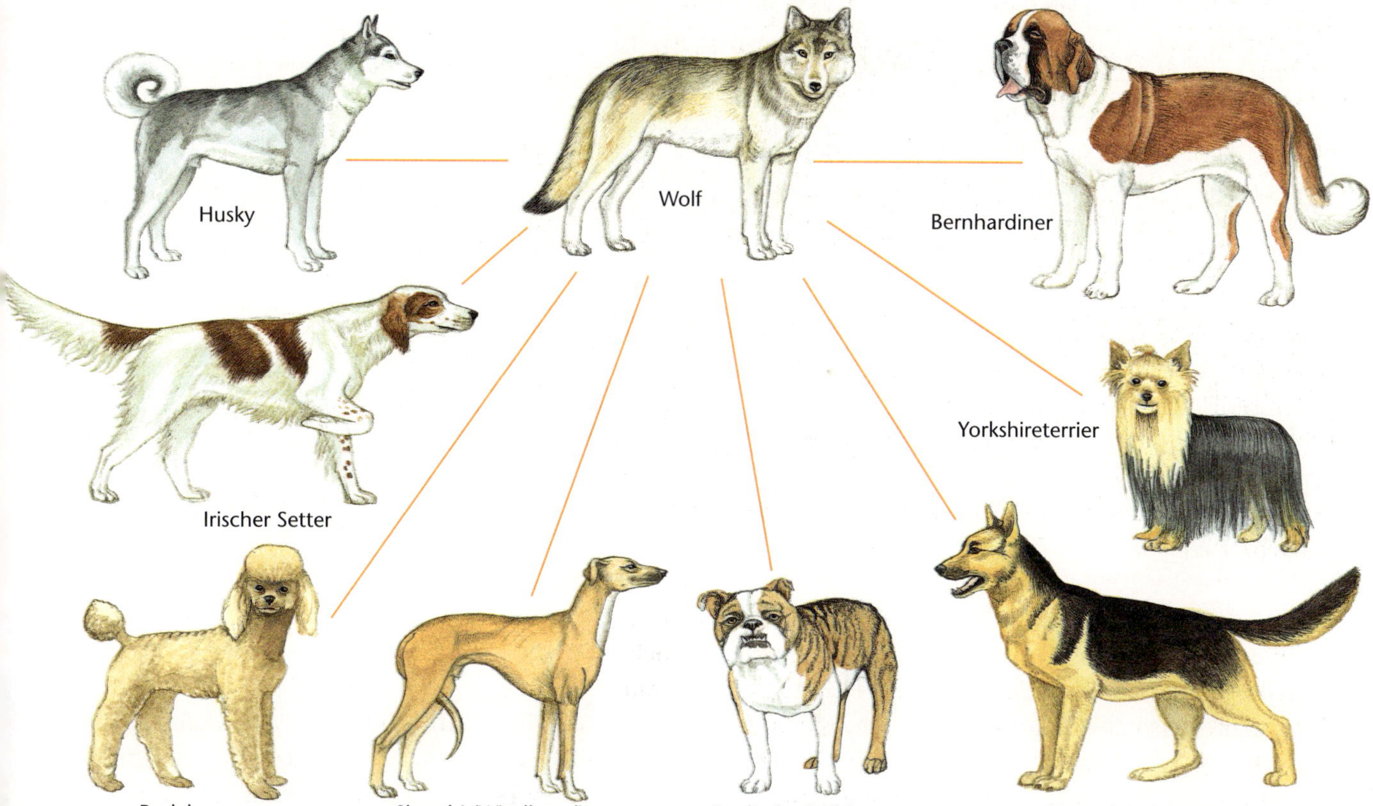

3 *Der Wolf ist der Vorfahr aller Hunde*

1 Hundezüchtung und Hunderassen.
a) Ordne die Vertreter der in Abbildung 3 dargestellten Hunderassen nach selbst gewählten Gesichtspunkten.
b) Gib an, welche Ziele die Züchter bei den verschiedenen Rassen vermutlich verfolgten (Abb. 3).
c) Erläutere an einem selbst gewählten Beispiel, wie Hunde gezüchtet werden.

2 Der Wolf, Vorfahr aller Hunde. Nenne Merkmale und Eigenschaften, die Hunde mit dem Wolf gemeinsam haben.

3 Rücksichtslose Züchtung: Zwerghunde und Nackthunde.
Zwerghunde sind sehr klein. Die kleinsten wiegen gerade mal ein halbes Kilogramm. Allerdings gehen mit der Züchtung der Zwerghunde Schäden einher: Die Schädelknochen sind papierdünn und im Knochen des Schädeldaches gibt es Löcher, die sich nicht schließen. Beim Chinesischen Nackthund, ebenfalls ein Zwerg unter den Hunden, ist das Fell weitgehend weggezüchtet (Abb. 5). Die Haut muss häufiger mit Sonnencreme eingerieben werden. Außerdem ist beim Chinesischen Nackthund das typische Hundegebiss bis auf ein paar kleine Backenzähne nicht mehr vorhanden.
Nimm zur Züchtung von Zwerghunden und Nackthunden Stellung. Beachte dabei auch das Tierschutzgesetz (Abb. 4).

> Nach § 11b des Tierschutzgesetzes ist es verboten, Wirbeltiere zu züchten, wenn der Züchter damit rechnen muss, dass aufgrund vererbter Merkmale Körperteile oder Organe für den artgemäßen Gebrauch fehlen oder untauglich sind und hierdurch Schmerzen, Leiden oder Schäden auftreten.

4 *Aus dem Tierschutzgesetz*

5 *Chinesischer Nackthund*

Informationen mithilfe des Internets beschaffen

Durch das Internet steht dir die größte Bibliothek zur Verfügung, die man sich vorstellen kann. Mithilfe vieler Suchprogramme – man nennt sie auch Suchmaschinen – wie „Lycos", „Fireball", „Yahoo" und „Google" kannst du dir über ein Suchwort Internetseiten zu dem von dir gesuchten Thema anzeigen lassen.

Gehe wie folgt vor (hier am Beispiel Google):

1. Gib in das Adressfeld die Adresse google.de ein und drücke die Enter-Taste.
2. Dort, wo der Cursor blinkt, gib ein Stichwort ein.
3. Beschränke die Suche auf „Seiten auf Deutsch".
4. Klicke den Button „Google Suche" an. Das Internet wird dann nach Einträgen durchsucht, in denen dein Stichwort vorkommt.

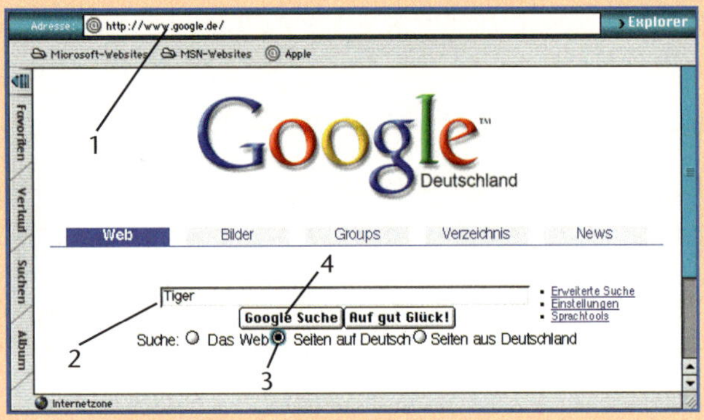

Es kann passieren, dass die Einträge nichts mit dem von dir gesuchten Thema zu tun haben. Wenn du als Stichwort Tiger eingegeben hast, bekommst du auch Einträge über den Panzer „Tiger". Wenn das der Fall ist, gibst du ein neues Stichwort ein, z. B. „Königstiger" und als zweites Stichwort „Tier". Dadurch beschränkst du die Auswahl auf wesentliche Seiten. Das Wichtigste bei der Suche sind die richtigen Stichwörter, um brauchbare Ergebnisse zu bekommen. Aus den Suchergebnissen kannst du dir jetzt interessante Internetseiten anschauen, indem du mit der Maus auf den jeweiligen Link klickst.

Es ist sinnvoll, interessante Adressen zu speichern. Diese Adressen nennt man Favoriten. Bei einigen Suchprogrammen heißen sie auch Lesezeichen. Durch das Hinzufügen der Adressen zu den Favoriten brauchst du beim nächsten Aufruf nicht erst wieder über „Google" zu suchen oder die lange Adresse einzugeben.

So trägst du Adressen bei Favoriten ein:

1. Aufrufen des Menüpunktes Favoriten. Die Liste der bereits gespeicherten Internetadressen wird sichtbar.
2. Den Menüpunkt „Zu Favoriten hinzufügen“ wählen
3. Anschließend OK anklicken: Die Internetadresse wird in die Liste der Adressen eingetragen.

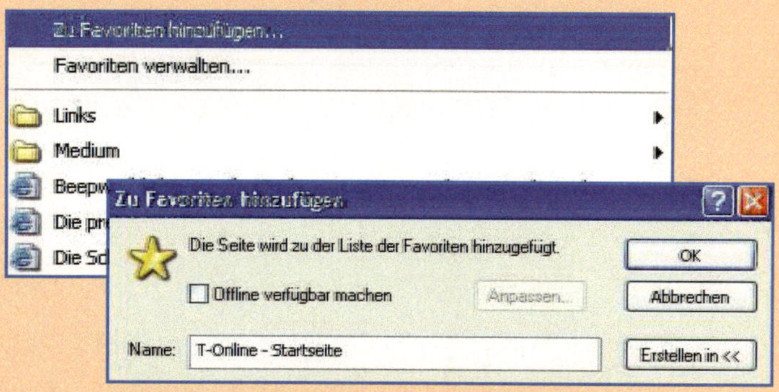

Oder anklicken von „Erstellen in“: Damit baust du ein Ordnungssystem aus Ordnern auf, mit dessen Hilfe du Adressen schneller wiederfindest. Du kannst beispielsweise die Ordner Sport, Mathe, Englisch und Biologie anlegen. Jedem Ordner kann man noch Unterordner zuordnen. Der Ordner Biologie könnte folgende Unterordner beinhalten:

Biologie
- Tiere
  - Tiger
  - Löwe
- Pflanzen

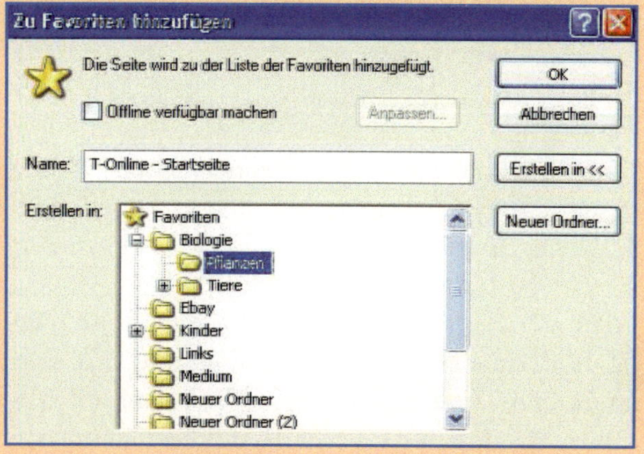

Das passende Bild anklicken und das Kontextmenü mit der rechten Maustaste aufrufen. Dann hat man die Auswahl, das Bild in einem eigenen Ordner zu speichern (Menüpunkt „Bild speichern unter“) oder man kopiert das Bild direkt in den Text an die passende Stelle (Menüpunkt „kopieren“). Voraussetzung für das Kopieren bzw. Speichern ist, dass man vorher das Bild markiert hat.

Um Bilder aus dem Internet zu ziehen, kann man bei Google auf die Rubrik Bilder klicken.

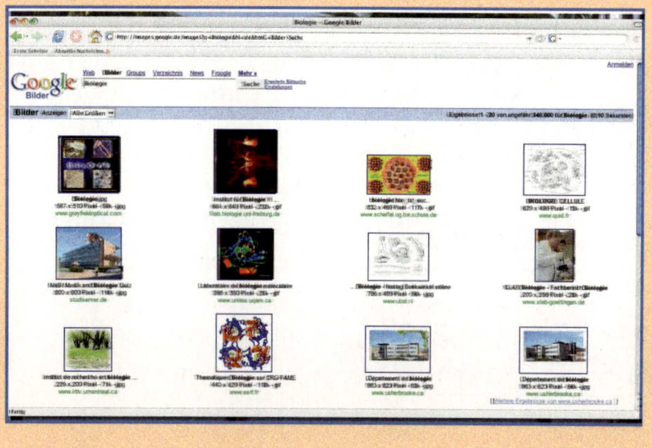

2.4 Katzen sind Schleichjäger

1 *Wenige Tage altes Katzenjunges*

2 *Katzenmutter trägt ihr Junges*

Wenn man eine Katze beobachtet, sieht man häufig, wie sie sich in geduckter Haltung mit sehr langsamen und vorsichtigen Bewegungen anschleicht. Manchmal verharrt sie dabei minutenlang. Dann springt sie blitzschnell auf das Beutetier. Dabei fährt sie ihre scharfen Krallen aus, ergreift die Beute mit den Vorderpfoten und tötet sie mit einem Nackenbiss. Katzen sind **Schleichjäger.**

Katzen jagen vor allem nachts und in der Dämmerung. Ihre Pupillen, die sich tagsüber zu schmalen Schlitzen verengen, sind dann stark geweitet. So fällt viel Licht ins Auge und Katzen können auch in der Dämmerung noch gut sehen. Bei völliger Dunkelheit verlassen sich Katzen auf ihr ausgezeichnetes Gehör. Sie können sogar das leise Fiepen einer Maus in ihrem Loch hören. Die beweglichen Ohrmuscheln werden dann auf die Beute ausgerichtet. Die Tasthaare an den Oberlippen können Berührungen wahrnehmen. Sie verhindern im Dunkeln, dass sich die Katze an Hindernissen verletzt.

Katzen sind **Einzelgänger.** Hauskatzen gewöhnen sich weniger an den Menschen als ein Hund. Häufig ist ihre Bindung an ein **Revier** stärker als an ihre Besitzer. Ständig bringt die Katze in ihrem Revier Duftmarken an (Abb. 3). Dazu nutzt sie über den Körper verteilte Drüsen oder gibt etwas Urin ab. Wenn eine Katze sich an einem Menschen reibt, drückt sie damit nicht nur Zuneigung aus. Sie überträgt auch ihren Körpergeruch und kennzeichnet den Menschen als Teil ihres Reviers.

65 Tage nach der Befruchtung bringen Katzenmütter in geeigneten Verstecken zwei bis sechs zunächst blinde Junge zur Welt (Abb. 1). Werden sie gestört, tragen sie die Jungen in ein anderes Versteck (Abb. 2). Nach einer Woche öffnen die Jungen die Augen. Sie werden etwa acht Wochen gesäugt. In dieser Zeit lernen sie viel von ihrer Mutter. Im Spiel mit ihren Geschwistern üben sie das Jagd- und Sozialverhalten.

3 *Markieren des Reviers durch Wangenreiben*

1 Vergleich: Katze – Wolf.
a) Vergleiche die Jagdweisen von Katzen und Wölfen.
b) Im Gegensatz zu Hunden und Wölfen können Katzen ihre Krallen einziehen (Abb. 4). Welchen Zusammenhang siehst du zwischen dieser Eigenschaft und den unterschiedlichen Jagdweisen der Tiere?

4 *Katzenkrallen*

5 Katzen sind Nachtjäger.
a) Betrachte Abbildung 5 und beschreibe die Unterschiede. Welche Bedeutung haben sie für die nächtliche Jagdweise der Katze?
b) Erläutere weitere Besonderheiten im Körperbau der Katzen, die es ihnen erlauben, nachts zu jagen.

5 *Katzenaugen in der Dämmerung (links) und im Tageslicht (rechts)*

2 Umziehen mit Katzen – ein Fallbeispiel. Familie S. hat gebaut. Sie zieht mit ihrer Katze in das einige Kilometer entfernte neue Haus. Am nächsten Tag ist die Katze verschwunden. An diesem und an vielen folgenden Tagen rufen die alten Nachbarn an, dass die Katze dorthin gelaufen ist. Erkläre das Verhalten der Katze. Würdest du bei einem Hund ein ähnliches Verhalten erwarten?

3 Katzen sind Nesthocker. Katzen bezeichnet man als Nesthocker. Begründe diese Bezeichnung. Nenne andere Beispiele für Nesthocker und für Nestflüchter. Benutze dazu das Stichwortverzeichnis.

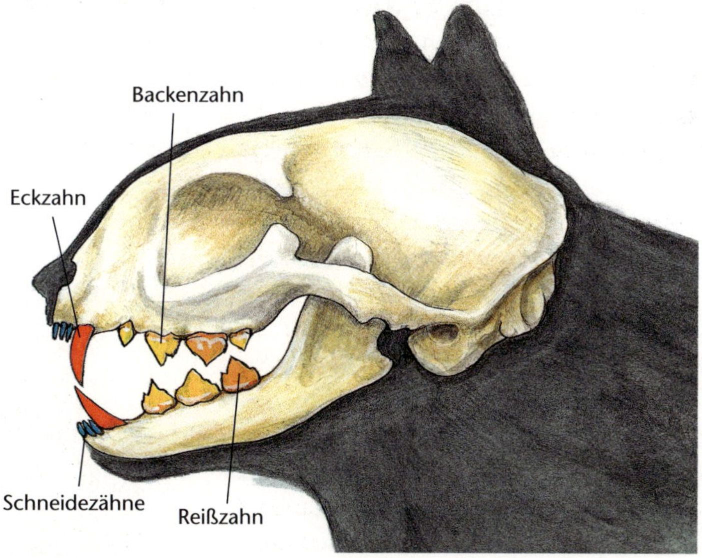

6 *Katzengebiss*

4 Das Gebiss der Katze. Vergleiche das Gebiss einer Katze (Abb. 6) mit dem eines Hundes.

2.5 Katzen – Haustiere mit langer Tradition

1 *Falbkatze*

2 *Siamkatze*

Die Stammform unserer Hauskatze ist die nordafrikanische **Falbkatze** (Abb. 1). Bereits vor Jahrtausenden siedelte sich die Falbkatze in der Nähe menschlicher Siedlungen an. Dort fand sie reichlich Mäuse, Ratten und Abfälle. Als Schädlingsvertilger waren die Katzen sehr willkommen. Falbkatzen erwiesen sich als anpassungsfähig. Vermutlich wurden die zutraulichsten der Tiere weitergezüchtet. Aus diesen Züchtungen entwickelte sich die Hauskatze. Die Entstehung einer Haustierrasse aus einer Wildform bezeichnet man als **Domestikation.**

Seefahrer schätzten Katzen als eifrige Mäusejäger auf Schiffen. Auf Handelswegen wurden Katzen so von Nordafrika aus über die ganze Welt verbreitet. Zunächst eher zufällig und vor allem in den letzten Jahrhunderten entstanden durch gezielte Zucht unterschiedliche Katzenrassen wie die Siamkatze oder die Perserkatze (Abb. 2, 3). Viele von ihnen zeigen noch deutlich die Eigenschaften der Falbkatze.

Falbkatzen sind geschickte Jäger. Mit eingezogenen Krallen schleichen sie sich lautlos an ihre Beute an. Mithilfe ihres hervorragenden Gleichgewichtssinns können sie über schmale Hindernisse klettern. Ihr Schwanz dient dabei zum Balancieren. Beim Erklettern von Bäumen helfen die ausziehbaren, spitzen Krallen. Die Falbkatze schärft die Krallen regelmäßig an Bäumen. Die Kratzer, die dabei entstehen, dienen auch der optischen Markierung des Reviers. Hauskatzen sind ebenso anpassungsfähig wie ihr Urahn. Sie passen ihre Revieransprüche den Gegebenheiten in einer Wohnung an und lassen sich sogar an eine Katzentoilette gewöhnen.

3 *Perserkatze*

4 *Artikel, die für einen Katzenhaushalt gebraucht werden*

1 Die Pflege von Katzen. Katzen, die in Wohnungen gehalten werden, leben unter anderen Bedingungen als im Freiland. Um den Bedürfnissen von Katzen gerecht zu werden, muss dies berücksichtigt werden. Abbildung 4 zeigt einige Gegenstände, die zur Katzenhaltung benötigt werden. Lege eine Tabelle an. Benenne in der ersten Spalte die Gegenstände und gib in der zweiten Spalte an, wozu sie benötigt werden.

2 Gefährden Katzen die Singvögel? Haltern von Katzen wird häufig der Vorwurf gemacht, ihre Tiere gefährdeten die Singvogelbestände.

a) Fasse die Aussagen von Text 1 und Text 2 in kurzen Sätzen zusammen und vergleiche die Auffassungen der Autoren.

b) Formuliere deine eigene Meinung zum dargestellten Problem.

c) Welche Maßnahmen sollten Katzenhalter deiner Meinung nach ergreifen, um die Gefährdung der Vögel einzudämmen? Beurteilt die verschiedenen Maßnahmen hinsichtlich ihrer Auswirkungen.

Text 1

Mit Abstand die meisten Opfer unter den Vögeln gehen auf das Konto verwilderter und streunender Hauskatzen. Aber auch die sich gelegentlich draußen aufhaltenden Hauskatzen fangen und fressen Wildvögel. Singvögel machen einen Anteil von 20 Prozent an der Beute von Hauskatzen aus. Zudem zeigte eine Studie, dass einige besonders geschickt jagende Hauskatzen über 1000 Tiere pro Jahr in der Natur töten.
Viele Millionen Katzen leben in deutschen Haushalten. Entsprechend viele Opfer gibt es in der Vogelwelt. Anhand der Daten lässt sich ihre Zahl auf mindestens 50 Millionen Vögel pro Jahr beziffern. Angesichts der starken Bestandsrückgänge vieler Singvogelarten ist diese Zahl höchst alarmierend.

Text 2

Seit Jahrhunderten nutzt der Mensch die Fähigkeiten der Katzen, um Mäuse- und Rattenplagen zu bekämpfen. Doch Katzen stellen nicht nur den Kleinsäugern nach, gelegentlich erbeuten sie auch junge Singvögel. Immer wieder kommt es deshalb zum Streit zwischen Katzenliebhabern und Vogelfreunden. Geht die Zahl der Vögel zurück, ist die Schuldige schnell gefunden: die Katze.

Tatsächlich aber finden viele Singvögel in unseren aufgeräumten Gärten und Parks kaum noch geeignete Nistplätze. Gebüsch und Hecken als Versteckmöglichkeiten fehlen oft genauso wie alte knorrige Bäume oder artenreiche Blumenwiesen. Denn die locken nicht nur Insekten an, sondern auch deren Räuber, die Singvögel. In einer intakten Landschaft sind Katzen keine Gefahr für die Vögel.

In Gebieten mit vielen freilaufenden Katzen können sie jedoch zu einer zusätzlichen Bedrohung für die Vögel werden. Hauptursache für den Rückgang der Singvögel aber bleibt der Mensch, der ihren Lebensraum immer mehr einschränkt. Diese Tatsache können wir nicht auf die Katzen abwälzen.

2.6 Verständigung bei Hund und Katze

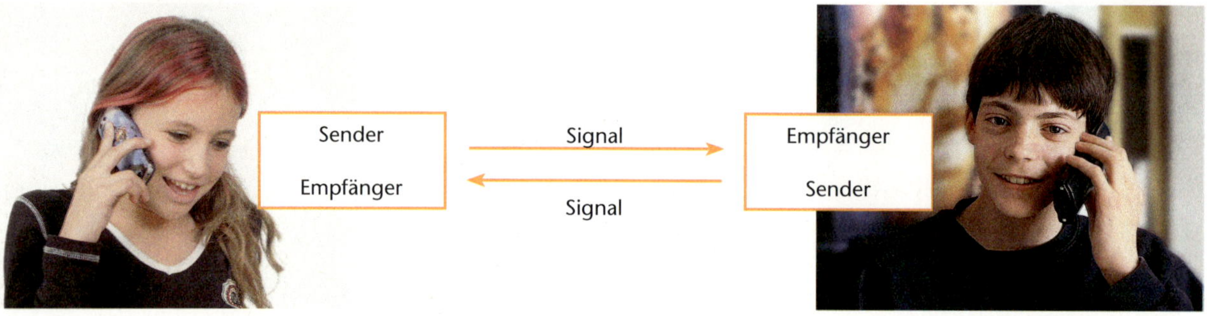

1 *Schema zur Kommunikation*

Wenn du mit jemandem telefonierst, erfolgt die Verständigung nach folgendem Muster (Abb. 1): Derjenige, der gerade spricht, ist der **Sender.** Seine Worte sind die **Signale,** die mithilfe der Technik gesendet werden. Der **Empfänger** nimmt die Signale auf und entnimmt ihm die **Informationen.** Nun kann er selbst zum Sender werden und Informationen mithilfe von Signalen zurücksenden. Erfolgt ein Austausch von Informationen in beide Richtungen, so spricht man von **Kommunikation** (Abb. 1). Sie ist natürlich nur möglich, wenn der jeweilige Empfänger die Signale des Senders versteht. Signale können beim Menschen neben der Sprache auch Mimik und Körperhaltung sein.

Auch Tiere verständigen sich unter Artgenossen nach dem oben beschriebenen Schema durch Körperhaltungen, Düfte, Mimik und Laute. Treffen Hunde aufeinander, beschnüffeln sie sich, um festzustellen, ob es sich bei dem Gegenüber um ein Männchen oder ein Weibchen handelt. Sie stellen durch Drohen und Knurren ihre Rangordnung fest. Der Unterlegene zeigt dies durch Unterwerfungsgesten dem Ranghöheren (Abb. 2). „Befreundete" Tiere begrüßen sich durch Bellen und sie spielen miteinander. Die Fähigkeit, diese Signale zu senden und zu verstehen, ist ihnen angeboren. Für Hunde sind die Menschen die Rudelmitglieder. Hunde können die Bedeutung von Wörtern erlernen. Sie können auch Gesten und Stimmungen der Menschen richtig erfassen und darauf reagieren.

Katzen verfügen über eigene Signale. Damit wird zum Beispiel die Revierabgrenzung, Paarungsbereitschaft und das Zusammenleben mit den Jungen geregelt. Dringt eine Katze in das Revier einer anderen ein, wird sie durch Drohen, Fauchen oder Angriff vertrieben oder zum Spielen eingeladen.

Manche Signale haben bei Hund und Katze eine unterschiedliche Bedeutung. So drückt Schwanzwedeln bei Hunden Freude aus, bei Katzen jedoch sowohl Freude als auch Bereitschaft zum Angriff. Missverständnisse sind im Zusammenleben von Hund und Katze daher häufig. Will ein Hund eine Katze freundlich mit Schwanzwedeln begrüßen, kann die Katze das als Angriffsbereitschaft missverstehen und zum Angriff übergehen. Umgekehrt sieht ein Hund die schwanzwedelnde Katze als freundliche Spielgefährtin. Kommt er ihr näher, besteht die Gefahr, dass die Katze angreift.

2 *Zwei Hunde begegnen sich, einer in Unterwerfungshaltung*

1 Kommunikation. Beschreibe zwei Beispiele aus deinem Alltag, in denen Kommunikation stattfindet. Benenne dabei jeweils Sender, Signal und Empfänger.

2 Körpersprache von Hund und Katze. Vergleiche mithilfe der Abbildung 4 die Körpersprache von Hund und Katze. Stelle Gemeinsamkeiten und Unterschiede zusammen.

3 Begegnungen von Tieren der gleichen Art.
a) Beschreibe die Situation der Tiere in der Abbildung 2. Überlege dir, wie es zu einer solchen Situation kommen kann und wie sie sich weiterentwickeln könnte. Begründe, warum du glaubst, dass sich die Situation so weiterentwickeln wird.
b) Übertrage das Schema in Abbildung 1 auf die Situation in Abbildung 2.

4 Begegnung von Hund und Katze. Beschreibe die in Abbildung 3 dargestellte Situation. Gehe dabei auf die Stimmung der beiden Tiere ein und schätze ab, wie sich die Situation voraussichtlich weiterentwickeln wird. Begründe jeweils deine Ansicht.

3 *Hund und Katze begegnen sich*

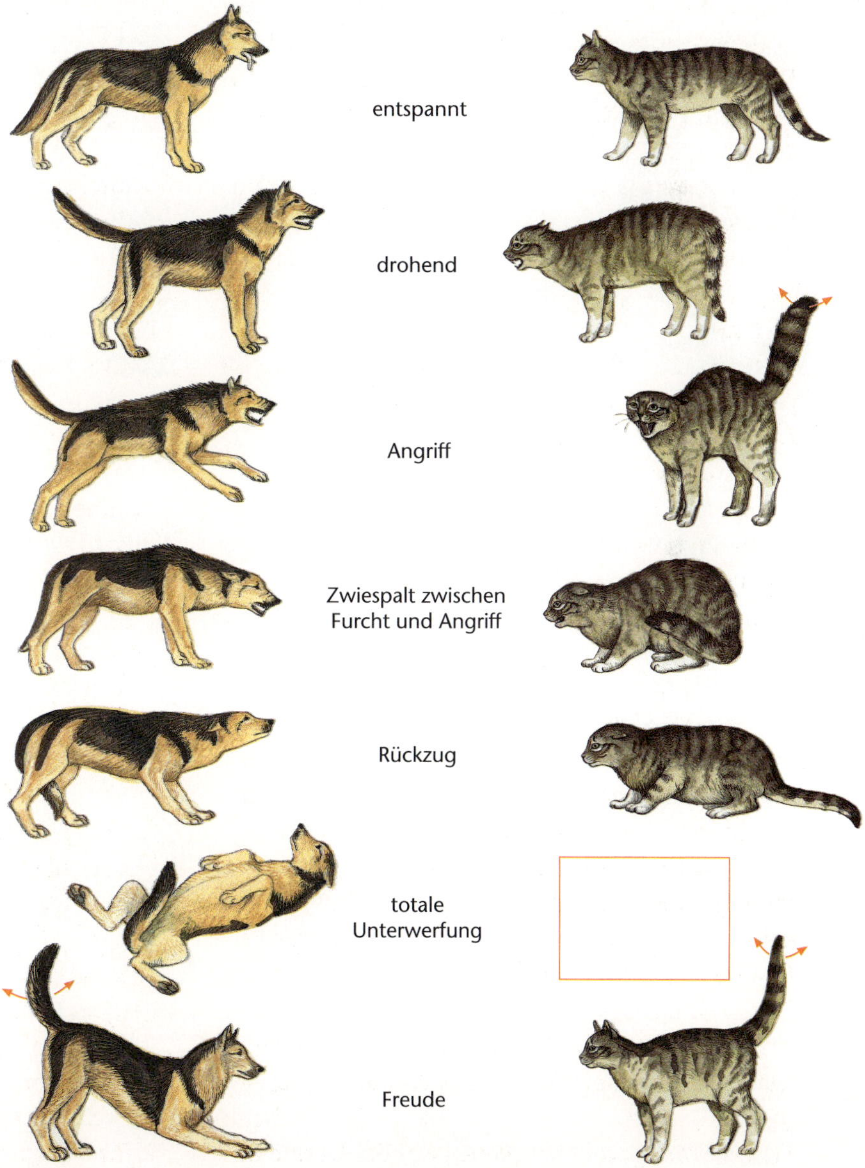

4 *Körpersprache von Hund und Katze*

Beobachten und Beschreiben

1 *Zebra*

2 *Giraffe*

Im Zoo kannst du verschiedene Tiere beobachten. Beobachten bedeutet dabei mehr, als nur das Tier anzuschauen. Wenn du ein Tier beobachtest, kannst du auf körperliche Merkmale und auf das Verhalten des Tieres achten. Bei vielen Zootieren fallen dir sofort ihre besonderen Merkmale auf, z. B. das Horn des Nashorns oder der Rüssel des Elefanten. Bei der Tierbeschreibung ist es wichtig, dass du auf alle besonderen Merkmale des Tieres eingehst. Die folgenden Schritte helfen dir bei einer Beschreibung.

1. Schritt: Das Tier beobachten

Beobachte das Tier genau. Achte dabei auf Einzelheiten wie die Kopfform, die Größe und die Fellfarbe.

2. Schritt: Eine Tabelle anlegen

Lege für das Beschreiben eine zweispaltige Tabelle in deiner Mappe an (Abb. 3). Diese Tabelle erleichtert dir die Gliederung der Tierbeschreibung. Trage in die linke Spalte die Merkmale ein, die du beschreiben willst, z. B. Körperbau oder Farbe des Fells. In die rechte Spalte trägst du die dazu passenden Adjektive ein (Abb. 4).

3. Schritt: Das Tier beschreiben

Mithilfe der Tabelle kannst du die Tierbeschreibung beginnen. Beachte dabei folgende Punkte:

- Benutze die Zeitform Präsens (Gegenwart).
- Schreibe in einem sachlichen Stil.
- Verwende keine „Vermenschlichungen“. (Der Löwe schaut traurig aus, das Kamel guckt hochnäsig.)
- Beginne mit den auffälligsten Merkmalen.
- Verwende Fachausdrücke für die Körperteile des Tieres (Abb. 5). Beispielsweise hat ein Bär keinen Mund, sondern eine Schnauze.
- Stelle Vergleiche an, damit deine Beschreibung anschaulicher wird, z. B.: Das Nashorn wiegt so viel wie ein Wohnmobil.

Name des Tieres	
Merkmal	**Beschreibung**
Kopfform	
Augen	
Ohren	
Körperbau	
Fellfarbe	
Beine	
Füße	

3 *Tabelle zur Tierbeschreibung*

Körperbau	muskulös, schlank, plump, sehnig, dick, dünn, geschmeidig…
Kopf	oval, rundlich, eckig, breit, schmal…
Augen	hervorquellend, tief liegend, groß, klein, stechend, glänzend…
Fell	struppig, glatt, gefleckt, gestreift, borstig…

4 *Adjektive zur Tierbeschreibung*

1 Beschreibung von Zebra und Giraffe. Beschreibe zunächst das Zebra und dann die Giraffe. Übertrage die Tabelle von Abbildung 3 in deine Mappe und fülle sie aus. Fertige anschließend für beide Tiere eine Tierbeschreibung an. Verwende dafür treffende Adjektive (Abb. 4).

2 Fachbegriffe zuordnen. Ordne die Fachbegriffe von Abbildung 5 den entsprechenden Körperteilen zu. Übertrage dazu die Tabelle von Abbildung 6 in deine Mappe und fülle sie aus. Beachte, dass sich einem Körperteil mehrere Fachbegriffe zuordnen lassen.

Schnauze, Schuppen, Fell, Pelz, Flossen, Hufe, Borsten, Zehen, Panzer, Schnabel, Tentakel, Maul, Vorderpfote

5 *Fachbegriffe*

Mund	Füße	Arme	Körperbedeckung
Schnauze			

6 *Tabelle Körperteile*

3 Beschreibung von Trampeltier und Dromedar. Beschreibe zunächst das Kamel und das Dromedar und vergleiche sie anschließend (Abb. 7, 8).

4 Erstellen einer schematischen Zeichnung. Erstelle eine Schemazeichnung von der Giraffe und dem Zebra nach dem Muster von Abbildung 9. Welche Vorteile bietet eine schematische Zeichnung gegenüber einem Foto?

7 *Kamel (Trampeltier)*

8 *Dromedar*

9 *Schemazeichnung Kamel*

Vergleichen

Wölfe leben in Rudeln mit einer Rangfolge. Sie gehen meistens gemeinsam auf Jagd, vor allem tagsüber, aber mitunter auch in der Nacht. Wölfe laufen täglich viele Kilometer, um ihre Beutetiere, zum Beispiele Rentiere, zu finden. Mit ihrer feinen Nase und ihrem guten Gehör können Wölfe ihre Beute riechen und hören. Sie pirschen sich an die Rentiere heran und dann rennt das Wolfsrudel los. Die Rentiere werden gehetzt, manchmal über viele Kilometer. Wird ein Beutetier eingeholt, springen mehrere Wölfe das Tier an. Durch einen kräftigen Biss in den Hals wird es getötet. Die Beute wird gemeinsam gefressen. Die ranghöchsten Rudelmitglieder dürfen als Erste fressen.

1 *Wölfe auf der Spur eines Beutetieres*

Eine Hauskatze jagt in der Dämmerung und nachts. Sie kann sehr gut hören und auch im Dämmerlicht gut sehen. Hat eine Katze das Fiepen einer Maus gehört, schleicht sie sich lautlos und in geduckter Haltung an. Vor dem Mauseloch lauert sie reglos. Kommt die Maus aus ihrem Loch heraus, schnellt die Katze mit einem kräftigen Sprung blitzschnell auf die Beute zu. Die Maus wird mit den beiden Vorderpfoten und den scharfen, ausgestreckten Krallen ergriffen und zu Boden gedrückt. Mit den Zähnen wird die Maus getötet.

2 *Katze auf Mäusejagd*

Vergleichen ist eine häufige Tätigkeit - im Alltag und in der Schule. In der Sprache werden Vergleiche unter anderem durch die Steigerung von Eigenschaftswörtern (Adjektive) deutlich: Etwas ist schöner, schneller, lauter, größer, kleiner oder schwieriger als etwas anderes. Jeder Mensch benutzt solche Steigerungsformen von Adjektiven häufig. Bevor sie ausgesprochen werden, wird etwas in Gedanken verglichen. Auch in der Mathematik und in den Naturwissenschaften spielen Vergleiche eine große Rolle. Während im Alltag Vergleiche häufig persönliche Einschätzungen widerspiegeln, werden in den Naturwissenschaften möglichst nur Vergleiche vorgenommen, die für jeden Menschen unabhängig von der eigenen Meinung nachprüfbar sind.

Das Vergleichen ist eine gedankliche Tätigkeit, bei der gemeinsame und unterschiedliche Merkmale von zwei oder mehr Vergleichsobjekten ermittelt werden. In der Biologie können solche Vergleichsobjekte Tiere oder Pflanzen sein. Auch Vorgänge können miteinander verglichen werden, zum Beispiel das Jagdverhalten von Wölfen und Hauskatzen (Abb. 1, 2).

Folgende Fragen helfen, die Vorgehensweise bei einem Vergleich zu gliedern:
- Was soll ich genau miteinander vergleichen?
- In welchen Grenzen soll der Vergleich erfolgen?
- Wie will ich die Ergebnisse des Vergleichs darstellen, zum Beispiel als Tabelle oder als Text?
- Was weiß ich über die zu vergleichenden Gegenstände oder Vorgänge? (Manchmal ist es notwendig, sich dieses Wissen erst anzueignen, bevor der Vergleich durchgeführt wird.)
- Welche Gemeinsamkeiten haben die zu vergleichenden Objekte oder Vorgänge?
- Welche Unterschiede weisen die zu vergleichenden Objekte oder Vorgänge auf?
- Wie lässt sich der Vergleich zusammenfassen?

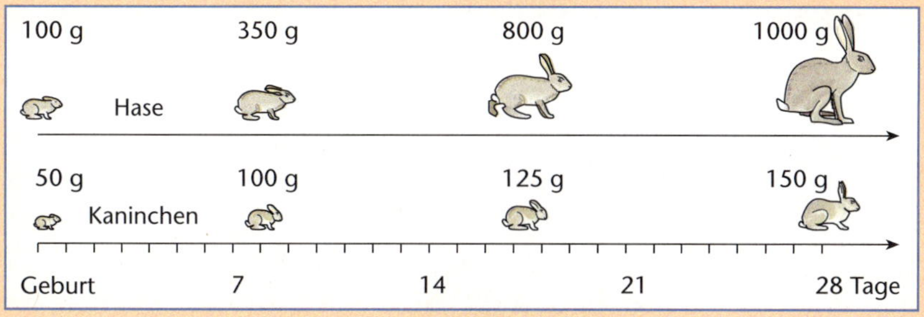

3 *Entwicklung von Hase und Kaninchen*

1 Vergleich der Jagd bei Wölfen und Katzen. Vergleiche die Verhaltensweisen bei der Jagd bei Wölfen und Hauskatzen (Abb. 1, 2). Richte dich nach den Fragen zur Vorgehensweise.

2 Entwicklungsvergleich. Stelle die Entwicklung der Körpermasse von Kaninchen und Hase aus Abbildung 3 in einer geeigneten Grafik dar. Vergleiche die Entwicklung.

3 Vergleich zweier Baumarten. Vergleiche Rotbuche und Stieleiche anhand der Abbildung 4.

a) Stelle die verschiedenen Gesichtspunkte tabellarisch dar.

b) Nenne weitere Gesichtspunkte für einen Vergleich, die nicht aus der Abbildung hervorgehen.

4 *Rotbuche und Stieleiche*

2.7 Heimtierhaltung

1 *Meerschweinchen*

2 *Kaninchen*

Der Umgang mit Tieren kann viel Freude bereiten. Tiere können Spielgefährten sein und man lernt beim Umgang mit ihnen gut, ihr Verhalten zu beobachten. Zur Haltung gehört aber auch, dass man für die Tiere und ihre Pflege über viele Jahre hinweg verantwortlich ist. Tägliches Füttern und regelmäßiges Säubern der Gehege ist unbedingt notwendig. Wer dies nicht leisten kann, sollte auf eigene Tiere verzichten und z. B. bei der Pflege von Tieren aus der Nachbarschaft oder einem Tierheim mithelfen. Das Tierschutzgesetz weist ausdrücklich auf die Verantwortung für Tiere und eine artgerechte Tierhaltung hin (Abb. 4). Darunter versteht man, dass ein Tier seinen Bedürfnissen entsprechend ernährt, gepflegt und untergebracht wird.

3 *Goldhamster*

Tiere sollen sich wohlfühlen. Nur dann bleiben sie gesund und können ihr natürliches Verhalten zeigen. Dazu ist es notwendig, dass man weiß, wie ihre wilden Artgenossen in Freiheit leben. Je mehr die Haltung in Haus oder Garten diesen Bedingungen gleicht, umso wohler werden sich die Tiere fühlen. Wenn man weiß, wie sich die Tiere verhalten, kann man auch besser auswählen, welche Arten für die Haltung in Frage kommen. Häufig werden Meerschweinchen, Kaninchen oder Goldhamster als Hausgenossen ausgesucht. Alle drei Tiere sind Nagetiere, das heißt, ihre Nagezähne wachsen ständig nach und müssen abgenutzt werden. Sonst kann das Tier nach einiger Zeit keine Nahrung mehr aufnehmen, weil die Zähne zu lang sind. Die Tiere benötigen also Material, das sie benagen können, und Futter mit genügend harten Bestandteilen. Auch die Krallen wachsen ständig nach und müssen bei zu wenig Abnutzung regelmäßig geschnitten werden. Häufig werden die Tiere in zu kleinen Käfigen gehalten und haben zu wenig Anregungen. Sie sitzen dann meist nur herum, werden zu dick und sterben nach wenigen Jahren.

Meerschweinchen stammen von den Gebirgsmeerschweinchen in Südamerika ab. Diese wohnen in Gruppen bis zu 20 Tieren zusammen und besiedeln Gebirgsregionen der Anden bis in 4000 Meter Höhe. Eine Meerschweinfamilie besteht normalerweise aus einem erwachsenen Männchen und mehreren Weibchen mit dem gemeinsamen Nachwuchs. Meerschweinchen haben viele Fressfeinde. Sie suchen daher sehr schnell Erdhöhlen, überhängende Felsen und andere Versteckmöglichkeiten auf, sobald sie sich bedroht fühlen. Aus diesen natürlichen Lebensumständen kann man ableiten, wie Meerschweinchen am besten zu halten sind. Die kleinen Nager sind sehr gesellige Tiere. Sie haben viele Laute zur Verständigung untereinander. Halte daher nie ein Meerschweinchen alleine. Es verkümmert sonst. Auch die Haltung mit anderen Tierarten kann Artgenossen nicht ersetzten. Günstig ist es, ein Männchen mit einem oder zwei Weibchen zu halten. Allerdings muss man darauf achten, dass das Männchen vom Tierarzt kastriert wird, sonst gibt es Nachwuchs in großer Zahl. Auch die Haltung von mehreren Weibchen funktioniert gut. Mehrere Männchen zusammen vertragen sich nur, wenn keine Weibchen vorhanden sind. Meerschweinchen brauchen viel Bewegung. Das Gehege muss groß sein, je größer, umso besser. Mehrere Quadratmeter sind anzustreben. Darin sollten unbedingt Versteckmöglichkeiten, z. B. Häuschen und Rohre, sein. Meerschweinchen sind intelligente Tiere, die eine interessante Umgebung zum Wohlbefinden benötigen. Dies können verschiedene miteinander verbundene Räume sein, vielleicht sogar auf verschiedenen Ebenen (Abb. 5). Als Gebirgstiere können sie das ganze Jahr im Freien gehalten werden, wenn ihnen ein winterfestes Haus zur Verfügung steht. Meerschweinchen können bis zwölf Jahre alt werden.

5 *Meerschweinchenhochhaus*

Tierschutzgesetz
in der Fassung der Bekanntmachung vom 25. Mai 1998 (BGBl, I S. 1105, ber. S 1818)

Erster Abschnitt. Grundsatz
§ 1. [Zweck des Gesetzes] Zweck dieses Gesetzes ist es, aus der Verantwortung des Menschen für das Tier als Mitgeschöpf dessen Leben und Wohlbefinden zu schützen. Niemand darf einem Tier ohne vernünftigen Grund Schmerzen, Leiden oder Schaden zufügen.

Zweiter Abschnitt. Tierhaltung
§ 2. [Allgemeine Vorschriften] Wer ein Tier hält, betreut oder zu betreuen hat,
1. muss das Tier seiner Art und seinen Bedürfnissen entsprechend angemessen ernähren, pflegen und verhaltensgerecht unterbringen,
2. darf die Möglichkeit des Tieres zu artgemäßer Bewgung nicht so einschränken, dass ihm Schmerzen oder vermeidbare Leiden oder Schäden zugefügt werden,
3. muss über die für eine angemessene Ernährung, Pflege und verhaltensgerechte Unterbringung des Tieres erforderlichen Kenntnissen und Fähigkeiten verfügen.

4 *Auszug aus dem Tierschutzgesetz*

Auch **Kaninchen** sind gesellige Tiere und sollen keinesfalls alleine gehalten werden. Sie stammen von Wildkaninchen ab, die in unterirdischen Bauen wohnen. Das Bewegungsbedürfnis ist noch größer als bei Meerschweinchen. Das Gehege sollte daher groß sein. Zwei Quadratmeter genügen, wenn zusätzlich mehrere Stunden am Tag Auslaufmöglichkeit besteht. Freilandhaltung ist sehr zu empfehlen, doch ist darauf zu achten, dass die Tiere ein angeborenes Verhalten zum Graben von Gängen an den Tag legen. Auch bei Kaninchen müssen höhlenartige Versteckmöglichkeiten für alle Tiere und ein interessantes Umfeld vorhanden sein. Im Gegensatz zu Meerschweinchen können mehrere kastrierte Männchen zusammen mit Weibchen gehalten werden. Sind die Männchen nicht kastriert, gibt es zwischen ihnen Kämpfe. Die Vermehrung ist ähnlich hoch wie bei den Meerschweinchen. Kaninchen können acht bis zehn Jahre alt werden.

3 Nutztiere

3.1 Der Auerochse – Urvater unserer Rinder

1 *So könnte das Urrind gelebt haben*

Alle europäischen, aber auch viele asiatische und afrikanische Rinderrassen stammen vom Ur- oder Auerochsen ab (Abb. 1). Das **Urrind** lebte als Herdentier in gebüschreichen, lichten Wäldern und ernährte sich hauptsächlich von Gräsern, manchmal auch von Laub. Vor etwa 8000 Jahren begannen unsere Vorfahren damit, wild lebende Rinder als Haustiere zu halten. Hunde, Ziegen und Schafe waren zu dieser Zeit bereits Haustiere des Menschen. Das Urrind ist bei uns aufgrund ungünstiger Lebensbedingungen und intensiver Bejagung seit 1627 ausgestorben. In Europa überlebte als Wildrind lediglich das Wisent.

Weltweit gibt es heute mehr als 250 Rinderrassen. Durch gezielte Paarung von männlichen und weiblichen Tieren haben sich bei den verschiedensten Rassen ganz unterschiedliche Eigenschaften, z. B. hohe Milchleistung, herausgebildet. In der Rinderzucht konzentrierte man sich in Europa hauptsächlich auf die **Milchmenge** und die **Fleischmasse.** Zu den reinen Milchrassen gehören z. B. die Jersey-Rinder. Reine Mastrassen dagegen sind Charolais und Limousin. In den weit verbreiteten Rassen Deutsche Schwarzbunte, Deutsche Rotbunte und Fleckvieh sind beide Eigenschaften miteinander kombiniert, man nennt sie daher auch **Zweinutzungsrassen.** In den letzten Jahren werden Rinder auch verstärkt in der Landschaftspflege eingesetzt, wobei man hier auf Galloway oder Schottische Hochlandrinder zurückgreift. Diese Tiere sind äußerst robust und widerstandsfähig und bleiben auch bei widrigsten Witterungsverhältnissen draußen auf der Weide.

	1960	1970	1980	1990	2000	2004
Milchmenge in kg pro Jahr	3.400	3.800	4.600	5.000	6.700	7.500

2 Entwicklung der durchschnittlichen Milchleistung einer Kuh

1 Entwicklung der Milchleistung einer Kuh in Deutschland. Stelle die Entwicklung der Milchleistung grafisch in einem Balkendiagramm dar (Abb. 2). Erkläre mithilfe des Textes auf der Grundwissenseite diese Entwicklung. Nimm Stellung zu Auswirkungen und möglichen Folgen dieser Entwicklung.

3 *Schwarzbuntes Rind*

4 *Fleckvieh*

Rasse	Gewicht der Kühe in kg	Milchleistung in kg pro Jahr	Fettgehalt der Milch in %	Eiweißgehalt der Milch in %	tägliche Gewichtszunahme in g
Schwarzbunte	680	7.300	4,3	3,4	–
Rotbunte	700	6.650	4,3	3,4	–
Jersey	350	4.680	6,1	4,2	–
Fleckvieh	750	5.690	4,1	3,5	1.280
Charolais	850	–	–	–	1.400
Limousin	750	–	–	–	1.200

5 *Leistungsmerkmale verschiedener Rassen*

2 Verschiedene Rinderrassen. Erkläre die Begriffe Milch- und Fleischrasse sowie Zweinutzungsrasse. Nutze dazu den Grundwissentext und Abbildung 5. Ordne die Rassen den jeweiligen „Zuchtrichtungen" zu. Überlege dir, warum in einigen Kästchen der Tabelle keine Angaben verzeichnet sind.

3 Urrinder und heutige Rinder. Lies den nebenstehenden Text genau durch. Vergleiche die Lebensweise des Urrindes mit der Lebensweise der heutigen Rinder im Rinderstall. Beschreibe die Übereinstimmungen und die Unterschiede.

Lebensweise des Urrindes
Bis ins 17. Jahrhundert kamen die Urrinder in dichten Wäldern oder auf Grasland vor. Das Urrind lebte in kleineren Herden, die aus Tieren beiderlei Geschlechts bestanden. Sie waren mit rund fünf Jahren ausgewachsen und konnten zwanzig und mehr Jahre alt werden. Innerhalb der Herde bestand eine strikte Rangordnung, die durch unblutige Kämpfe festgelegt wurde. Die Kühe wurden normalerweise durch den ranghöchsten Bullen gedeckt. Eine Kuh brachte ihr Kalb an einem geschützten Ort zur Welt. Bereits nach einem Tag war das Jungtier in der Lage, den ausgewachsenen Tieren zu folgen. Zwischen dem Kalb und der Kuh bestand eine sehr enge Bindung. Das Kalb konnte nur bei der eigenen Mutter saugen, nicht bei den anderen Kühen. Etwas ältere Kälber schlossen sich innerhalb der Herde zu „Spielgruppen" zusammen und kehrten nur noch zur Nahrungsaufnahme zur Mutter zurück.
Das Urrind war ein Pflanzenfresser und Wiederkäuer. Die Hauptaktivitätszeit der Tiere lag in der Dämmerung, zu dieser Zeit waren sie sehr viel in Bewegung. Außerdem waren die Urrinder sehr scheue Fluchttiere. Sie konnten nicht sehr gut sehen, aber dafür umso besser hören und riechen.

3.2 Das Rind – ein spezialisierter Pflanzenfresser

1 *Wie eine Kuh frisst*

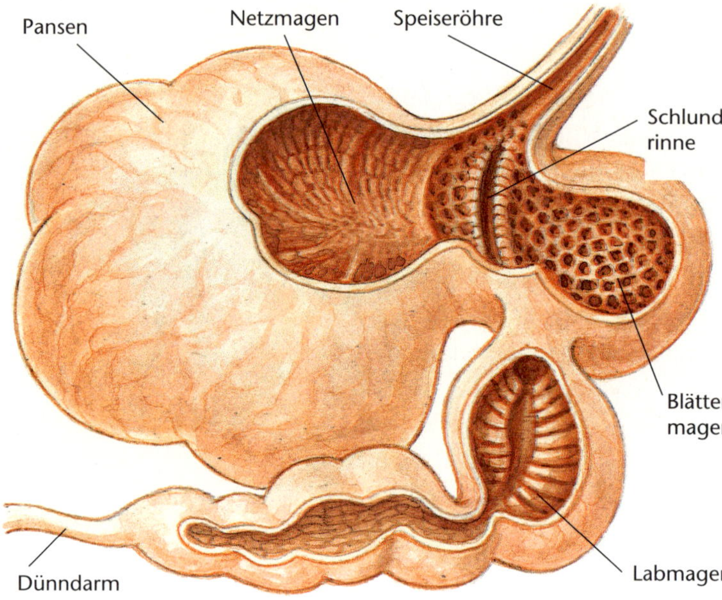

2 *Aufbau eines Rindermagens*

Im Sommer fressen Rinder bis zu 70 kg Gras am Tag. Dabei umfasst die lange, raue Zunge längere Grasbüschel, die mit einer ruckartigen Bewegung abgerissen werden (Abb. 1). Im Maul der Tiere wird die Nahrung mit viel Speichel vermengt und nahezu unzerkaut heruntergeschluckt.

Durch die Speiseröhre gelangt das Gras in den **Pansen** (Abb. 2). In diesem Teil des Magens, der bis zu 100 Liter fasst, wird mit der Verdauung der Nahrung begonnen. Milliarden von Bakterien, Hefen und sonstigen Kleinstlebewesen bewirken die Zersetzung der schwer verdaulichen Nahrungsbestandteile. Der eingeweichte Nahrungsbrei wird zwischen Pansen und **Netzmagen** hin und her bewegt. Gröbere Bestandteile werden über die Schlundrinne hochgewürgt und nochmals durchgekaut.

Das nochmalige Durchkauen des Nahrungsbreis nennt man auch „Wiederkäuen". Es geschieht sehr gründlich und dauert 40 bis 50 Minuten. Dieser Grasbrei wird geschluckt und gelangt erneut in den Pansen. Nachdem hier der Nahrungsbrei weiter zersetzt wurde, gelangt er in den **Blättermagen.** Hier wird in erster Linie Wasser entzogen. Im letzten Teil des Magens, dem **Labmagen,** und im **Dünndarm** wird die Verdauung abgeschlossen (Abb. 2).

Rinder sind reine Pflanzenfresser. Das Gebiss ist daran angepasst. In einem flachen Bogen sind im Unterkiefer sechs Schneidezähne und zwei Eckzähne angeordnet. Eckzähne und Schneidezähne fehlen im Oberkiefer. An deren Stelle findet man eine stark ausgeprägte Kauplatte. Die Backenzähne, von denen beidseitig im Ober- und Unterkiefer je sechs angeordnet sind (Abb. 5), sind im Gegensatz zu den Schneidezähnen Mahl- bzw. Quetschzähne. Diese haben einen quadratischen Querschnitt und werden unterschiedlich stark abgenutzt. Dadurch ist die Oberfläche der Backenzähne immer rau.

Die Rinder gehören zu den **Paarhufern,** die ihren Namen vom Bau ihrer Gliedmaßen haben. Jeder Fuß tritt mit zwei stark entwickelten Zehen auf.

3 *Schema des Verdauungssystems*

1 Das Verdauungssystem des Rindes. Benenne die einzelnen Abschnitte (1 bis 6) des Verdauungssystems (Abb. 3). Beschreibe anhand der Abbildung, welchen Weg die aufgenommene Nahrung dabei nimmt.

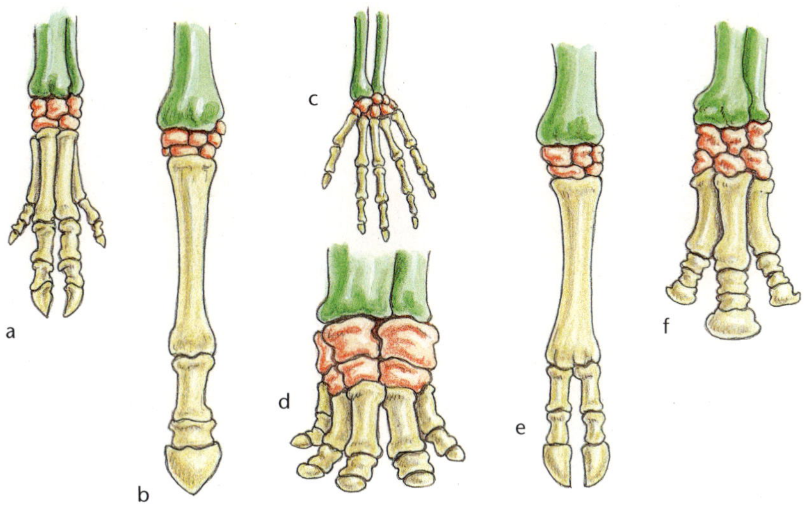

4 *Hand- und Vorderfußknochen*

2 Lebewesen anhand von Skelettausschnitten unterscheiden können. Ordne die Hand- bzw. Vorderfußknochen aus Abbildung 4 den nachfolgenden Lebewesen zu: Elefant, Nashorn, Rind, Mensch, Schwein, Pferd. Übertrage dazu die Liste in dein Heft.

3 Das Pflanzenfressergebiss und seine Funktionsweise. Beschreibe das Gebiss des Rindes. Nutze dazu den Grundwissentext und die Abbildung 5. Welche Aufgabe übernehmen die verschiedenen Zähne des Gebisses bei der Nahrungsaufnahme?

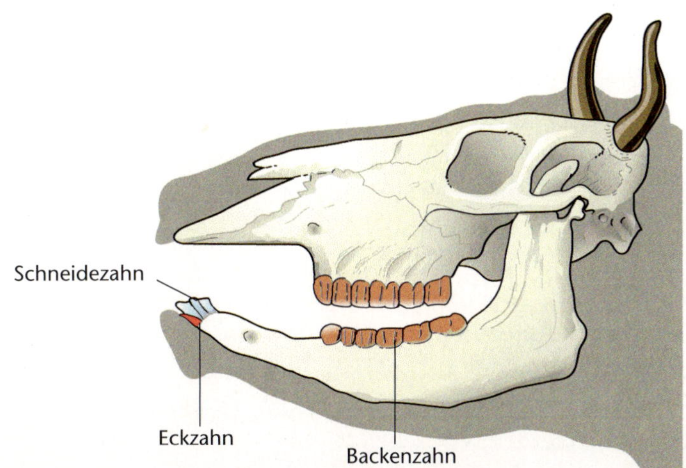

5 *Gebiss des Rindes*

3.3 Das Rind – ein wichtiges Nutztier

1 *Melken von Hand*

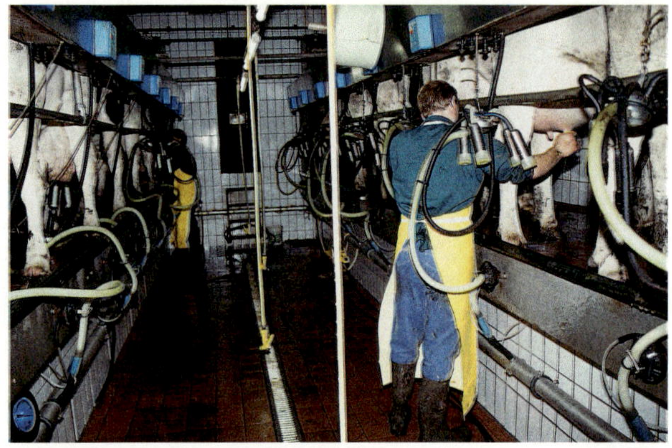

2 *Moderner Melkstand*

Um 1950 wurden die Kühe angebunden auf Stroh gehalten. Das Melken erfolgte von Hand (Abb. 1). Diese Arbeit war anstrengend und der Landwirt konnte nur zehn Kühe in der Stunde melken. Heute übernehmen Melkmaschinen diese Arbeit. Die Milch wird aus dem Euter abgesaugt und in großen Kühltanks gelagert. Später wird sie in der Molkerei weiterverarbeitet. In den Melkständen der Laufställe kann der Landwirt heute 60 bis 70 Kühe in der Stunde melken (Abb. 2). Milchkühe geben 6000 bis 8000 Liter Milch im Jahr. Im Sommer sind die Kühe größtenteils auf der Weide. Die übrige Zeit des Jahres verbringen sie angebunden im Stall (Abb. 6). In größeren Beständen ab circa 40 Kühen werden die Tiere immer häufiger in Boxenlaufställen gehalten (Abb. 4). Hier können die Kühe frei herumlaufen und nehmen dabei Kontakt zu anderen Tieren auf. Dies kommt der Kuh als Herdentier sehr entgegen. Haltungsformen, bei denen die Tiere ihr arteigenes Verhalten ausleben können, werden als **artgerechte Haltung** bezeichnet.

Die männlichen Kälber werden gemästet. In den ersten Lebenswochen erhalten sie Milchersatzstoffe, später dann Kraftfutter und Maissilage. Nach 18 bis 20 Monaten erreichen die Bullen ein Gewicht von 600 kg und werden geschlachtet.

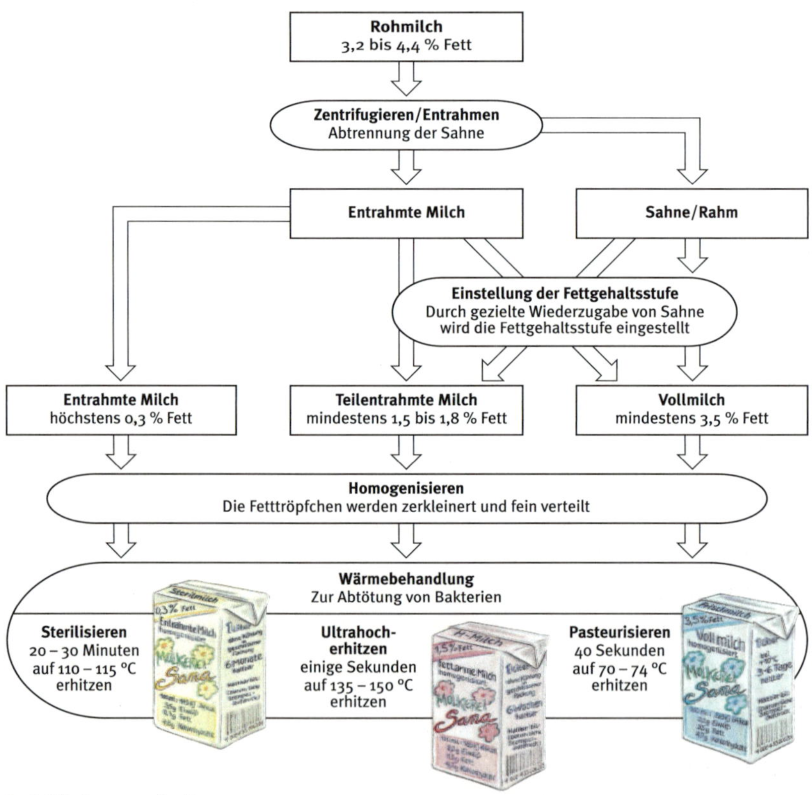

3 *Milchverarbeitung*

4 *Boxenlaufstall*

1 Haltungsformen und Tierschutz. a) Vergleiche anhand der Abbildungen 4 und 6 die Rinderhaltung in einem Boxenlaufstall und die Anbindehaltung. Schreibe in dein Heft.
b) „Nach dem Tierschutzgesetz muss jeder, der Tiere hält, diese Tiere ihren Bedürfnissen entsprechend angemessen ernähren, pflegen und verhaltensgerecht unterbringen."
Verhaltensgerechte Unterbringung bedeutet dabei z. B., dass Rinder als Herdentiere gerne Kontakt zu anderen Tieren aufnehmen. Beurteile in dieser Hinsicht die Haltung von Milchkühen in Anbinde- und Boxenlaufställen.

2 Rechenaufgabe: Melken früher und heute. Früher benötigte man eine Stunde anstrengender Arbeit, um zehn Kühe von Hand zu melken (Abb. 1). Das geschah zweimal am Tag, morgens und abends. Wie viel Zeit pro Tag würde man mindestens benötigen, um 60 Kühe von Hand zu melken? (Zum Vergleich: Mit modernen Melkmaschinen können heute 60 Kühe pro Stunde gemolken werden.)

3 Von der Rohmilch zur Trinkmilch. Beschreibe anhand der Abbildung 3 den Weg von der Rohmilch zur Trinkmilch und wie die verschiedenen Sorten von Trinkmilch zustande kommen.

4 Milch ist gesund. Erläutere anhand der Abbildung 5, warum Milch gesund ist.

6 *Anbindestall*

Besonders während des Wachstums benötigt der Körper von Kindern und Jugendlichen bestimmte Stoffe, die für den Aufbau von Knochen notwendig sind. Dazu gehören Kalzium und Phosphor. Diese Mineralsalze werden in Knochen und Zähne eingebaut. Sie bewirken ihre hohe Festigkeit und Stabilität. Fehlen diese Mineralsalze über längere Zeit in der Nahrung, können Knochen brüchig werden. Außerdem spielt Kalzium für die Tätigkeit der Nerven und Muskeln sowie bei der Blutgerinnung eine Rolle. Milch und Milchprodukte sind wichtige Lieferanten von Kalzium und Phosphor. Schon ein halber Liter Milch kann etwa die Hälfte des täglichen Bedarfs an Kalzium und ein Drittel des Bedarfs an Phosphor decken.
Milch enthält auch Eiweiß. Milcheiweiß kann besonders gut vom Körper verwertet werden. Bei körperlichem Wachstum ist der Eiweißbedarf höher als sonst. Außerdem enthält Milch bestimmte Vitamine. Das sind Stoffe, die bei zahlreichen Vorgängen im Körper eine wichtige Rolle spielen.

5 *Milch ist gesund*

3.4 Das Pferd

1 *Wildpferde in einer Steppenlandschaft*

Wildpferde sind **Steppenbewohner.** In einer Umgebung mit wenigen Versteckmöglichkeiten sind Wildpferde vielen Gefahren ausgesetzt. Als **Fluchttiere** sind Pferde auf ihre Schnelligkeit angewiesen. Auch bei Hauspferden kann man beobachten, dass sie, wenn sie erschreckt werden, im Galopp davonpreschen. Dabei lassen sich Pferde auch durch fliehende Artgenossen beeinflussen und laufen ohne Grund los. Wildpferde leben in **Herden** (Abb. 1). In diesen Herden gibt es eine Rangordnung. In der Herde ist die Chance, ein herannahendes Raubtier rechtzeitig zu bemerken, viel größer. Pferde sind stets sehr aufmerksam.

Pferde sind mit ihren langen, sehnigen Beinen und harten Hufen an den harten Steppenboden gut angepasst. Die Hufe wachsen wie unsere Fingernägel ständig nach.

Das weibliche Pferd, die Stute, bringt nach einer Tragzeit von ca. 340 Tagen ein Fohlen zur Welt. Junge Fohlen erheben sich bereits nach einigen Minuten und können ihrer Mutter, zunächst noch etwas unbeholfen, folgen (Abb. 2). Nach wenigen Stunden kann ein Fohlen bereits galoppieren. Jungtiere, die wie ein Fohlen bereits bei der Geburt weitgehend selbstständig sind, bezeichnet man als **Nestflüchter.**

Pferde sind **Pflanzenfresser.** Sie beißen Gras mit den Schneidezähnen ab oder zupfen kürzeres Gras mit ihren Oberlippen ab. Anschließend wird die Nahrung zwischen den Backenzähnen zermahlen. Im Laufe der Zeit nutzen die Zähne ab. Experten können anhand des Abnutzungsgrades der Zähne das Alter eines Pferdes bestimmen. Pferde besitzen einen verhältnismäßig kleinen Magen. Daher können sie nur begrenzt Nahrung aufnehmen und müssen häufig kleinere Portionen fressen.

2 *Stute mit Fohlen gleich nach der Geburt*

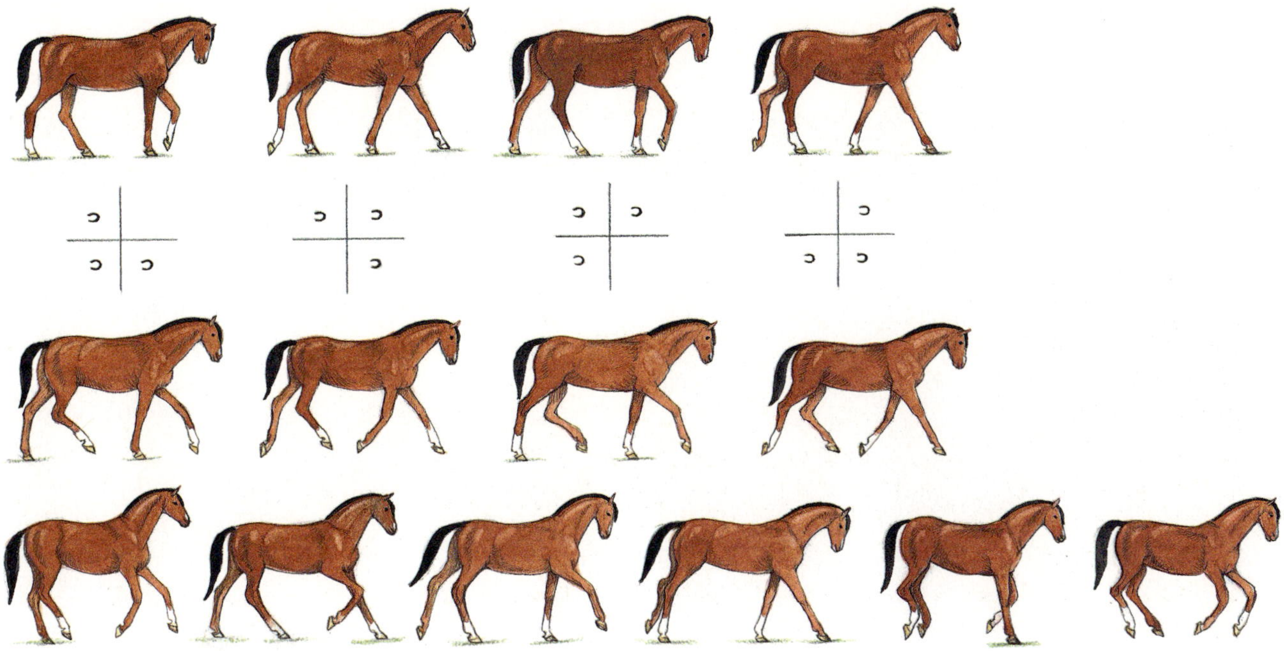

3 *Schritt, Trab und Galopp*

1 Die Gangarten des Pferdes. Schritt, Trab und Galopp. So bezeichnet man die Gangarten von Pferden. In der Abbildung 3 sind für die Gangart Schritt die Hufe, die jeweils den Boden berühren, durch Hufabdrücke gekennzeichnet. Fertige entsprechende Skizzen für die Gangarten Trab und Galopp in deinem Heft an.

2 Das Gebiss des Pferdes.
a) Vergleiche das Gebiss des Pferdes (Abb. 4) mit einem Hundegebiss. Welche Zusammenhänge erkennst du zwischen dem Aufbau der Gebisse und der Art der Nahrung.
b) Ein Sprichwort lautet: „Einem geschenkten Gaul schaut man nicht ins Maul!" Erläutere die Bedeutung dieses Sprichwortes.

3 Pferde sind Zehenspitzengänger.
a) Erläutere diesen Begriff anhand des Beinskelettes (Abb. 5).
b) Vergleiche das Beinskelett eines Pferdes mit dem einer Katze und eines Menschen (Abb. 5).

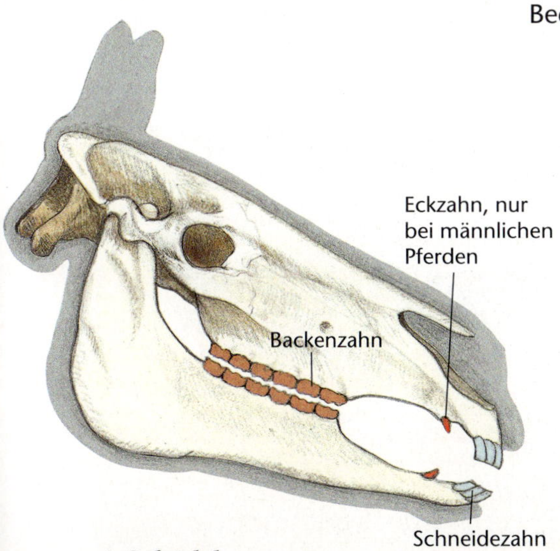

4 *Schädel und Gebiss des Pferdes*

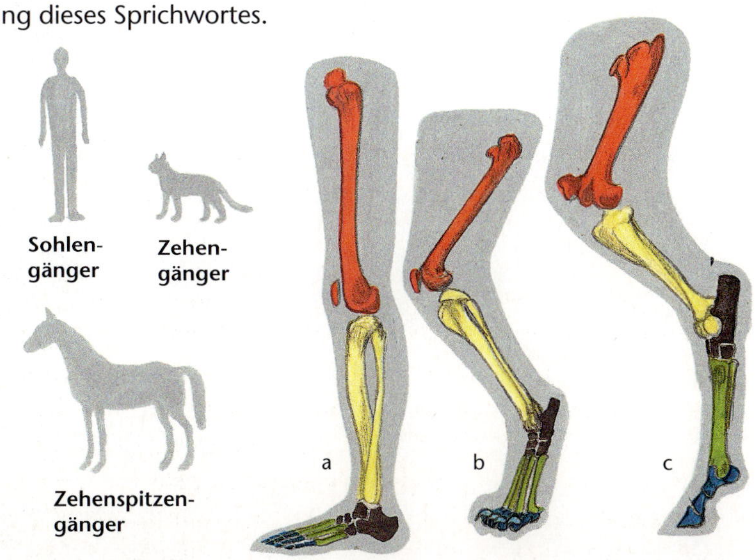

5 *Beinskelette*

3.5 Das Pferd – vom Nutztier zum Haustier

1 *Kaltblutpferde bei der Arbeit*

Wann die ersten Pferde zu Haustieren wurden, ist nicht genau bekannt. Als Reitpferd wird es sicher in einigen Gegenden bereits seit mehr als 7000 Jahren genutzt. Für unterschiedliche Zwecke wurden in Europa verschiedene Rassen gezüchtet. Man kann dabei Arbeitspferde und schnelle Reitpferde unterscheiden. Grob lassen sich die Pferderassen in Warmblut- und Kaltblutpferde einteilen. Diese Bezeichnung hat aber nichts mit der Körpertemperatur der Tiere zu tun. Warmblutpferde sind schlanke, schnelle Pferde, die als Reitpferde genutzt werden (Abb. 2). Kaltblutpferde sind große, grobknochige Tiere und wegen ihrer großen Körperkraft gut als Arbeitspferde geeignet (Abb. 1, 3).

Pferde waren die Grundlage der wirtschaftlichen Entwicklung des Menschen. Mit Pferden wurden alle Transporte über Land erledigt und sie zogen Pflüge in der Landwirtschaft. Gelegentlich werden Arbeitspferde heute wieder in der Forstwirtschaft eingesetzt, da sie im Wald weniger Schäden als große Traktoren anrichten. Mit der Entwicklung landwirtschaftlicher Maschinen und des Autos verlor das Pferd als Nutztier an Bedeutung.

Heute werden Pferde in Deutschland überwiegend für Sport und Freizeitgestaltung gehalten. Die artgerechte Haltung von Pferden erfordert einen erheblichen Pflegeaufwand und verursacht zumeist auch hohe Kosten.

2 *Warmblutpferde beim Galopprennen*

3 *Brauereipferde*

4 *Therapiepferd*

5 *Zubehör für die Pferdepflege*

1 Kosten der Pferdepflege. Für ein Pony schreibt die Besitzerin die im ersten Jahr anfallenden Kosten auf:

Anschaffungskosten für das Pony:	2000 €
Sattel, Trense, Halfter, Putzzeug:	700 €
Futter wöchentlich:	25 €
Unterbringung in einem Mietstall: monatlich	180 €
Haftpflichtversicherung: jährlich	50 €
Impfungen: jährlich	40 €

Dazu kommen gelegentlich weitere Kosten für Tierarzt und Hufschmied. Berechne die Kosten, die der Besitzerin im ersten Jahr entstanden sind.
Mit welchen Kosten muss sie im zweiten Jahr rechnen?

2 Nutzungsmöglichkeiten von Pferden. Beschreibe mithilfe von Text und Bildern dieses Abschnittes Nutzungsmöglichkeiten für Pferde früher und heute. Ergänze eigene Beispiele.

3 Körperbau. Vergleiche den Körperbau der Kaltblutpferde mit dem der Warmblutpferde (Abb.1, 2, 3).

4 Geräte für die Pferdepflege. In Abbildung 5 ist Zubehör, das für die Pflege eines Pferdes benötigt wird, abgebildet. Beschreibe, wofür die abgebildeten Gegenstände benötigt werden.

3.6 Das Hausschwein – unser wichtigster Fleischproduzent

1 *Zuchtsau mit Ferkeln*

2 *Moderner Schweinemaststall*

Nach durchschnittlich vier Monaten bringt die Zuchtsau etwa 10 bis 13 Ferkel zur Welt. Zweimal im Jahr werden Ferkel geboren (Abb. 1). In den ersten vier Lebenswochen bleiben die Jungtiere bei der Sau. Mit einem Gewicht von ungefähr 30 kg kommen die Ferkel in den Maststall. Hier werden sie in Gruppen gehalten (Abb. 2).

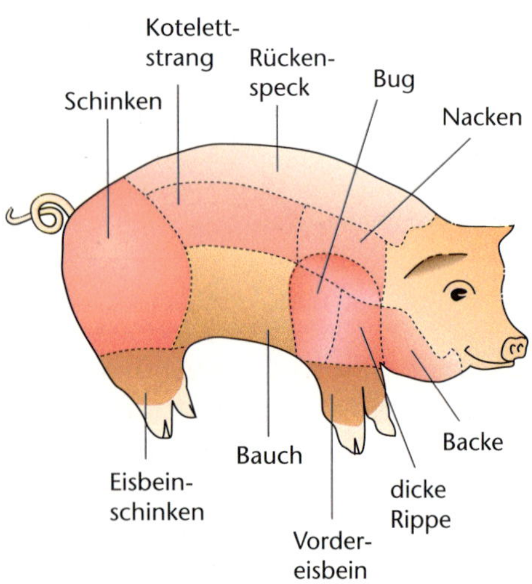

3 *So zerteilt der Schlachter das Schwein*

Als Futtergrundlage dient den Mastschweinen ein energiereiches Kraftfutter, welches aus Getreide und Sojaschrot besteht. Nach fünf Monaten wiegen sie 120 kg und werden geschlachtet.

Die meisten Mastschweine werden auf Spaltenböden gehalten. Der Kot und der Urin der Tiere fallen dabei nach unten in eine Auffanggrube. Diese Gülle bringt der Landwirt als Dünger auf seinen Feldern aus.

Landwirte befürchten die Übertragung von Krankheiten durch den Menschen auf die Tiere. Die bekanntesten Krankheiten sind die Schweinepest und die Maul- und Klauenseuche, die beide häufig durch den unmittelbaren Kontakt über Schuhe und Kleidung des Menschen übertragen werden können. Moderne Stallanlagen verfügen daher über Schmutzschleusen, in denen vor Betreten der Ställe Kleidung und Schuhe gewechselt werden. Die Freilandhaltung von Schweinen ist recht selten geworden. Bei Freilandhaltung kann das Tier seinen angeborenen Lebensgewohnheiten ungehindert nachgehen.

	1960	1970	1980	1990	2000	2002	2004
Stundenlohn in €	1,27	2,68	5,51	8,12	11,36	11,81	12,42
Rindfleisch zum Kochen	482 g	829 g	1.171 g	1.534 g	1.923 g	1.875 g	2.609 g
Schweinefleisch (Kotelett)	381 g	624 g	962 g	1.313 g	1.802 g	1.671 g	2.727 g
Deutsche Markenbutter	380 g	699 g	1.151 g	1.874 g	2.830 g	3.015 g	3.750 g
Vollmilch (3,5 % Fett)	3,8 l	7,1 l	9,4 l	12,3 l	18,2 l	17,6 l	20,0 l
Eier	12 St.	28 St.	43 St.	60 St.	79 St.	81 St.	150 St.

4 *Die Veränderungen der Kaufkraft für verschiedene Lebensmittel*

1 Kaufkraftentwicklung im Vergleich der letzten 50 Jahre. Die Kaufkraft (das, was man für den Durchschnittsverdienst einer Stunde kaufen kann) hat sich bei landwirtschaftlichen Produkten in den letzten 50 Jahren deutlich erhöht (Abb. 4). Stelle für das Schweinefleisch diese Entwicklung in Form eines Balkendiagramms grafisch dar. Welche Konsequenzen hat diese Entwicklung für den einzelnen landwirtschaftlichen Betrieb?

	Schweinefleisch	Rindfleisch	Geflügelfleisch
1990	60	22	12
1994	56	18	13
1996	55	15	14
1998	56	15	15
2000	54	14	16
2002	54	12	17
2004	55	13	18

5 *Fleischverbrauch in Deutschland pro Person in kg*

2 Die Veränderung des Fleischverbrauchs seit 1990. Stelle den Fleischverbrauch für die einzelnen Tierarten grafisch als Balkendiagramm dar (Abb. 5). Beschreibe mit eigenen Worten die Veränderungen. Wie sind diese Veränderungen zwischen den einzelnen Tierarten zu begründen?

6 *Schweine auf der Weide*

3 „Schwein gehabt". Häufig wird das Schwein zum Vergleich und zur Beschreibung menschlicher Eigenschaften herangezogen. Beschreibe die Bedeutung der nachfolgenden Redensarten.
a) „Er sieht aus wie ein Schwein",
b) „Da habe ich aber Schwein gehabt",
c) „Der Chef hat ihn zur Sau gemacht",
d) „Jetzt lassen wir die Sau raus",
e) „Ihr seid richtig kleine Ferkel",
f) „Der Autofahrer als Sparschwein der Nation",
g) „Er hat sich wie ein Schwein benommen".

4 Vergleich der Schweinehaltung. Manche Landwirte halten ihre Schweine im Sommer auf der Weide und nicht im Stall. Vergleiche die Freilandhaltung mit der Stallhaltung (Abb. 2, 6). Nenne Vorteile und Nachteile der beiden Haltungsformen.

3.7 Das Wildschwein – Stammform unseres Hausschweins

1 *Wildschwein mit Jungen*

2 *Pietrain, Eber*

3 *Hampshire, Eber*

4 *Deutsche Landrasse, Sau*

5 *Deutsches Edelschwein, Sau*

Mit der Sesshaftwerdung des Menschen vor ca. 8000 Jahren begann der Mensch, Wildschweine zu halten und sie zu vermehren. Aus der wild lebenden Stammform wurden Haustiere. Die Haustierwerdung wird auch als **Domestikation** bezeichnet. Unser heutiges Hausschwein stammt vom europäischen Wildschwein ab (Abb. 1). Das Wildschwein hat einen gedrungenen Körper mit einem keilförmig gestreckten Kopf. Ein dunkles, langhaariges Borstenfell schützt vor Kälte.

Unterholzreiche Laub- und Mischwälder bilden den Lebensraum der Wildschweine. Zur Abkühlung und zum Schutz vor Insektenstichen suhlen sie gerne im Schlamm. In der Dunkelheit durchwühlen Wildschweine den Boden mit ihrer rüsselförmigen Schnauze nach Nahrung. Als Nahrung dienen Gräser, Pilze, Beeren, Eicheln oder Feldfrüchte. Aufgrund ihres hervorragenden Geruchssinns spüren sie aber auch Würmer und Insekten auf, ja selbst Aas wird gefressen. Das **Gebiss** ist an diese vielfältige Nahrung angepasst (Abb. 8). Das Wildschwein verfügt im Ober- und im Unterkiefer über jeweils zwei Eckzähne, die besonders stark entwickelt sind und als Waffe dienen, und sechs scharfe und spitze Schneidezähne. Die 14 Backenzähne vereinen die Eigenschaften eines Pflanzen- und Fleischfressers in sich. Die vorderen Backenzähne sind äußerst scharfkantig und haben schneidende Funktion. Mehr zermahlend wirken die hinteren Backenzähne.

Wildschweine leben in Gruppen. Die männlichen Wildschweine, die Keiler, sind Einzelgänger und schließen sich dem Familienverband lediglich während der Paarungszeit an. Nach einer Tragezeit von etwa vier Monaten wirft das weibliche Wildschwein, die Bache, vier bis zwölf Frischlinge, die als Jungtiere noch für ein Jahr die typischen Längsstreifen aufweisen (Abb. 1).

	Fleischfresser	Pflanzenfresser	Allesfresser
Schneidezähne	?	?	?
Eckzähne	?	?	?
Backenzähne	?	?	?

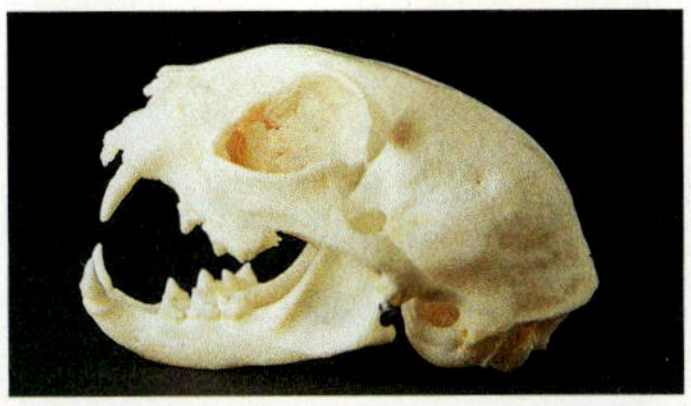

6 *Katze*

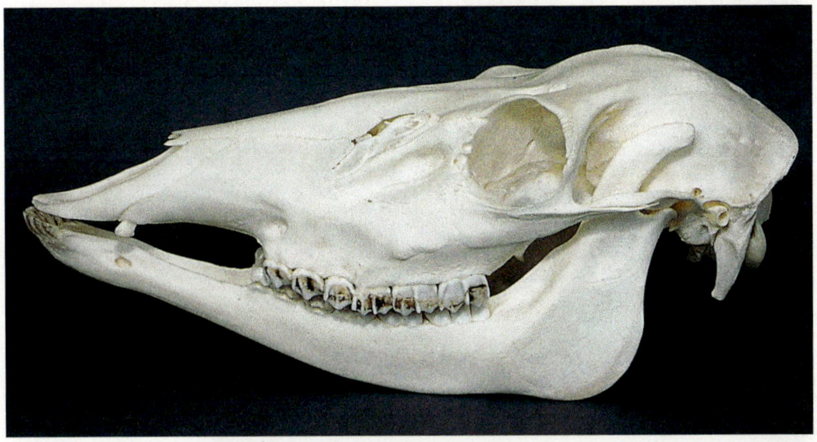

7 *Hirschkuh*

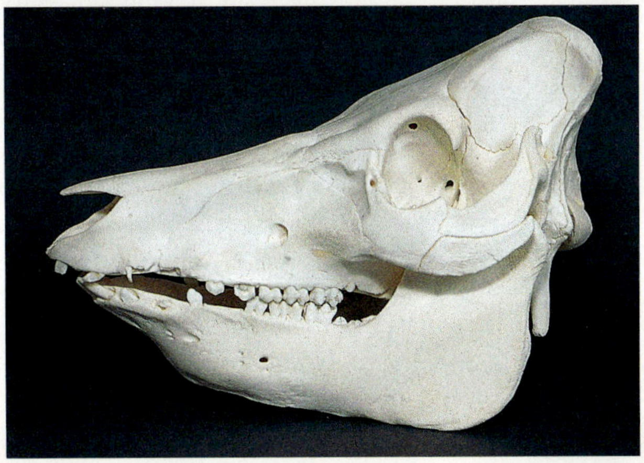

8 *Hausschwein*

1 Vergleich unterschiedlicher Gebissformen. Welches Tier ist ein Fleischfresser, welches ein Pflanzenfresser und welches ein Allesfresser? Vergleiche die Gebisse (Abb. 6–8). Lege eine Tabelle wie im nebenstehenden Beispiel an und schreibe auf, welches Aussehen und welche Aufgaben dabei jeweils die Schneide-, Eck- sowie die Backenzähne haben.

2 Vergleich zwischen Wildschwein und Hausschwein. Das Wildschwein ist der Vorfahre unseres Hausschweins. Wodurch unterscheiden sich Wildschwein und Hausschwein voneinander? Vergleiche Kopf, Fell, Beine, Schwanz und Körperform miteinander.

3 Vergleich unterschiedlicher Schweinerassen. Einige Schweinerassen zeichnen sich durch eine hohe Zahl von Ferkeln aus. In der Landwirtschaft nennt man diese Rassen auch Mutterrassen. Andere Rassen besitzen Ferkel, die beim Wachstum einen hohen Fleischanteil entwickeln. Diese werden in der Sprache des Landwirtes Vaterrassen genannt. Ordne die in den Abbildungen 2-5 gezeigten Schweinerassen mithilfe von Abbildung 9 in Mutter- und Vaterrassen ein. Begründe deine Auswahl.

Rasse	aufgezogene Ferkel pro Sau und Jahr	tägliche Zunahme in g	Fleischanteil in %
Deutsche Landrasse	20,1	863	57,0
Deutsches Edelschwein	19,4	833	57,1
Pietrain	18,6	739	64,8
Hampshire	18,2	760	59,5

9 *Merkmale verschiedener Schweinerassen*

3.8 Der Landwirt – ein grüner Beruf unter vielen

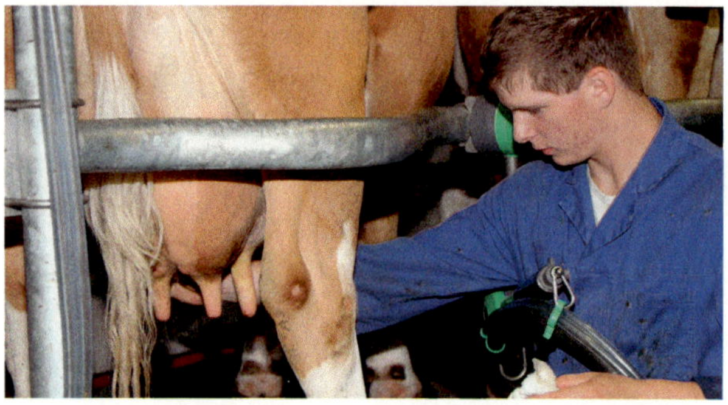

1 *Täglich morgens und abends Kühe melken*

2 *Arbeiten am Schreibtisch*

Um sechs Uhr melkt Landwirt Meyer die Milchkühe und füttert die Mastschweine (Abb. 1, 4). In Milchvieh haltenden Betrieben ist ein früher Arbeitsbeginn typisch. Nach den Fütterungs- und Melkarbeiten ist für die nächsten zwei Stunden Büroarbeit angesagt (Abb. 2). Es müssen Futter- und Düngemittel beim Landhandel bestellt werden, außerdem ist ein Termin mit dem Tierarzt zu vereinbaren. Früher war die Arbeit der Meyers sehr eng mit der Natur verbunden, heute verbringen sie viele Stunden im Büro, um Anträge auf Fördergelder zu stellen oder Buchführungsarbeiten, wie z. B. Einnahmen- und Ausgabenkontrolle, zu erledigen.

Kurz vor Mittag geht es nach draußen. Der Schlepper ist für den nachmittäglichen Einsatz vorzubereiten, das Öl muss gewechselt, der Dieselmotor aufgetankt werden. Beim Pflügen, Düngen, Aussäen oder Ernten sind die täglichen Arbeitszeiten sehr stark von der Jahreszeit abhängig (Abb. 3). Während im Herbst und im Frühjahr mehr bestellt, also ausgesät wird, steht im Sommer mehr die Getreide- und Rapsernte im Vordergrund. Große Teile der Betriebsflächen sind aber mit Mais bestanden, so dass für Familie Meyer der Herbst die Haupterntezeit darstellt. Kurz vor siebzehn Uhr zieht es Herrn und Frau Meyer wieder in den Stall. Die Milchkühe werden wieder gemolken und die Mastschweine gefüttert.

Landwirt ist ein interessanter und vielseitiger Beruf. Landwirte erzeugen pflanzliche Produkte wie z. B. Getreide, Gemüse, Raps oder Mais, daneben produzieren sie aber auch Milch, Fleisch, Wolle oder Eier. Neuerdings sind Landwirte darüber hinaus als Energieproduzenten alternativer Energieträger tätig. Es werden aus den Exkrementen der Tiere (Kot und Harn), die der Landwirt „Gülle" nennt, in Verbindung mit pflanzlichen Produkten, wie zum Beispiel Mais oder Roggen elektrischer Strom und Wärme produziert. Berufe wie der des Landwirtes, die mit der Nutzung der Natur durch den Menschen zu tun haben, werden Grüne Berufe genannt.

3 *Die Feldarbeiten fallen je nach Jahreszeit an*

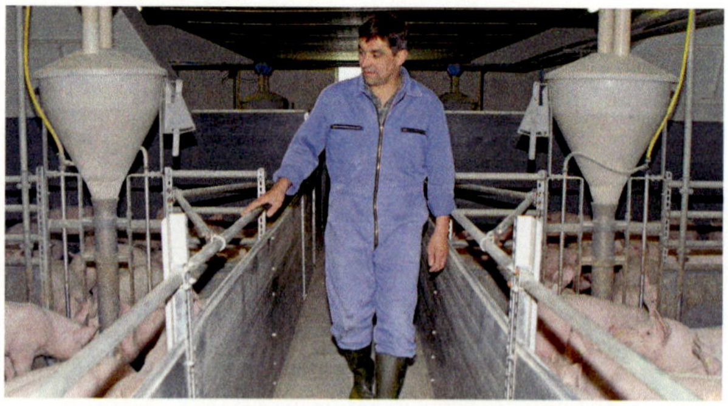

4 *Vollautomatische Fütterung von Mastschweinen*

Beruf: Landwirt/Landwirtin

Anforderung an den Auszubildenden: Der Allrounder unter den Agrarberufen beherrscht die pflanzliche und die tierische Produktion und ist mit der dazugehörigen Technik vertraut. Er besitzt Kenntnisse in den Produktionsverfahren, den biologischen Abläufen und wendet die Erkenntnisse aus Umwelt-, Natur- und Tierschutz verantwortungsbewusst an. Die Vielfalt der Arbeitsabläufe erfordert eine gute Auffassungsgabe, zielgerichtetes und verantwortungsbewusstes Handeln und eine gute körperliche Verfassung.

Inhalte der praktischen Ausbildung
- Nutztiere versorgen und Produkte vermarkten
- pflanzliche Produkte ernten und vermarkten
- Maschinenpflege, Wartung und Bedienung
- Bodenproben untersuchen
- Futter zusammenstellen
- Pflanz- und Saatgut ausbringen
- Erntegüter transportieren
- Qualitätsnormen kennen lernen und überprüfen
- Produkte bewerten und Preise kalkulieren

Fächer in der Berufsschule
- Deutsch
- Sozialkunde
- Ethik
- Wirtschaftskunde
- Pflanzenproduktion
- Tierproduktion
- Agrartechnik
- Ökologische Grundlagen
- Fachrechnen und berufsbezogene Datenverarbeitung
- Sport

5 *Anforderungen und Ausbildung des Landwirts*

1 Anforderungen an einen Landwirt. Stelle dar, inwieweit die Inhalte der praktischen Ausbildung für den Arbeitsalltag eines Landwirtes eine sinnvolle Vorbereitung darstellen (Abb. 5). Erläutere die Bedeutung der Fächer in der Berufsschule für die spätere Tätigkeit als Landwirt.

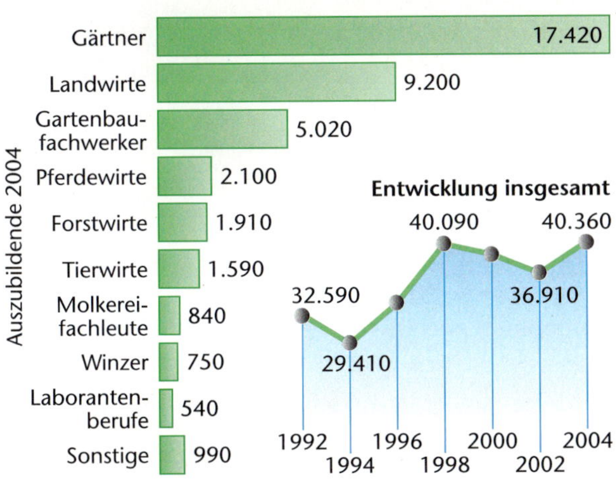

6 *Entwicklung der Ausbildungszahlen in den Grünen Berufen und Verteilung in 2004*

2 Ausbildung in grünen Berufen. Erläutere das Diagramm in Abbildung 6. Welche Entwicklungen kann man ablesen. Ordne die in Abbildung 7 dargestellten Ausbildungsinhalte den dargestellten Berufen zu. Begründe deine Entscheidung. Beschreibe Unterschiede und Gemeinsamkeiten der Ausbildung.

- Waldbewirtschaftung und Forstproduktion
- Ernten von Holz und anderen Forsterzeugnissen
- Sortieren, Vermessen und Lagern von Holz
- Begründen, Verjüngen und Pflege von Waldbeständen
- Jagdbetrieb
- Schützen und Entwickeln besonderer Lebensräume
- Anlegen und Pflegen von Schutz- und Erholungseinrichtungen
- Handhaben, Warten, Instandsetzen von Maschinen und Geräten

- Körperbau, Lebensvorgänge und Verhalten von Nutztieren
- Tiergesundheit und Tierhygiene
- Fortpflanzung, Vererbung, Züchtung, Rassenkunde
- Fütterung und Futtermittelkunde
- Formen der Nutztierhaltung, bauliche und technische Einrichtungen
- Einsetzen, Pflegen und Instandhaltung von Maschinen und Geräten

- Qualitätsüberwachung des Rohstoffes Milch und der einzelnen Stufen der Be- und Verarbeitung
- Auswahl, Entnahme und Vorbereitung von Proben
- Chemische, physikalische, mikrobiologische Untersuchungen
- Untersuchungsmethoden, Analysegeräte
- Vorschriften des Lebensmittelrechts
- Umwelt- und Verbraucherschutz
- Wirtschafts- und Sozialkunde
- Betriebswirtschaftliche Zusammenhänge

7 *Ausbildungsinhalte verschiedener Grüner Berufe*

Zusammenfassung: Menschen halten Tiere

Auf diesen Seiten sind noch einmal wesentliche Erkenntnisse der Biologie, die Basiskonzepte, dargestellt. Weitere Informationen über Basiskonzepte findest du auf der Methodenseite *„Nur nicht den Überblick verlieren – Basiskonzepte“* in diesem Buch.

1. Obwohl sich die meisten Lebewesen voneinander unterscheiden, haben alle Lebewesen bestimmte Gemeinsamkeiten. Das sind die Kennzeichen von Lebewesen: auf Reize reagieren, sich selbstständig bewegen, Fortpflanzung und Entwicklung sowie Stoffe aufnehmen und umwandeln (Stoffwechsel).

2. Der Wolf ist der Vorfahre aller Hunde. Wölfe und Hunde sind miteinander verwandt.

3. Hunde sind Fleischfresser. Ihr Gebiss ist so gebaut, dass damit Beutetiere ergriffen, festgehalten und getötet sowie Fleischstücke von der Beute abgetrennt werden können. Der Bau des Fleischfresser-Gebisses ist an seine Aufgabe angepasst.

4. Die Nachkommen eines Hundepaares zeigen neben Gemeinsamkeiten vielfältige Unterschiede in Merkmalen und Eigenschaften. In der Hundezüchtung wählt man solche Hunde zur Zucht aus, die aus Sicht des Züchters vorteilhafte Merkmale haben.

5. Wenn man Hunde und Katzen vergleicht, werden Gemeinsamkeiten und Unterschiede deutlich. Beide sind Fleischfresser. Katzen sind Schleichjäger und Einzelgänger, Hunde sind Hetzjäger und Rudeltiere.

6. Unter artgerechter Tierhaltung versteht man, dass ein Tier seinen Bedürfnissen entsprechend ernährt, gepflegt und untergebracht wird. Für artgerechte Haltung ist es notwendig zu wissen, wie die wilden Stammformen der Tiere leben.

7. Rinder sind Pflanzenfresser und Wiederkäuer. Der Rindermagen ist ein System, bei dem mehrere Teile (Pansen, Netzmagen, Blättermagen, Labmagen und Dünndarm) bei der Verdauung zusammen arbeiten.

8. Hunde, Katzen, Rinder, Schweine und Pferde sind Säugetiere. Sie ernähren ihre Jungen nach der Geburt mit Milch. Die Milch dient zum Aufbau des Körpers und liefert Energie für alle Lebensvorgänge.

9. Wildpferde sind Steppenbewohner. Ihre langen, sehnigen Beine und die harten Hufe sind Angepasstheiten an den harten Steppenboden.

10. Das Hausschwein stammt vom europäischen Wildschwein ab.

1 **Basiskonzepte zuordnen.** Ordnet jedem Sachverhalt auf dieser Seite (Nr. 1 bis 10) ein Basiskonzept oder mehrere Basiskonzepte (rechte Seite) zu.
Beispiel: siehe Nr. 2 (linke Seite) *„Der Wolf ist der Vorfahr aller Hunde. Wölfe und Hunde sind miteinander verwandt“*. Diese Aussagen passen zum Basiskonzept *„Stammesgeschichte und Verwandtschaft“*.

Basiskonzepte – grundlegende Erkenntnisse im Fach Biologie

System

System
Ein System besteht aus mehreren Teilen. Zwischen den Teilen eines Systems gibt es Beziehungen und Wechselwirkungen. Meistens arbeiten die Teile eines Systems zusammen.
Biologische Systeme können unterschiedlich groß sein: Die ganze Erde, ein bestimmter Lebensraum, ein Lebewesen mit seinen Organen oder ein Organ eines Lebewesens.

Entwicklung

Fortpflanzung und Entwicklung
Lebewesen haben eine begrenzte Lebensdauer. Durch Fortpflanzung vermehren sich Lebewesen und dadurch wird ihr Fortbestand gesichert.
Lebewesen entwickeln sich im Laufe ihres Lebens und verändern sich dabei

Lebensräume verändern sich
Die Lebensräume von Tieren und Pflanzen verändern sich im Laufe der Zeit, zum Beispiel in den Jahreszeiten.

Stammesgeschichte und Verwandtschaft
Jedes heutige Lebewesen hat Vorfahren, Vor-Vorfahren, Vor-Vor-Vorfahren und so weiter. Lebewesen sind im Laufe langer Zeiträume aus anderen Lebewesen hervorgegangen. Das nennt man stammesgeschichtliche Entwicklung oder kurz „Stammesgeschichte".

Vielfalt und Angepasstheit
Auf der Erde gibt es eine große Vielfalt der Arten. Selbst die Nachkommen von Eltern zeigen neben Gemeinsamkeiten Unterschiede in den Merkmalen. Alle Lebewesen besitzen Merkmale, mit denen sie an ihre Umwelt angepasst sind. Solche vorteilhaften Merkmale nennt man Angepasstheiten.

Struktur und Funktion

Struktur und Funktion
Unter Struktur versteht man in der Biologie den Bau von Lebewesen und ihrer Organe. Mit ihrem Bau sind sie an bestimmte Aufgaben (Funktionen) angepasst, zum Beispiel sich zu bewegen und zu ernähren. – Zwischen Struktur und Funktion gibt es Zusammenhänge.

Oberflächenvergößerung
Lebewesen nehmen Stoffe aus der Umgebung auf. Je größer die Oberfläche ist, an der die Stoffaufnahme stattfindet, desto größer kann die Menge an Stoffen sein, die über diese Oberfläche aufgenommen wird.

Gemeinsamkeiten und Unterschiede von Lebewesen
Wenn man Lebewesen miteinander vergleicht, erkennt man Gemeinsamkeiten und Unterschiede.

Steuerung und Regelung
Viele Zustände und Vorgänge im Körper eines Lebewesen werden gesteuert oder geregelt. Dadurch werden die Bedingungen im Körper beständig (stabil) gehalten.

Stoff- und Energieumwandlung
Lebewesen nehmen Stoffe aus der Umgebung auf, wandeln sie um und geben Stoffe an die Umgebung ab. Manche Stoffe enthalten viel nutzbare Energie. Energie ist für alle Lebensvorgänge notwendig.

Tiere in ihrem Lebensraum

4 Säugetiere in ihrem Lebensraum

4.1 Der Feldhase

1 *Feldhasen*

2 *Junge Feldhasen*

Der Hase war ursprünglich ein Bewohner der Steppen Asiens. Auch heute noch bevorzugt er weite offene Feld- und Grünlandfluren. Durch die starken und langen Hinterbeine sind Feldhasen sehr schnelle und ausdauernde Läufer. Auf der Flucht können sie bis zu vier Meter weit springen. Zwischen den Sprüngen vollziehen sie rasche Richtungswechsel. Das nennt man auch Haken schlagen.

Die großen Augen sitzen seitlich am Kopf, so dass der Hase nach hinten sehen kann, ohne den Kopf zu drehen. Der Feldhase kann sehr gut hören und riechen. Die Ohren („Löffel") des Feldhasen sind länger als sein Kopf. Er kann auch Bodenerschütterungen, z. B. bei der Annäherung von Feinden, sehr fein wahrnehmen. An Lippen und Stirn befinden sich lange borstenartige Haare, die als Tastorgane dienen.

Hasen leben meist als Einzelgänger. Den Tag verbringt der Hase meist ruhend und tief geduckt in einer kleinen Mulde, die er ausscharrt. In diese Sasse legt er sich mit der Nase gegen den Wind. Der Hase wählt sie so, dass er die ganze Umgebung überblicken kann. Nähert sich ein Feind, bleibt der Hase ruhig liegen. Das Fell bietet Tarnung. Erst im letzten Moment springt er mit einem schnellen Satz aus der Sasse und flüchtet mit Spitzengeschwindigkeiten bis zu 80 Stundenkilometern. In der Dämmerung geht er auf Nahrungssuche. Seine Nahrung besteht hauptsächlich aus saftigen Gräsern, Kräutern und Wurzeln. Im Winter sind es auch Knospen, Triebe und Rinde.

Im Vorfrühling beginnt die Paarungszeit. Die Häsin bringt nach sechs Wochen Tragzeit zwei bis vier Junge zur Welt. Die neugeborenen Feldhasen haben schon bei ihrer Geburt ein dichtes Fell und können schon am ersten Tag sehen und kriechen. Sie sind **Nestflüchter.** Die Häsin hält sich nicht direkt bei den Jungen auf, häufig aber in der Nähe. Nach drei bis vier Wochen sind die Junghasen selbstständig. Bis zu 80 % der Junghasen gehen durch schlechte Witterung, Feinde und Krankheiten zugrunde. Häsinnen können drei- bis viermal im Jahr Junge zur Welt bringen.

3 *Beinlängen des Hasen*

1 Der Lauf des Hasen. Manche Forscher bezeichnen das schnelle Laufen des Hasen eher als Springen. Belege diese Aussage mithilfe der Abbildungen 1, 3 und 4. Beschreibe genau den Bewegungsablauf.

2 Angepasstheit an schnelle Fluchten. Der Feldhase ist durch seine Hinterläufe gut an das schnelle Laufen angepasst. Begründe diese Aussage anhand von Abbildung 3. Ermittle dazu aus der Zeichnung das Verhältnis der Längen von Vorderbein und Hinterbein. Miss aus und teile die für das Hinterbein ermittelte Länge durch die Länge des Vorderbeines.

3 Abrupte Richtungswechsel. Der Hase kann durch abrupte Richtungswechsel bei hoher Geschwindigkeit Verfolgern entkommen (Abb. 5). Beschreibe in einem zusammenhängenden Text diese Art der Hasenflucht und welche Auswirkungen sie auf den Weg des Verfolgers hat. Wie nennt man diese abrupten Richtungswechsel?

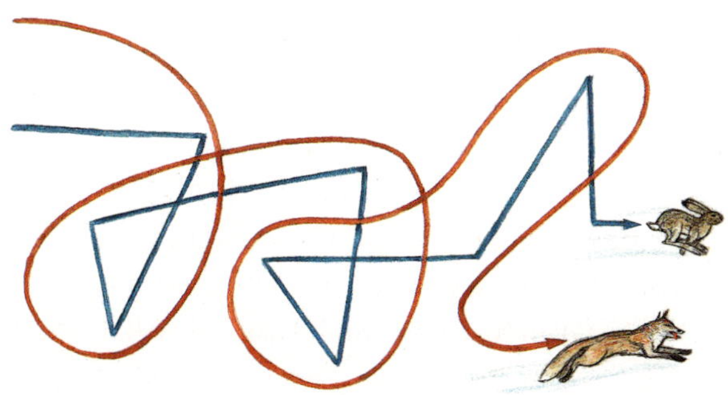

5 *Laufwege von Hase und Fuchs*

4 Die Sinne des Hasen. Der Hase hat viele Feinde. Durch Davonlaufen und Verstecken kann er sich vor den Verfolgern retten. Für den Hasen ist es deswegen besonders wichtig, einen sich nähernden Feind rechtzeitig zu entdecken. Dafür ist er gut ausgerüstet. Beschreibe in einem zusammenhängenden Text.

4 *Hasenspur im Schnee*

5 Umweltbedingungen und Hasenbestand. In zwei benachbarten Gebieten wurde die Entwicklung des Hasenbestandes über mehrere Jahre genau erfasst. Das Klima war in beiden Gebieten nahezu gleich. In einem Gebiet trocknen die Böden nach Regenfällen rasch ab. Im anderen Gebiet sickert das Regenwasser nur sehr langsam in den Boden. Fasse die Informationen, die du Abbildung 6 entnehmen kannst, in einem Text zusammen.

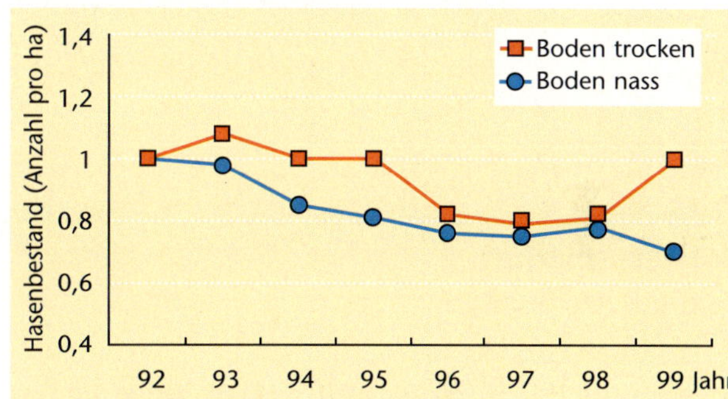

6 *Entwicklung des Hasenbestandes*

6 Verhaltensweisen des Feldhasen. Stelle Zusammenhänge her zwischen Körpermerkmalen und Verhaltensweisen des Feldhasen. Fertige nach den Angaben im folgenden Text eine Skizze an, die die Sasse des Hasen zeigt und seinen Weg dorthin.

Kehrt ein Feldhase in sein Versteck („Sasse" genannt) zurück, läuft er nicht geradewegs dorthin, sondern hoppelt erst daran vorbei, wendet, macht dann einen weiten Sprung zur Seite und legt dadurch eine neue, parallele Spur an. Dieses Verhalten wiederholt er mehrfach. Schließlich springt er mit einem mächtigen Satz in sein Lager. Von dort aus kann er einen Feind, der seine Spur verfolgt, gut sehen. Nähert sich ein Feind, ergreift der Hase nicht gleich die Flucht, sondern presst sich fest an den Erdboden. Dabei beobachtet er seine Umgebung genau. Erst wenn sich der Feind auf etwa drei Meter Abstand nähert, springt der Hase mit einem gewaltigen Satz auf und flieht. Auf der Flucht schlägt er Haken und macht Sprünge, die manchmal zwei bis drei Meter weit sind.

4.2 Das Wildkaninchen

1 *Wildkaninchen*

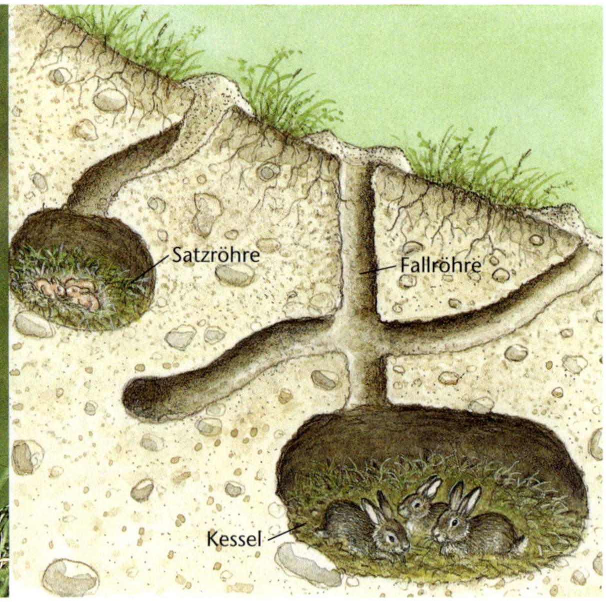

2 *Erdbau von Wildkaninchen*

Wildkaninchen findet man auf der ganzen Welt. Sie sind im Gegensatz zum Feldhasen klein und eher gedrungen (Abb. 1). Die Ohrmuscheln sind wie längliche Trichter aufgebaut. Sie können unabhängig voneinander gedreht werden. Auf diese Weise können Kaninchen selbst leise Geräusche wahrnehmen und die Richtung, aus der sie kommen, genau bestimmen. Die Nase ist mit 100 Millionen Riechzellen ausgestattet, so dass das Tier ganz schwache Gerüche wahrnehmen kann. Die großen Augen sitzen seitlich am Kopf. Daher hat das Kaninchen einen weiten Rundumblick. Mit seinen gut ausgeprägten Sinnen kann es frühzeitig Feinde wahrnehmen und fliehen.

Wildkaninchen leben in Gruppen. In einem Gebiet leben mehrere Männchen und Weibchen zusammen. Innerhalb der Gruppe gibt es eine strenge Rangordnung. Das Zentrum der Gruppe ist ein größerer Erdbau mit mehreren Röhren. Diese bestehen aus einem Wohnkessel und mehreren Ein- und Ausgängen (Abb. 2). Mehrere Baue können zu Kolonien mit oft über 100 Kaninchen heranwachsen. Bei Gefahr warnen sich die Tiere gegenseitig, indem sie mit den Hinterläufen auf den Boden trommeln. Die Tiere ergreifen dann die Flucht und verschwinden blitzschnell im unterirdischen Bau. Kaninchen sind Fluchttiere.

Wildkaninchen können sich das ganze Jahr fortpflanzen. Nach einer Tragzeit von etwa 30 Tagen kommen fünf bis sieben Junge zur Welt. Die Jungen werden in Satzröhren zur Welt gebracht, die mit Gras und ausgezupften Haaren gepolstert sind (Abb. 2). Junge Kaninchen sind bei der Geburt nackt und blind und werden drei Wochen von der Mutter gesäugt. Erst nach etwa fünf Wochen sind sie selbstständig und verlassen zum ersten Mal den Bau. Kaninchenjunge sind **Nesthocker.** Ausgewachsen sind sie nach neun Monaten, jedoch schon nach fünf Monaten sind sie fortpflanzungsfähig.

Das Kaninchen hat viele Feinde. Zu ihnen zählen zum Beispiel Bussard, Habicht, Fuchs, Iltis und Wiesel. Die zahlreichen Verluste werden durch die hohe Nachkommenzahl der Kaninchen ausgeglichen. Fehlen natürliche Feinde, so kann die Zahl der Kaninchen enorm anwachsen. Sie können dann zu einer Plage werden, da sie Pflanzenkulturen und Feldgemüse zerstören können.

1 Entwicklung der Jungen. Erläutere den Unterschied zwischen „Nestflüchter" und „Nesthocker" am Beispiel von Feldhase und Wildkaninchen.

2 Nesthocker und Nestflüchter. Für die beiden Gruppen „Nesthocker" und „Nestflüchter" findest du Beispiele in Abbildung 3. Arbeite wesentliche Unterscheidungsmerkmale heraus und schreibe sie auf. Ordne die in Abbildung 4 genannten Tierarten den beiden Gruppen zu; lege dazu eine zweispaltige Tabelle („Nesthocker – Nestflüchter") an und trage die Tierarten dort ein. Begründe deine Zuordnung.

3 Überleben. Feldhase und Wildkaninchen gehören zu denjenigen Tierarten, die stark gefährdet sind.
a) Überlege, welchen Gefahren beide Tierarten ständig ausgesetzt sind.
b) Ermittle mithilfe der Abbildung 5, wodurch das Überleben jeder dieser beiden Arten gesichert wird.
c) Vergleiche beide Arten im Punkt „Tragdauer" (Abb. 5). Welcher Zusammenhang besteht zwischen der Tragdauer und weiteren Kennzeichen, die die Abbildung bereitstellt? Begründe.

4 Gesichtsfelder von Kaninchen und Fuchs. Abbildung 6 zeigt schematisch die Gesichtsfelder eines Kaninchens und eines Fuchses. Versuche zunächst, die Bedeutung der unterschiedlichen Farben zu deuten. Vergleiche dann Blickrichtung und Gesichtsfelder miteinander. Begründe die Unterschiede.

5 Größenwachstum von Kaninchen und Hase. Übertrage die dem Diagramm zu entnehmenden Werte in eine Tabelle. Erläutere die nebenstehenden Kurven in einem zusammenhängenden Text. Formuliere begründete Vermutungen für die Unterschiede.

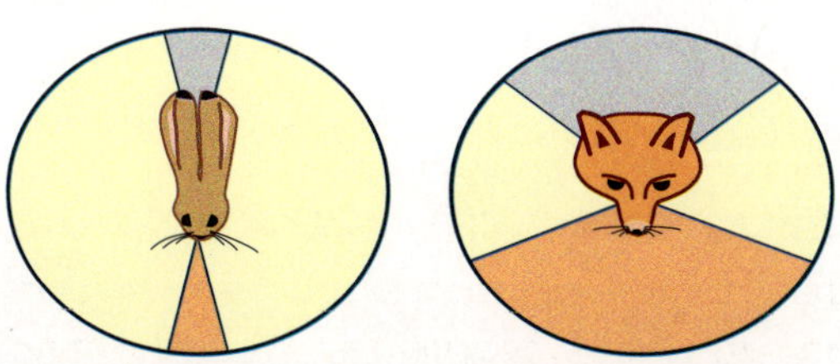

6 *Gesichtsfeld von Kaninchen und Fuchs*

Tier	Tragdauer	Würfe/Jahr	Junge/Wurf
Siebenschläfer (Nh)	30–32 Tage	1	2–7
Haselmaus (Nh)	20 Tage	1 (2)	3–4
Elch (Nf)	36 Wochen	1	2–3
Rotwild (Nf)	33–34 Wochen	1	1

3 *Beispiele für Nesthocker (Nh)/Nestflüchter (Nf)*

Tier	Tragdauer	Würfe/Jahr	Junge/Wurf
Zwergmaus	21 Tage	2–3	3–7
Hausmaus	23 Tage	4–6	4–8
Wanderratte	22–24 Tage	3–6	6–10
Wolf	63 Tage	1	4–6
Fuchs	52 Tage	1	3–8
Wildkatze	63 Tage	1	2–4
Luchs	70 Tage	1	2–3
Damwild	31–32 Wochen	1	1–2
Rehwild	40 Wochen	1	1–2
Wisent	41 Wochen	1	1
Mufflon	21–23 Wochen	1	1–2
Gämse	25–27 Wochen	1	1–2

4 *Tragzeiten, Würfe und Junge pro Wurf bei verschiedenen Tierarten*

	Feldhase	Wildkaninchen
Tragdauer	42–46 Tage	28–30 Tage
Würfe je Jahr	3–4	5–7
Junge je Geburt	2–3	5–8
Geburtsgewicht	ca. 130 g	ca. 45 g
Sehfähigkeit	gleich nach Geburt	nach 10 Tagen
Fell	bei Geburt vorhanden	nach 8 Tagen
Selbstständigkeit	nach 3 Wochen	nach 5 Wochen

5 *Fortpflanzung und Entwicklung bei Feldhase und Wildkaninchen*

Unterschied
zwisch Hase & Kanienchen
lernen.

4.3 Der Maulwurf

Meistens stammen alle Maulwurfshaufen auf einer Fläche von einem einzigen Tier. Die Haufen bestehen aus lockerer Erde, die ein Maulwurf beim Graben seines Baus an die Erdoberfläche befördert hat. Maulwürfe leben den größten Teil des Jahres als Einzelgänger. Sie verbringen fast ihr ganzes Leben unter der Erde und sind auch im Winter aktiv.

Weil die Gänge eines Maulwurfsbaus häufig durch Wurzelwerk führen, vermuten viele Menschen noch immer, dass Maulwürfe die Pflanzen schädigen. Aber das Gegenteil ist der Fall. Maulwürfe lockern den Boden. Die spitzen Zähne zeigen: Maulwürfe sind Raubtiere, genauer gesagt Insektenfresser. Ihre nächsten Verwandten sind Spitzmäuse und Igel. Alle drei bis vier Stunden streift der Maulwurf durch seinen Bau, auf der Suche nach Insekten, Insektenlarven, Würmern und Schnecken. Ein Maulwurf frisst am Tag etwa 110 Gramm Nahrung, etwa so viel, wie er selbst wiegt.

Ein Maulwurf sieht sehr schlecht. Seine kleinen Augen liegen im Fell verborgen (Abb. 1). Dafür ist sein Gehör und vor allem sein Geruchs- und sein Tastsinn sehr leistungsfähig. Die Ohren liegen ebenfalls unter dem Fell. Wenn man über den samtigen Pelz eines Maulwurfes streicht, stellt man fest, dass es sehr weich ist und keinen Strich besitzt. Das heißt, dass sich die Haare in alle Richtungen leicht umlegen lassen. Dadurch kann sich der Maulwurf in den engen Erdgängen gut vorwärts- und rückwärtsbewegen. Die kräftigen Vorderbeine sind kurz und besitzen starke Knochen. Die Hände des Maulwurfs sind sehr breit mit kräftigen Krallen. Sie ähneln einer Baggerschaufel. Damit kann der Maulwurf viel Kraft entwickeln und gut graben. In geeigneten Böden legt er in einer Nacht Gänge mit bis zu 100 Metern Länge an.

Der Maulwurf gehört nach dem Bundesnaturschutzgesetz zu den besonders geschützten Tierarten. Er darf deshalb nicht verfolgt, verletzt, gejagt oder getötet werden.

1 *Maulwurf und einige seiner Beutetiere*

1 Maulwurfsbau und -revier.
a) Abbildung 2 zeigt ein Maulwurfsrevier. Bestimme die Anzahl der Maulwurfshügel, die größte Entfernung zwischen zwei benachbarten Maulwurfshügeln und die ungefähre Größe des Reviers in Quadratmetern.
b) Suche auf einer Rasenfläche nach Maulwurfshügeln. Zähle die Hügel. Miss die Entfernungen zwischen den Maulwurfshügeln aus. Schätze ab, wie groß das Revier des Maulwurfs ist.

2 Maulwurfsbau. Beschreibe den Maulwurfsbau in einem Text (Abb. 3). Gib jeweils an, welche Funktionen die Gänge und Kammern des Maulwurfsbaus haben.

3 Lebensweise unter der Erde. Lege eine Tabelle nach dem abgebildeten Muster an. Notiere in der ersten Spalte die Körpermerkmale oder Leistungen des Maulwurfes. Schreibe in der zweiten Spalte auf, warum diese Merkmale für die unterirdische Lebensweise des Maulwurfes wichtig sind.

2 *Maulwurfsrevier von oben (Maßstab 1:200; 1 cm auf dem Bild entsprechen 200 cm = 2 m in der Realität)*

Merkmal	Bedeutung
guter Geruchssinn	Der Maulwurf kann seine Beute gut aufspüren.
...	...

3 *Maulwurfsbau*

4.4 Rehe und Rothirsche

1 *Reh mit Kitz*

2 *Rothirsche*

Rehe und Rothirsche sind die ursprünglich in Deutschland vorkommenden Hirscharten. Die Tiere sind **Wiederkäuer.** Ihre Nahrung besteht aus Kräutern, Gräsern, Früchten, frischem Laub, Knospen und aus kleinen Ästen. Bei beiden Arten wird von den männlichen Tieren jedes Jahr ein Geweih gebildet. Das heranwachsende Geweih ist von einer Haut umschlossen, die man Bast nennt. Durch sie wird es mit Nährstoffen versorgt. Wenn das Geweih entwickelt ist, entfernen die Tiere diese Haut, indem sie das Geweih an Bäumen und Ästen reiben. Der Jäger bezeichnet dieses Verhalten als „Fegen". Das Geweih dient dazu, in der Paarungszeit, der Brunftzeit, um Weibchen zu werben und dabei Rivalen in die Flucht zu schlagen. Rehböcke werfen ihr Geweih zwischen Oktober und Dezember ab, Rothirsche zwischen Februar und April.

Das weibliche Reh, die Ricke, bringt im Mai oder Anfang Juni ein bis zwei Junge zur Welt. Die Jungtiere haben ein geflecktes Fell und werden Kitze genannt (Abb. 1). Rehe sind **Nestflüchter.** Die Kitze bleiben in ihren ersten Lebenswochen allein an den Boden gedrückt zurück, wenn die Ricke auf Nahrungssuche geht. Das Fell ist eine gute **Tarnung** und schützt das Kitz vor Feinden. Später folgt das Jungtier der Mutter überallhin. Die Brunftzeit ist in den Monaten Juli und August. Von April bis August verteidigen die männlichen Tiere, die Böcke genannt werden, ein Revier gegen mögliche Rivalen. In der übrigen Zeit leben Rehe meist in kleinen Familienverbänden. In Landschaften mit wenig Wald- und Buschbestand finden sich die Tiere zu größeren Rudeln zusammen. Ursprünglich waren Rehe Bewohner von Waldlichtungen und dem umgebenden Wald. Sie leben heute bevorzugt in Gebieten, in denen sich viele Buschreihen und Waldränder mit Wiesen und Feldern abwechseln. In diesen vom Menschen geprägten Landschaften sind sie heute häufiger als früher in den großen Waldgebieten. Das Reh ist ein **Kulturfolger.**

Die weiblichen und männlichen Rothirsche leben das Jahr über in getrennten Rudeln, alte männliche Tiere auch als Einzelgänger. Zur Brunftzeit im September und Oktober lösen sich die Rudel der männlichen Rothirsche auf. Starke Männchen gesellen sich zu den Weibchen und verteidigen das Rudel gegen Rivalen. Dabei kann es zu heftigen Kämpfen kommen. Im Mai oder Juni wird vom Weibchen ein Jungtier geboren, das sofort der Mutter folgt. Rothirsche leben bei uns auch heute noch bevorzugt in waldreichen Gebieten, die wenig von Menschen beeinflusst sind.

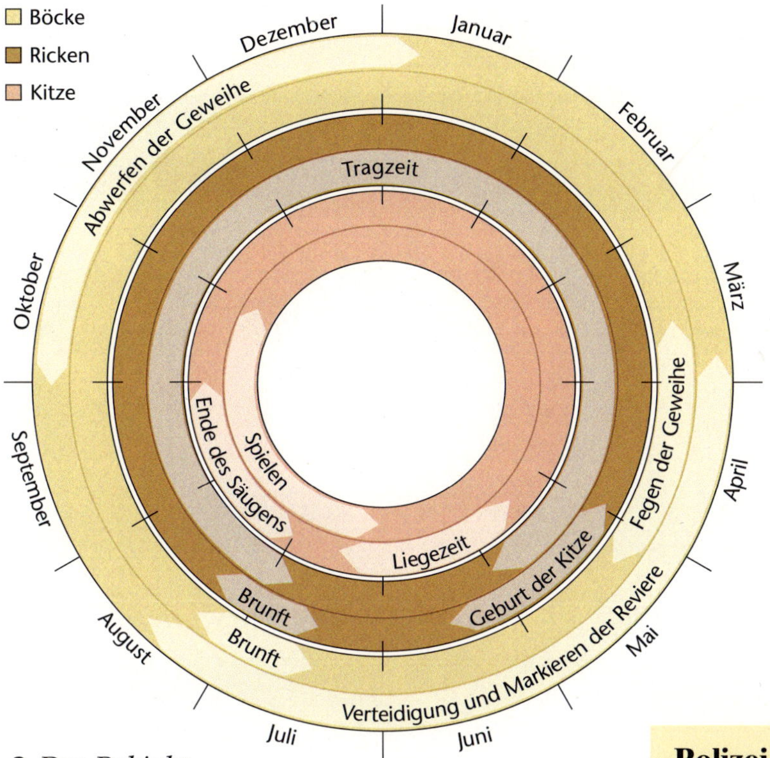

3 *Das Rehjahr*

4 *Geweihe von a) Rehen und b) Rothirschen*

1 Das Rehjahr. Beschreibe anhand der Abbildung 3 das Jahr der Rehe.

2 Reh – Rothirsch. Stelle Gemeinsamkeiten und Unterschiede von Reh und Rothirsch zusammen. Verwende dazu den Grundwissentext und die Abbildungen 3 und 4.

3 Bestandsdichte und Schäden. Rehe verursachen im Wald durch Verbiss besonders an jungen Bäumen und Sträuchern große Schäden. Zum Schutz vor den Tieren werden junge Anpflanzungen mit hohen Kosten eingezäunt.

a) Überlege, warum besonders junge Bäume durch Verbiss gefährdet sind.

b) Stelle Thesen auf, warum sich in unserer Kulturlandschaft die Rehe so vermehrt haben, dass sie zu einem Schadensfaktor in Wald, Feld und Verkehr geworden sind (Abb. 5).

c) Erkläre mithilfe der Abbildung 6, weshalb in der Regel auch eine stärkere Bejagung der Rehe auf Dauer nicht den Bestand der Tiere verringert.

Polizei legt Wildunfallstatistik 2002 vor.

Zahl der polizeilich gemeldeten Wildunfälle erhöht sich im Landkreis um 16,6 %.

Im Jahr 2002 wurde die Polizei des Landkreises Oldenburg zu 431 Unfällen mit Wildbeteiligung gerufen. Dies waren 47 Unfälle mehr als im Vorjahr.
Über 20 Prozent aller registrierten Schadensfälle gehen somit auf das Konto von Wild. In erster Linie sind es Rehe, 326 Stücke wurden gezählt, die Opfer des Straßenverkehrs wurden.

5 *Zeitungsmeldung*

	Bestandsdichte	
	niedrig	hoch
mittlere Körpergewichte	hoch	niedriger
starke Geweihe	schon bei jüngeren Böcken	nur bei älteren Böcken
Anzahl der Kitze pro Ricke	höher	niedriger
Verhältnis der Geschlechter bei Kitzen	mehr Weibchen	mehr Männchen
Kitzsterblichkeit	niedriger	höher
Revierbesitz bei Böcken	schon im 2. Lebensjahr	ab dem 3.–4. Lebensjahr

6 *Informationen zur Bestandsdichte*

4.5 Der Rotfuchs

1 *Füchsin mit Jungen vor dem Bau*

Der Rotfuchs gehört zu den **Raubtieren,** die auf der Nordhalbkugel der Erde am weitesten verbreitet sind. Er lebt in Wäldern. Dort geht er besonders in der Dämmerung und nachts auf Jagd. Der Rotfuchs ist nachtaktiv. Im Gebiss finden sich die scharfen Schneidezähne, die großen Fangzähne (Eckzähne) und die Reißzähne. Obwohl Rotfüchse ein typisches Raubtiergebiss haben, ernähren sie sich sehr vielseitig. Beeren und Obst können je nach Jahreszeit einen beträchtlichen Anteil der Nahrung ausmachen. Rotfüchse passen sich schnell an das Nahrungsangebot in ihrem Revier an. Das ist auch einer der Gründe dafür, dass Rotfüchse sich zunehmend in Großstädten aufhalten. Dort ernähren sie sich von Abfällen und Essensresten.

Wie viele nachtaktive Tiere können auch Rotfüchse sehr gut hören. Dabei können die großen, trichterförmigen Ohren in fast alle Richtungen gedreht werden. Ein Fuchs kann in eine andere Richtung hören, als er sieht. Das Hörvermögen dient vor allem dazu, Beutetiere und Gefahren frühzeitig wahrzunehmen. Ähnlich wie bei Hunden spielt die Stellung der Ohrmuscheln auch für die Körpersprache der Füchse eine Rolle. Sehsinn und Geruchssinn sind ebenfalls gut ausgeprägt und werden bei der Nahrungssuche eingesetzt. Füchse können sich auch am Geruch erkennen. Sie können bei Nacht Helligkeitsunterschiede viel besser wahrnehmen als Menschen. Allerdings sehen Füchse genauso wie Katzen und Hunde Farben nicht so gut wie wir.

Die Fortpflanzung der Rotfüchse findet in Mitteleuropa von Ende Dezember bis Ende Februar statt. In dieser Zeit paaren sich männliche und weibliche Füchse. Nach einer Tragzeit von durchschnittlich 52 Tagen werden vier bis sechs Welpen geboren. Sie kommen in einem unterirdischen Bau als Nesthocker zu Welt. Sie sind zunächst blind und auf die Mutter angewiesen. Etwa drei Monate nach der Geburt verlassen die Jungen erstmals ihren Bau.

2 *Fuchs in der Großstadt*

1 Vorkommen des Rotfuchses. Nenne die Länder außerhalb Europas, in denen der Rotfuchs vorkommt (Abb. 3).

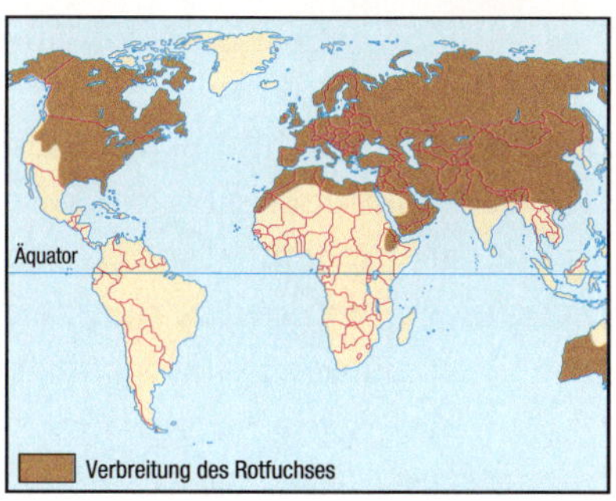

3 *Verbreitungskarte für den Rotfuchs*

2 Nahrung des Rotfuchses. Die Nahrung von Rotfüchsen ist sehr unterschiedlich, je nach Nahrungsangebot. Werte die Angaben in Abbildung 4 aus.

Die folgende Fabel stammt von JEAN DE LA FONTAINE, einem Franzosen, der von 1621 bis 1695 lebte. Fontaine schrieb besonders gerne Tierfabeln.

Der Rabe und der Fuchs

Ein Rabe saß auf einem Baum und hielt im Schnabel einen Käse; den wollte er verzehren. Da kam ein Fuchs daher, der vom Geruch des Käses angelockt war. „Ah, guten Tag, Herr von Rabe!", rief der Fuchs. „Wie wunderbar Sie aussehen! Wenn Ihr Gesang ebenso schön ist wie Ihr Gefieder, dann sind Sie der Schönste von allen hier im Walde!" Das schmeichelte dem Raben, und das Herz schlug ihm vor Freude höher. Um nun auch seine schöne Stimme zu zeigen, machte er denSchnabel weit auf – da fiel der Käse hinunter. Der Fuchs schnappte ihn auf und sagte: „Mein guter Mann, nun haben Sie es selbst erfahren: ein Schmeichler lebt auf Kosten dessen, der ihn anhört – diese Lehre ist mit einem Käse wohl nicht zu teuer bezahlt." Der Rabe, bestürzt und beschämt, schwur sich zu, dass man ihn so nicht wieder anführen sollte – aber es war ein bisschen zu spät.

5 *Fabel über den Fuchs*

3 Reineke Fuchs in Tierfabeln. Unter einer Tierfabel versteht man eine kurze Erzählung oder ein Gedicht, in der Tiere wie Menschen reden und handeln. Der Fabeldichter will meistens menschliche Schwächen aufzeigen. Jede Fabel enthält immer eine besondere Weisheit oder Lehre.

a) Welche Eigenschaften hat der Fuchs in „Der Rabe und der Fuchs" (Abb. 5)? Welche Weisheit oder menschliche Schwäche soll die Fabel ausdrücken?

b) Vergleiche Abbildung 1 und Abbildung 6. Welche menschlichen Eigenschaften soll Abbildung 6 ausdrücken ?

6 *Darstellung zu Goethes Fabel „Reinecke Fuchs"*

Nahrung / Eigenschaften der Nahrung	Feldmaus	Regenwurm	Jungwild, auch tot	Vögel	Insekten	Früchte
häufiges Vorkommen	x	–	–	–	x	x
Vorkommen Frühling	x	x	x	x	x	–
Sommer	x	x	x	x	x	x
Herbst	x	x	–	x	x	x
Winter	x	–	–	x	–	–
Energiegehalt der Nahrung	x	x	x	x	–	–
geringer Aufwand der Beschaffung	x	x	–	–	x	x

4 *Nahrung des Rotfuchses*

Fünf-Schritt-Lesemethode

Im Biologieunterricht lernst du verschiedene Tiere und Pflanzen kennen. Wenn du mehr über ein bestimmtes Lebewesen wissen möchtest, findest du in einem Lexikon oder einem Sachbuch zusätzliche Informationen. Manchmal ist es aber nicht leicht, solche Artikel zu verstehen. Wenn du die folgenden Schritte beachtest, wird es dir leichterfallen, schwierige Texte zu verstehen.

1. Schritt: Text genau lesen
Lies den Text mehrmals genau durch. So erhältst du einen Überblick über den Inhalt.

2. Schritt: Unbekannte Wörter und Begriffe klären
Wenn im Text Begriffe vorkommen, die du nicht verstehst, unterstreiche sie mit Bleistift, wenn du das darfst. Trage sie in die linke Spalte eines Vokabelheftes ein (Abb. 1). Kläre mithilfe eines Lexikons, eines Wörterbuchs oder des Internets ihre Bedeutung. Du kannst auch deinen Lehrer oder deine Mitschüler fragen. Wenn du beispielsweise den Begriff Balg im Schülerlexikon nachschlägst, erhältst du folgende Erklärung: Balg = Fachbegriff für das Fell des Fuchses. Den Begriff Fähe findest du vielleicht nicht in deinem Lexikon. Wenn du aber im Internet danach suchst, findest du z. B. unter der Adresse: http://www.jagenonline.at folgende Erklärung: Fähe = Füchsin.

Balg	Fell
Rumpf	Körper
Fähe	Füchsin
wölft	gebärt

1 *Ausschnitte aus einem Vokabelheft*

3. Schritt: Zwischenüberschriften schreiben
Prüfe, in welche Abschnitte sich der Text gliedern lässt. Markiere die Abschnitte z. B. durch einen Schrägstrich (Abb. 2). Formuliere für jeden Abschnitt eine Zwischenüberschrift.

Der Rotfuchs
Der Rotfuchs gehört zu den hundeartigen Raubtieren.[1]/ Er erreicht eine Körperlänge zwischen 80 und 90 cm.[2]/ Seine Körpergröße liegt zwischen 35 und 40 cm.[3]/ Das Gewicht eines ausgewachsenen Rotfuchses liegt zwischen 2,2 bis 10 kg.[4]/ Sein Balg ist rotbraun gefärbt. Die Unterseite von Kopf, Hals und Rumpf ist hellweiß.[5]/ Der Rotfuchs ernährt sich hauptsächlich von Mäusen. Daneben stehen noch Insekten, Frösche, Beeren und Aas auf seinem Speiseplan. [6]/ Im Januar/Februar paaren sich die Rotfüchse. Die Fähe wölft im März/April drei bis fünf Junge.[7]/

2 *Tierbeschreibung Fuchs*

Zwischenüberschriften:
1. Tiergruppe
2. Länge
3. Größe
4. Gewicht
5. Fell
6. Nahrung
7. Fortpflanzung

4. Schritt: Schlüsselstellen markieren
Prüfe den Text Abschnitt für Abschnitt, ob er die von dir gewünschten Informationen liefert. Diese Stellen nennt man Schlüsselstellen. Markiere sie mit einem Textmarker oder einem hellen Buntstift (Abb. 2). Achte darauf, dass du nur das Wichtigste im Text markierst.

5. Schritt: Zusammenfassung schreiben
Fasse mithilfe der Zwischenüberschriften und der Schlüsselstellen den Inhalt des Textes zusammen. Eine Zusammenfassung des Textes über den Rotfuchs kann so aussehen:
Der Rotfuchs ist ein Raubtier. Er wird 35 bis 40 cm lang und bis 40 cm groß. Ein Fuchs wiegt zwischen 2,2 und 10 kg. Sein Fell ist rotbraun, an der Unterseite weiß. Mäuse sind seine Hauptnahrung. Im Frühling bringt die Füchsin drei bis fünf Junge zur Welt. (48 Wörter)

Der Eisbär

Der ausgewachsene Eisbär erreicht eine Körperlänge von 250 cm. Seine Schulterhöhe liegt bei 150 cm. Das Gewicht eines solchen Riesen beträgt ungefähr 400 kg. Sein Fell ist gelblich weiß. Eine 10 cm dicke Fettschicht in der Unterhaut schützt ihn vor der arktischen Kälte. Die Heimat des Eisbären liegt in der Nähe des Nordpols. Man trifft ihn vor allem in den Küstenbereichen des Nordpolarmeers an. Dort gibt es riesige Eisschollen, auf denen er lebt und jagt. Zum Überwintern gräbt er sich im Oktober eine Höhle in den Schnee. Der Eisbär ernährt sich hauptsächlich von Robben. Daneben jagt er kleinere Nagetiere wie Lemminge und Mäuse. Auch Aas steht bei ihm auf dem Speiseplan. Im April paaren sich die Eisbären. Im Herbst gräbt das Weibchen eine Höhle in den Schnee. Dort bringt es durchschnittlich zwei Junge zur Welt.

3 *Tierbeschreibung Eisbär*

4 *Eisbär*

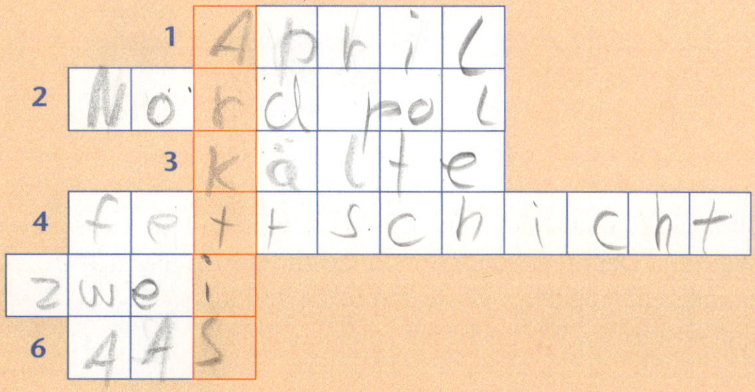

5 *Gitterrätsel*

1 Fünf-Schritt-Lesemethode. Schreibe den Text über den Eisbären ab und werte ihn mit der Fünf-Schritt-Lesemethode aus.

2 Zusammenfassung Eisbär. Erstelle eine Zusammenfassung über den Eisbären mit höchstens 50 Wörtern aus dem Text in Abbildung 3.

3 Gitterrätsel. Übertrage das Kreuzworträtsel zum Thema Eisbär in dein Heft (Abb. 5). Lies den Text über den Eisbären genau durch. Löse dann das Rätsel. Die markierten Kästchen ergeben ein Lösungswort.

1) Wann ist die Paarungszeit der Eisbären?
2) Wo liegt die Heimat des Eisbären?
3) Wogegen schützen Fell und Fettschicht?
4) Was schützt den Eisbären vor der arktischen Kälte?
5) Wie viele Junge bringt das Weibchen durchschnittlich zur Welt?
6) Was steht neben anderem auf dem Speiseplan eines Eisbären?

4.6 Wale und Delfine

1 *Delfine*

Wale sind keine Fische, sondern gehören zur Klasse der **Säugetiere.** Delfine sind eine Gruppe innerhalb der Wale. Fische entwickeln sich aus Eiern im Wasser. Wale gebären lebende Junge, die eine lange Zeit mit Muttermilch ernährt werden. Wale sind gleichwarm. Ihre Körpertemperatur ist also weitgehend unabhängig von der Umgebungstemperatur. Bei Fischen ist das anders. Ihre Körpertemperatur schwankt mit der Umgebungstemperatur.

Im Gegensatz zu Fischen besitzen Wale eine waagerechte Schwanzflosse. Sie wird **Fluke** genannt. Durch kräftige Auf- und Abwärtsbewegungen der Fluke bewegen sich die Tiere vorwärts. Der stromlinienförmige Körper ist von glatter Haut umgeben. Dadurch wird die Fortbewegung im Wasser erleichtert.

Unter der haarlosen Haut der Wale befindet sich eine dicke, wärmeisolierende Speckschicht, der Blubber. Fische haben eine Haut aus Schuppen. Fische atmen mit Kiemen. Damit können sie Sauerstoff aufnehmen, der im Wasser gelöst ist. Wale und Delfine atmen mit Lungen. Daher müssen die Tiere immer wieder zum Luftholen an die Wasseroberfläche kommen. Die Nasenöffnung liegt an der höchsten Stelle des Walkörpers, in der Schädelmitte. Beim Auftauchen ist bei den großen Walen, zum Beispiel dem Blauwal, der so genannte **Blas** zu sehen (Abb. 2). Dabei handelt es sich nicht um eine Wasserfontäne, sondern um ausgestoßene Luft, deren Wasserdampf in der kalten Außenluft kondensiert. Wale und Delfine können sehr lange und sehr tief tauchen. Das ist unter anderem möglich, weil sie den Sauerstoff in der Einatmungsluft sehr gut ausnutzen. Wale gehören zu den bedrohten Tieren.

2 *Der Blas eines Blauwals*

1 Vergleich: Fisch – Wal – Pferd. Beschreibe möglichst viele Gemeinsamkeiten
a) zwischen einem Karpfen und einem Wal und
b) zwischen einem Pferd und einem Wal. Benutze dazu den Text auf der Grundwissenseite und Abbildung 3.

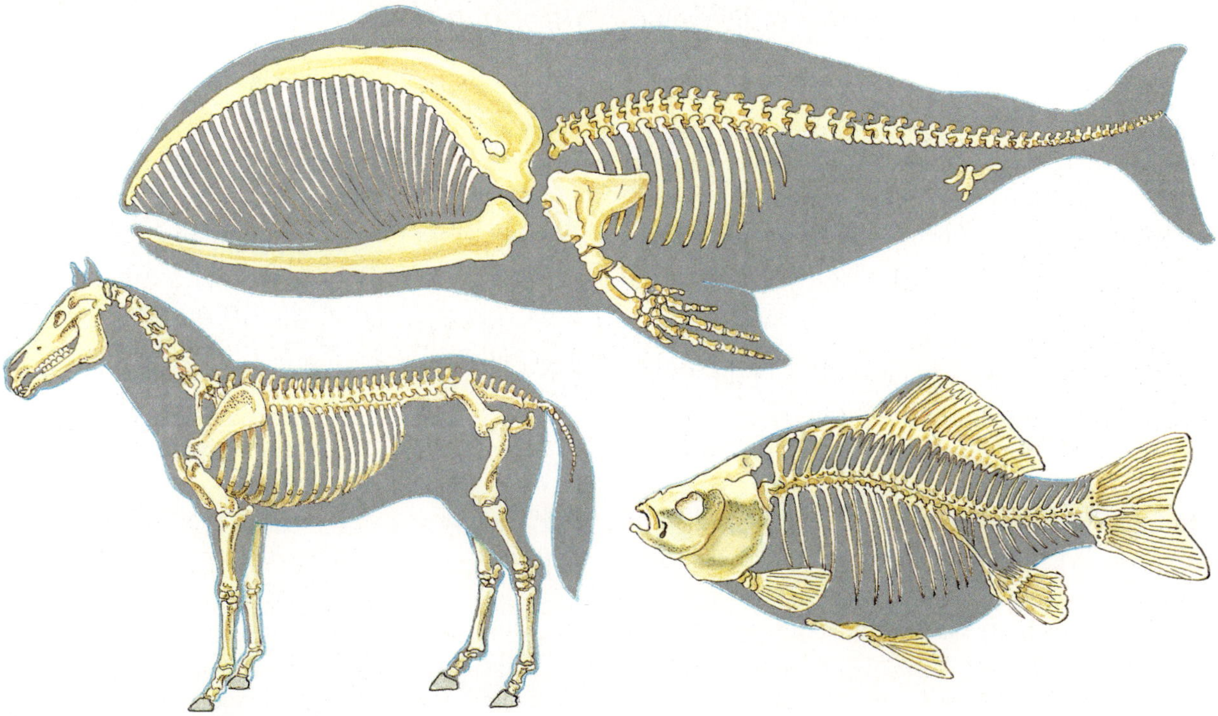

3 *Skelett von Karpfen, Pferd und Wal*

2 Angepasstheiten an das Leben im Wasser. Wale kommen weltweit in den Meeren vor. Beschreibe anhand des Textes auf der Grundwissenseite Angepasstheiten der Wale an das Leben im Wasser.

3 Verständigung im Wasser. Wale sind gesellige Tiere, die meistens in Gruppen leben. Dabei verständigen sie sich mit Lauten, die je nach Art verschieden sind. Überlegt ein Experiment, mit dem ihr nachweisen könnt, dass man sich mit Lauten im Wasser verständigen kann.

4 Wal-Geburt. Die Geburt der Wale findet im Wasser statt und unterscheidet sich von der Geburt landlebender Säugetiere. Vergleiche Geburt und Atmung eines jungen Wals (Abb. 4) mit der Geburt und Atmung eines landlebenden Säugetieres.

4 *Eine Wal-Geburt unter Wasser*

Tiersteckbriefe mit Microsoft Word

In diesem Buch findest du viele Informationen über verschiedene Pflanzen- und Tierarten. Steckbriefe können wichtige Informationen über eine Pflanze oder ein Tier in knapper und übersichtlicher Form zusammenfassen. Der Steckbrief sollte folgende Bestandteile enthalten:

- mindestens ein Bild, das entweder selbst gemalt oder z. B. aus dem Internet kopiert sein kann. Auf dem Bild sollten auffällige Merkmale zu erkennen sein. Mitunter ist es günstiger, mehrere Abbildungen einzufügen, auf denen einzelne Merkmale besonders gut zu sehen sind (Abb. 5).
- Angaben zum Tier, z. B. die systematische Zugehörigkeit zu bestimmten Tiergruppen oder auch besondere Merkmale und Angepasstheiten.

Durch das Gestalten von Steckbriefen von Tieren oder Pflanzen, die du im Unterricht durchgenommen hast oder die dich besonders interessieren, entsteht dein eigenes Tierlexikon.

Besonders einfach lässt sich ein Steckbrief mit einem Textverarbeitungsprogramm wie z. B. Word erstellen. Zunächst startest du das Programm. Dann schreibst du als Überschrift den Namen der Art und drückst zweimal die Entertaste, um zwei Leerzeilen zu erzeugen.

Am besten sieht der Steckbrief aus, wenn du ihn als Tabelle aufbaust. Hierzu rufst du in der Menüleiste das Menü „Tabelle" auf und folgst den in Abbildung 1 angegebenen Schritten.

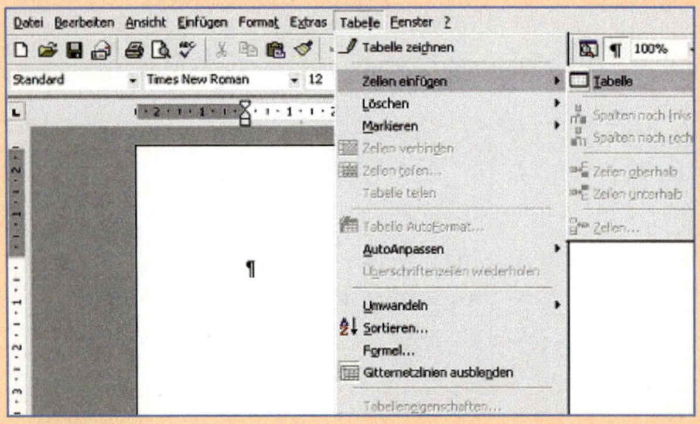

1 *Anlegen einer Tabelle*

Im folgenden Menü „Tabelle einfügen" wählst du zwei Spalten sowie die notwendige Zeilenzahl (Abb. 2).

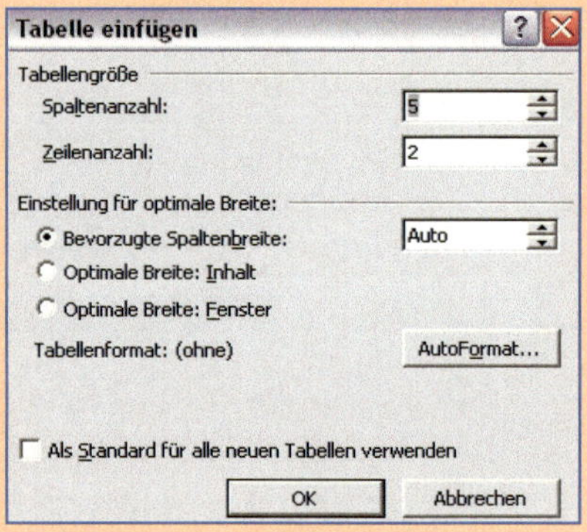

2 *Form der Tabelle gestalten*

Jetzt kannst du damit beginnen, die Tabelle auszufüllen (Abb. 3).

Klasse	
Ordnung	
Unterordnung	
Familie	
Gattung	
Lateinischer Artname	

3 *Ausfüllen der Tabelle*

Wenn du einen Steckbrief erstellt hast, solltest du ihn unter dem Namen des Tieres in einem Ordner, den du z. B. Tierlexikon nennst, speichern (Abb. 4). Dazu rufst du in der Menüleiste das Menü „Datei" und wählst den Menüpunkt „speichern unter".

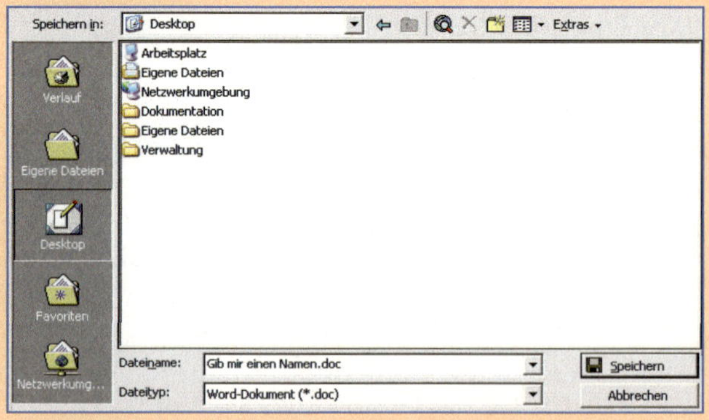

4 *Datei benennen*

Klasse	Säugetiere
Ordnung/Unterordnung	Waltiere/Zahnwale
Familie	Delfine
Gattung	Schwertwale
lateinischer Artname	Orcinus orca
deutscher Name	Schwertwal, Killerwal
Größe	bis zu 10 Meter Länge
Gewicht	ca. 8 Tonnen
Fortpflanzung	lebend gebärend, ein Junges alle 8 Jahre, bei Geburt 2 m lang und 1-2 t schwer
Lebensweise	Gruppen von 5-20 Tieren
Lebenserwartung	50–60 Jahre
Nahrung	Robben, Fische, Delfine
Lebensraum	Meeresküsten, Arktis, Antarktis
Geschwindigkeit	56 km/h
besondere Kennzeichen	hohe Rückenfinne, schwarzer Rücken, weiße Färbung an Kinn und Bauch, runder Kopf
besonderheiten	größtes Raubtier, dicke Fettschicht schützt vor Auskühlung

5 *Beispiel für einen Steckbrief mit Stichwörtern*

1 Tiersteckbrief erstellen. Erstelle handschriftlich einen Steckbrief für dein Lieblingstier. Beschaffe dir die notwendigen Informationen aus Büchern, Lexika oder aus dem Internet. Suche passende Bilder aus den vorgenannten Informationsquellen, kopiere oder drucke sie und klebe sie ein. Markiere besondere Körpermerkmale mit einem Pfeil. Erstelle im Anschluss den gleichen Steckbrief mithilfe des Computers.

2 Steckbrieftext. Erstelle einen zusammenhängenden Text wie in Abbildung 6 für einen Steckbrief.

Der Blauwal

Der Blauwal gehört zur Klasse der Säugetiere und hier wiederum zur Ordnung der Waltiere; Familie: Furchenwale; Gattung: Bartenwale. Sein lateinischer Artname ist Balaenoptera musculus. Man findet ihn im Nordatlantik und Nordpazifik sowie in den Meeren der gesamten südlichen Halbkugel. Er erreicht eine Körperlänge von bis zu 33 m und ein Gewicht von 100 bis 160 Tonnen. Er ist das größte Tier, das auf der Erde lebt. Allein das Herz des Blauwals ist so groß wie ein Kleinwagen. Blauwale leben einzeln oder in kleinen Gruppen bis zu fünf Tieren. Sie wandern im Frühjahr und im Herbst in Gruppen bis zu 60 Tieren. Ihre Hauptnahrung besteht aus ganz kleinen Krebsen, dem Krill. Der Magen kann fast 2000 kg Nahrung aufnehmen. Bei der Nahrungsaufnahme nimmt der Wal Wasser in sein Maul auf. Danach presst er das Wasser mit der Zunge wieder nach draußen. Durch die Barten im Maul wird das Plankton aus dem Wasser herausgefiltert und anschließend gefressen. Blauwale können bis zu 20 Minuten die Luft anhalten und erreichen eine Tauchtiefe von 300 Metern. Ein Blauwaljunges ist bis sieben Meter lang und zwei bis drei Tonnen schwer. Die Jungen werden sechs bis sieben Monate gesäugt und trinken jeden Tag 600 Liter Milch. Blauwale wurden früher oft Opfer des Walfanges, so dass heute schätzungsweise nur noch ca. 12 000 Tiere leben. Der Blauwal ist seit 1967 unter Schutz gestellt.

6 *Beispiel für einen Steckbrief mit zusammenhängendem Text*

5 Fische

5.1 Körperbau der Fische

1 *Äußerer Bau eines Karpfens*

2 *Skelett eines Karpfens*

Fische sind **Wirbeltiere.** Sie leben im Wasser und sind wechselwarm. Das heißt, ihre Körpertemperatur ist von der Umgebungstemperatur abhängig. Schuppen mit Schleim bedecken den Körper. Das **Skelett** besteht aus Knochen und Knorpel (Abb. 2). Zur Fortbewegung dienen die Flossen. Der Antrieb erfolgt im Wesentlichen über die Schwanzflosse und den Hinterleib, die von kräftigen Muskeln bewegt werden. Die anderen Flossen dienen zum Steuern. Fische nehmen den notwendigen Sauerstoff über Kiemen aus dem Wasser auf. Wichtige Sinnesorgane für die Fische sind die Augen, der Geruchssinn und das Seitenlinienorgan. Mit dem Seitenlinienorgan können die Tiere auch kleine Wasserbewegungen wahrnehmen. So sind sie in der Lage, Hindernisse im Wasser zu umgehen sowie angreifende Feinde oder Beutetiere im trüben Wasser oder bei Dunkelheit zu bemerken.

3 *Aal*

4 *Kofferfisch*

1 Fische haben einen unterschiedlichen Bau.
Die Abbildungen 3 und 4 zeigen zwei Fische. Schreibe für beide alle Abweichungen auf, die sich beim Vergleich mit Abbildung 1 ergeben.

2 Vergleich: Schäferhund – Karpfen. Vergleiche einen Karpfen mit einem Schäferhund. Nenne in einer Tabelle Gemeinsamkeiten und Unterschiede. Beachte dabei Skelett, Körperbedeckung, Atmung, Körpertemperatur und Bewegung.

3 Die Haut der Fische.
a) Betrachte den Schnitt durch die Haut eines Fisches (Abb. 5). In welcher Richtung liegt der Kopf, in welcher die Schwanzflosse? Begründe deine Annahme.
b) Die Schleimzellen produzieren ein glitschiges Sekret. Überlege, welche Bedeutung dies für den Fisch haben könnte.

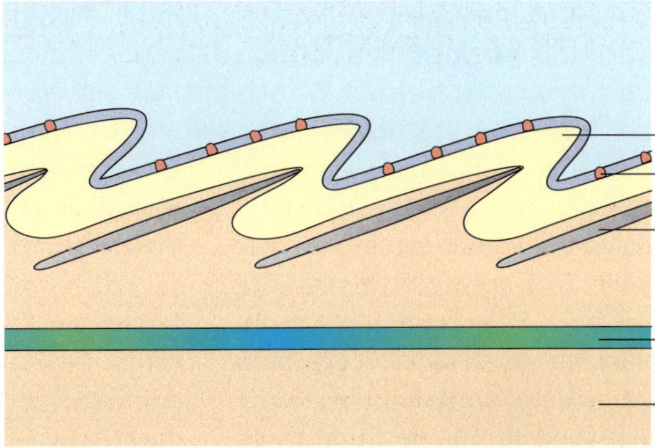

5 *Schnittbild durch die Haut eines Fisches*

5.2 Die inneren Organe der Fische

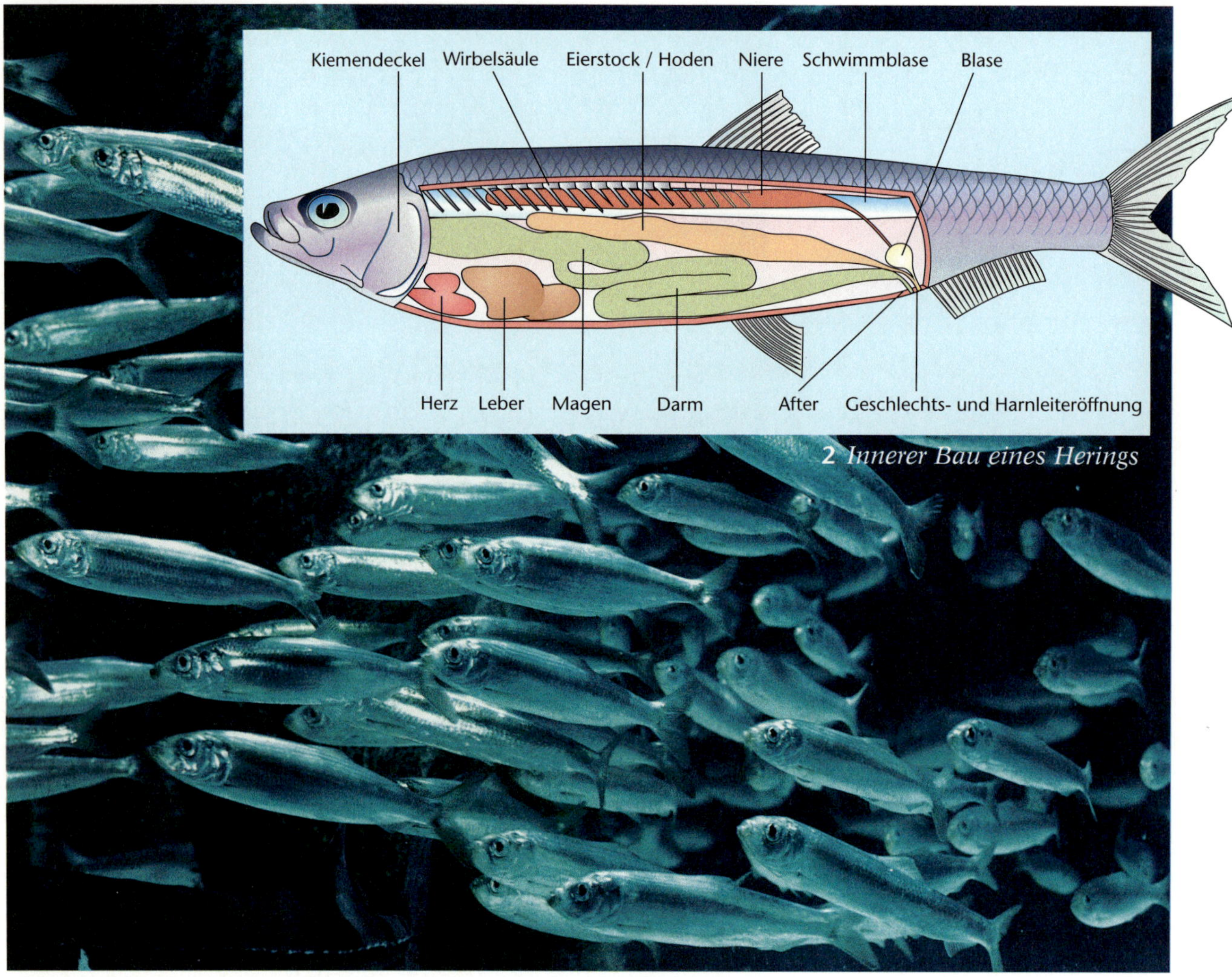

2 *Innerer Bau eines Herings*

1 *Heringsschwarm*

Fische haben eine Wirbelsäule, sie bildet die Längsachse des Körpers. An ihr sitzen die Rippen und weitere Knochen, die bei kleineren Fischen als Gräten bezeichnet werden. Seitlich der Wirbelsäule liegen die großen Muskeln, die der Fisch zur Fortbewegung benötigt.

Im vorderen Bereich des Körpers liegt an der Unterseite das Herz (Abb. 2). Darüber durchzieht der Darm den ganzen Körper. Vom Darm werden die Nährstoffe aufgenommen und in das Blut gegeben. Die Leber nimmt einen großen Raum ein. In ihr werden Stoffe umgewandelt, um sie nutzbar zu machen. Dabei entstehen auch Abfallstoffe, die von den Nieren aus dem Blut herausgefiltert und in den Harn abgegeben werden. Die Nieren sind ein Ausscheidungsorgan. Sie liegen bei den Fischen unterhalb der Wirbelsäule. Man bezeichnet die Aufnahme, Umwandlung und Abgabe von Stoffen bei Lebewesen als **Stoffwechsel.** Bei den geschlechtsreifen Tieren findet man im Bauchraum außerdem die Geschlechtsorgane, Hoden oder Eierstöcke.

Fische besitzen **Kiemen** als Atmungsorgane. Sie sitzen seitlich hinter der Mundöffnung. In der Körpermitte befindet sich unterhalb der Wirbelsäule die mit Gas gefüllte Schwimmblase. Mit ihrer Hilfe kann der Fisch im Wasser schweben.

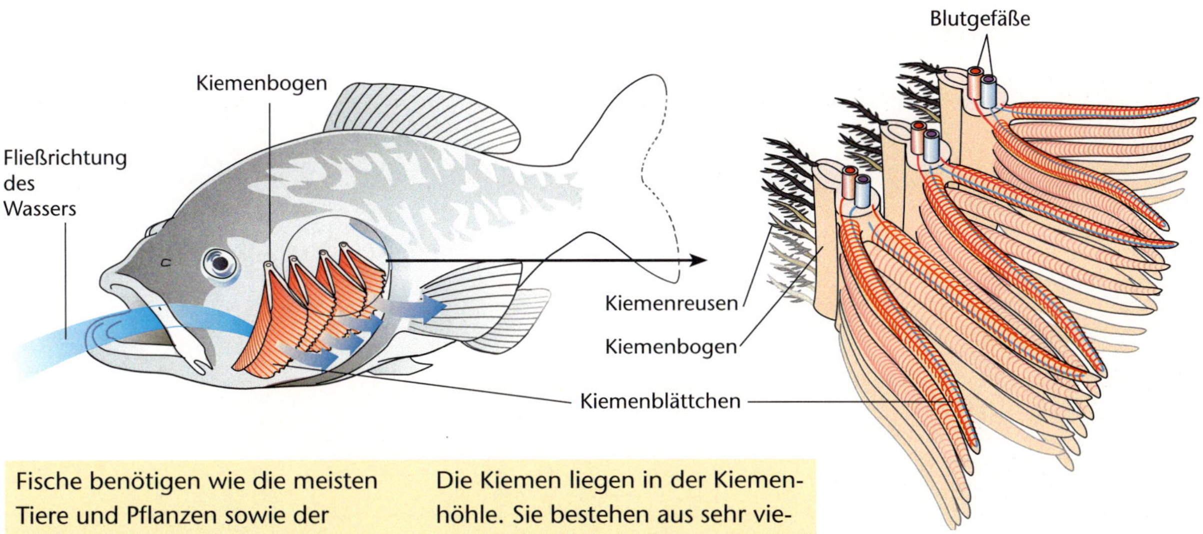

Fische benötigen wie die meisten Tiere und Pflanzen sowie der Mensch **Sauerstoff zum Leben.** Diesen Sauerstoff nehmen Fische mithilfe der Kiemen auf. Ständig wird durch das Maul neues Wasser aufgenommen und an den Kiemen weitergeleitet. Wenn ein Fisch das Maul öffnet, strömt Wasser in die Mundhöhle. Wird das Maul geschlossen, wird das Wasser an den Kiemen vorbei durch die geöffneten Kiemendeckel nach außen gedrückt.

Die Kiemen liegen in der Kiemenhöhle. Sie bestehen aus sehr vielen zarten Kiemenblättchen, die an den Kiemenbögen befestigt sind. Kiemenreusen verhindern, dass die Kiemenblättchen von festen Teilen im Wasser verletzt werden. Die Kiemenblättchen sind sehr stark durchblutet. Während das Wasser an ihnen vorbeiströmt, tritt der Sauerstoff ins Blut über. Der Vorgang wird durch eine **große Oberfläche** der Kiemenblättchen begünstigt.

3 *Bau und Aufgabe der Kiemen*

1 Große Oberfläche der Kiemen. a) Beschreibe anhand der Abbildung 3 die Kiemenatmung der Fische.
b) Kiemenblättchen sind stark durchblutet und alle Kiemenblättchen zusammen haben eine sehr große Oberfläche. Erläutere, dass dies vorteilhafte Merkmale für einen Fisch sind.

2 Verschieden geformte Körper. In einem Versuch wurden fünf verschieden geformte Körper von gleicher Masse und gleichem Volumen durch ein Wasserbecken gezogen (Abb. 4). Die Körper wurden durch gleich große Gewichte, die an Zugschnüren hingen, vorwärtsbewegt. Dabei wurde die Zeit gemessen, in der der jeweilige Körper eine Strecke von 2 m zurücklegte. Die Ergebnisse des Versuchs zeigt Abbildung 5.
a) Beschreibe und erkläre die Ergebnisse.
b) Stelle Zusammenhänge zwischen der Körperform der meisten Fische und den Versuchsergebnissen her.

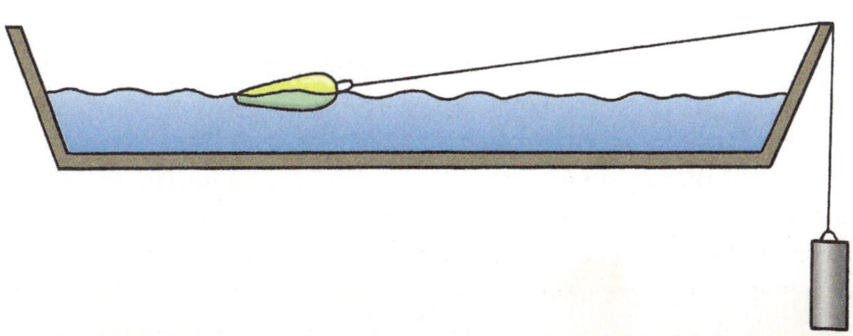

4 *Wie schnell bewegen sich verschieden geformte Körper im Wasser?*

Zugrichtung ⟶	Zeit [s]
Würfel	10
Tropfenform	5
Tropfenform	4
Zylinder	7
spindelförmiger Körper	3

5 *Versuchsergebnis*

5.3 Fortpflanzung und Wanderung von Fischen

1 *Entwicklung der Forelle*

Fortpflanzung. Im Laufe der Paarung geben weibliche Fische die unbefruchteten Eier ins Wasser ab. Man nennt die Eier auch Laich. Die Männchen geben die Spermienflüssigkeit hinzu. Die Befruchtung erfolgt außerhalb des Körpers im Wasser. Man spricht von **äußerer Befruchtung.** Die Entwicklung zum Fisch findet zunächst noch in der Eihülle statt (Abb. 1a). Nach einigen Tagen schlüpfen die Larven (Abb. 1b). Sie ernähren sich aus einem nährstoffreichen Dottersack (Abb. 1c), bis sie als Jungfische selbstständig Nahrung aufnehmen können (Abb. 1d, e).

Meist bleiben Eier, Larven und Jungfische sich selbst überlassen, wie bei der Forelle. Doch gibt es auch Beispiele von Brutpflege: So bauen Stichlingsmännchen ein Nest, bewachen die Brut und fächeln ihr frisches, sauerstoffreiches Wasser zu. Viele Fischarten können nach dem Erreichen der Geschlechtsreife jedes Jahr ablaichen, z.B. die Forelle. Einige Arten laichen nur einmal im Leben, z.B. der Aal.

Wanderungen. Manche Fische verlassen ihre Geburtsgewässer als Jungtiere und kehren nach der Geschlechtsreife wieder dorthin zurück, um selbst abzulaichen. Damit können große Wanderungen verbunden sein. Lachs und Aal sind dafür Beispiele.

Lachse laichen in den Oberläufen von Bächen. Nach ein bis zwei Jahren wandern die Jungfische ins Meer, wo sie weitere zwei bis drei Jahre auf Nahrungssuche umherstreifend verbringen. Als erwachsene Tiere kehren sie in großen Schwärmen zu ihren Geburtsgewässern zum Laichen zurück. Den Weg dorthin finden sie mithilfe ihres guten Geruchssinns. Sie kennen den speziellen Geruch ihres Geburtsgewässers. Die Tiere nehmen während der Laichwanderung keine Nahrung zu sich. Die meisten Lachse sterben nach dem Ablaichen an Erschöpfung. Einige Tiere kehren nach der Paarung zum Meer zurück und können die Laichwanderung wiederholen.

1 Entwicklung der Forellen.

a) Beschreibe die Entwicklung vom Ei bis zum ausgewachsenen Fisch (Abb. 1).
b) Miss die Größe der Larven und erstelle eine Grafik, die das Wachstum der Larven veranschaulicht.

2 Jungaale.

Aale haben ihr Laichgebiet in der Sargasso-See vor der nordamerikanischen Küste (Abb. 2).
Die Jungaale wandern nach dem Schlüpfen mehrere Jahre lang Tausende von Kilometern bis nach Europa, wo sie als Glasaale an der Küste ankommen. Als so genannte Steigaale schwimmen sie die Flüsse hinauf. In Flüssen, Bächen und Binnenseen leben sie sechs bis zehn Jahre.
In dieser Zeit wachsen die Aale bis zu einer Länge von etwa einem Meter heran. Als erwachsene Blankaale kehren sie zur Sargasso-See zurück.
Für den 6000 bis 7000 km langen Rückweg benötigen sie etwa sechs bis acht Monate. Während dieser Zeit nehmen die Tiere keine Nahrung auf, ihr Verdauungssystem wird vor dem Aufbruch zurückgebildet. Nach dem Laichen sterben die Aale.

In Abbildung 2 sind Größe, Alter und Vorkommen der Jungaale dargestellt.
a) Stelle die Größe der Jungaale in Abhängigkeit vom Alter in einem Diagramm dar.
b) Vergleiche das Wachstum der Aale mit dem der jungen Forellen (Abb. 1).
c) Nenne mögliche Gefahren für die wandernden Fische.

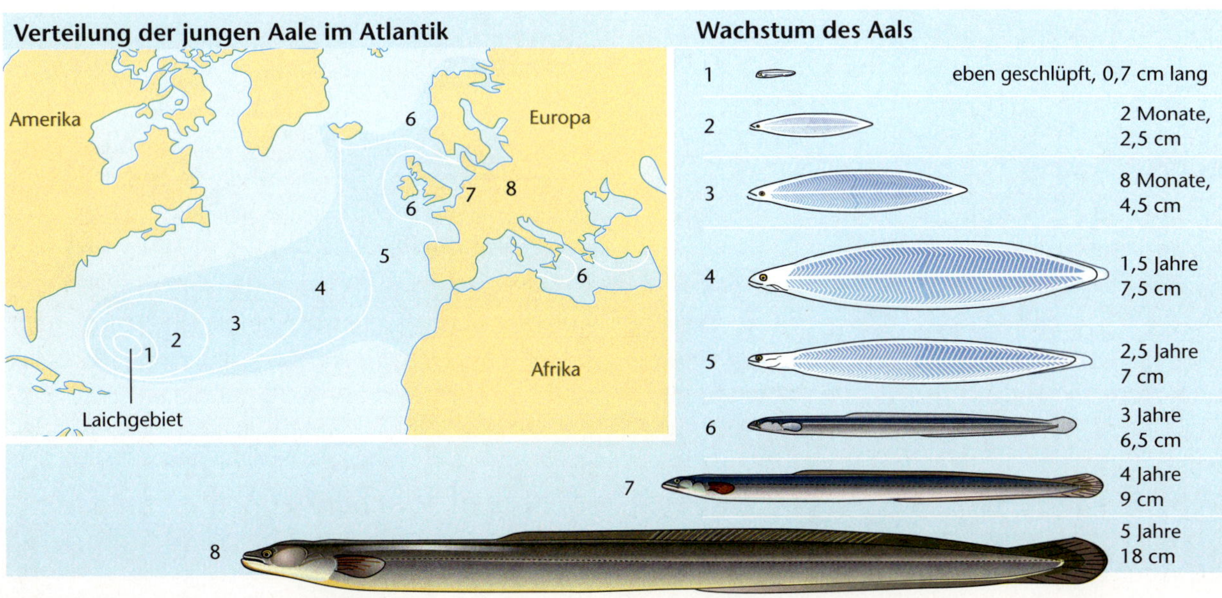

2 *Wanderung der jungen Aale*

6 Amphibien

6.1 Leben im Wasser und auf dem Land

1 *Grasfrösche in ihrem Lebensraum*

2 *Verschiedene Amphibienarten*

1 Amphibien.

a) Ordne die Steckbriefe 1 bis 9 in Abbildung 3, soweit möglich, den Tieren in Abbildung 2 zu und begründe deine Entscheidung.

b) Versuche, zu den übrigen Steckbriefen die entsprechenden Tierarten zu finden.

c) Erstelle einen ausführlichen Steckbrief für den Grasfrosch (Abb. 1).

d) Die Abbildung 2 stellt typische Tiere einheimischer Amphibiengruppen dar. Ordne die Tiere in verschiedene Gruppen und begründe deine Entscheidung.

e) Der Begriff Amphibien kommt aus dem Griechischen „amphi bios" und bedeutet so viel wie „beidseitig lebend". Erläutere den Begriff am Beispiel des Grasfrosches.

1: Größe bis 11 cm. Farbe braun bis oliv, häufig gefleckt, Unterseite leuchtend orange mit dunklen Flecken. Männchen während der Balz mit Hautkamm. Schwanz mit Flossensaum. Meist in Wassernähe. Nahrung: Insekten, Larven, Würmer.

2: Größe bis 30 cm. Farbe der Weibchen braun. Männchen: grüner Kopf, weißer Halsring, brauner Rücken, braune Brust, Unterseite hell. Schwimmhäute an den Füßen. Körperbedeckung: Federn. Nahrung: Kleintiere.

3: Größe bis 10 cm. Farbe grün bis gelb. 4 Flügel, 6 Beine. Legt Eier an Stängel von Wasserpflanzen. Larve im Wasser lebend.
Nahrung: fliegende Insekten.

4: Größe bis 15 cm. Farbe braun bis oliv, Unterseite hell. Gedrungener Körper, warzige Haut. Nur zur Paarung im Wasser. Nahrung: Insekten, Schnecken, Würmer.

5: Größe bis 12 cm. Farbe grün bis oliv mit schwarzen Flecken. Männchen zur Paarungszeit mit seitlichen Schallblasen. Meist im Wasser oder in unmittelbarer Nähe. Nahrung: hauptsächlich fliegende Insekten.

6: Größe bis 5 cm. Farbe grün bis braun, dunkler Längsstreifen an den Seiten. Haftscheiben an Finger- und Zehenenden. Männchen während der Paarungszeit mit Schallblase unter dem Kinn. Im Sommer auf Bäumen und Sträuchern in Wassernähe.
Nahrung: fliegende Insekten.

7: Größe bis 150 cm. Farbe dunkelbraun bis schwarz, weißer Kehlfleck. Schwimmhäute zwischen den Zehen. Körperbedeckung: Fell. Nahrung: Fische, Frösche, Vögel, Krebse und Muscheln.

8: Größe bis 12 cm. Farbe dunkel, Unterseite orange. Schwanz mit Flossensaum. Fast immer in Wassernähe oder im Wasser. Nahrung: Insekten, Larven, Würmer, Krebstiere.

9: Größe bis 20 cm. Farbe schwarz mit gelben Flecken oder Streifen. Schwanz ohne Flossensaum. Nahrung: Insekten, Larven, Schnecken, Würmer.

3 *Steckbriefe einheimischer Tierarten*

6.2 Fortpflanzung und Entwicklung

1 *Entwicklung des Grasfrosches*

Grasfrösche wandern nach der Winterruhe im Februar oder Anfang März zu ihren **Laichgewässern.** Das sind die Gewässer, in denen die Fortpflanzung stattfindet.

Häufig finden sich die Paare schon auf diesem Weg. Dabei umfasst das Männchen das Weibchen und lässt sich von ihm auf dem Rücken tragen. Im Wasser gibt das Weibchen die Eier in Ballen ins Wasser ab, worauf das Männchen die Spermien dazugibt. Es findet also eine Befruchtung außerhalb des Körpers statt. Dies nennt man eine **äußere Befruchtung.**

Aus den Eiern schlüpfen nach zwei Wochen Larven, die man bei den Amphibien Kaulquappen nennt. Sie atmen mit büschelartigen Außenkiemen und ernähren sich noch etwa zehn Tage lang vom Dottervorrat in den Eiern.

Danach leben die Larven von Algen, die sie von Pflanzenteilen abnagen. Zwei bis drei Wochen nach dem Schlüpfen werden die Kiemen in den Körper verlagert. Man spricht jetzt von inneren Kiemen.

Es folgt das Wachstum der Hinterbeine. Gleichzeitig entwickeln sich die Vorderbeine unter der Haut.

Etwa zehn bis elf Wochen nach dem Schlüpfen bricht zunächst das linke Vorderbein, einige Tage später auch das rechte Bein durch die Haut.

Anschließend wölben sich die Augen vor und der Schwanz wird zurückgebildet. Auch die Kiemen bilden sich zurück. Die Tiere atmen jetzt mit der Lunge. Die jungen Grasfrösche verlassen etwa Mitte Juni das Wasser. Sie ernähren sich nun von lebenden Tieren.

Die Umwandlung des Körpers von der Larve zum Frosch nennt man **Metamorphose.** Es dauert dann noch drei bis vier Jahre, bis die Tiere geschlechtsreif sind.

1 Kaulquappe und Frosch.
a) Lies den Text auf der Grundwissenseite durch, schließe dann das Buch und beschreibe mit eigenen Worten die Entwicklung des Grasfrosches in der richtigen Reihenfolge.
b) Bestimme möglichst genau das Alter der in Abbildung 2 dargestellten Kaulquappen und begründe deine Ansicht.

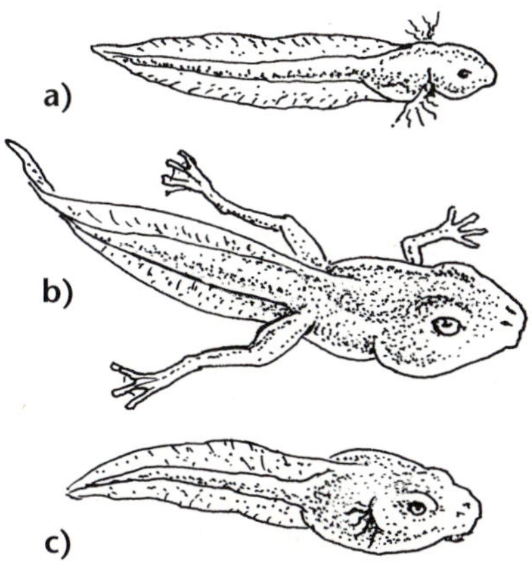

2 *Wie alt sind die Kaulquappen?*

Bedingungen am Laichplatz	Grasfrosch	Wasserfrosch	Laubfrosch	Kreuzkröte	Erdkröte	Gelbbauch-Unke	Teichmolch	Bergmolch	Kammmolch	Feuersalamander
offenes Wasser ohne Bewuchs	sehr wichtig	sehr wichtig	sehr wichtig	sehr wichtig	sehr wichtig	sehr wichtig	sehr wichtig	sehr wichtig	sehr wichtig	sehr wichtig
Besonnung	vorteilhaft	sehr wichtig	sehr wichtig	sehr wichtig	neutral	wichtig	wichtig	neutral	wichtig	neutral
Flachwasser mit Bewuchs	vorteilhaft	sehr wichtig	vorteilhaft	neutral	sehr wichtig	vorteilhaft	vorteilhaft	vorteilhaft	wichtig	neutral
Äste, die über das Wasser ragen	neutral	neutral	wichtig	neutral	neutral	neutral	neutral	neutral	neutral	neutral
Verstecke unter Wasser	neutral	neutral	neutral	neutral	neutral	neutral	neutral	neutral	vorteilhaft	neutral
Gewässergröße gering	neutral	ungünstig	neutral	sehr wichtig	ungünstig	sehr wichtig	neutral	neutral	neutral	neutral
mittel / groß	vorteilhaft	sehr wichtig	vorteilhaft	ungünstig	sehr wichtig	ungünstig	neutral	neutral	vorteilhaft	neutral

Amphibienarten

● sehr wichtig ◒ wichtig ○ vorteilhaft ▬ ungünstig • neutral

3 *Anforderungen an Laichgewässer*

2 Das Laichgewässer. In Abbildung 3 sind die Anforderungen von Amphibienarten an ihre Laichgewässer zusammengestellt.
a) Untersuche, welche der Gewässer in Abbildung 4 als Laichgewässer für die verschiedenen Amphibienarten in Frage kommen. Begründe deine Entscheidung.
b) Zeichne ein Laichgewässer für den Wasserfrosch in Aufsicht und im Schnitt. Skizziere dazu Wassertiefen, Bewuchs mit Wasserpflanzen, Bäume und Sträucher im Randbereich usw. Stelle begründete Vermutungen an, warum das Gewässer mindestens einen Meter tief sein sollte.

4 *Als Laichgewässer geeignet?*

6.3 Wanderungen von Amphibien

Wanderungen treten bei allen einheimischen Amphibienarten auf. Meist wandern die Tiere bei Nacht. Der Wandertrieb wird durch Hormone ausgelöst. Die Produktion dieser Hormone im Körper wird im Wesentlichen durch die Tageslänge gesteuert. Auch das Wetter hat Einfluss auf die Wanderungen.

Die **Frühjahrswanderung** führt die Amphibien vom Winterquartier zum Laichgewässer (Abb. 1). Einige Arten, z. B. Erdkröten, suchen fast immer das Gewässer wieder auf, in dem sie selbst herangewachsen sind. Erdkröten sind besonders standorttreu.

Nach dem Laichen wandern die Tiere zu ihren **Sommerquartieren.** Das sind helle, feuchte Laubwälder mit vielen Pflanzenarten. Dort leben sie von Insekten, Schnecken und Würmern.

Die Jungtiere der meisten Arten verlassen nach der Metamorphose das Laichgewässer und suchen ebenfalls geeignete Sommerquartiere auf.

Bei der **Herbstwanderung** werden die Winterquartiere aufgesucht. Das sind häufig Wälder in der Nähe der Laichgewässer. Die Winterquartiere müssen frostfreie Verstecke bieten, da Amphibien bei tiefen Temperaturen in Kältestarre fallen. Sie können bei stärkerem Frost keine besseren Verstecke aufsuchen und erfrieren. Viele Amphibien überwintern auch am Boden von Gewässern.

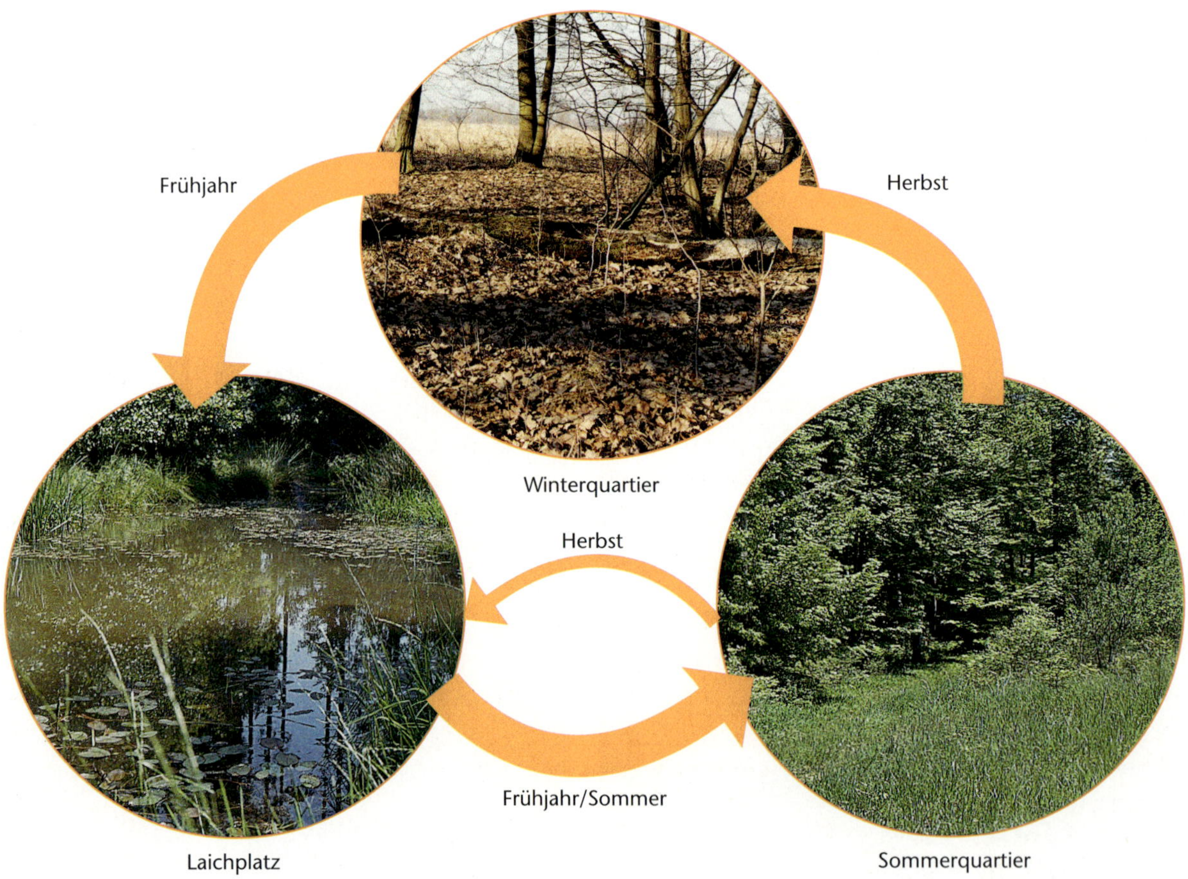

1 *Wanderungen von Amphibien*

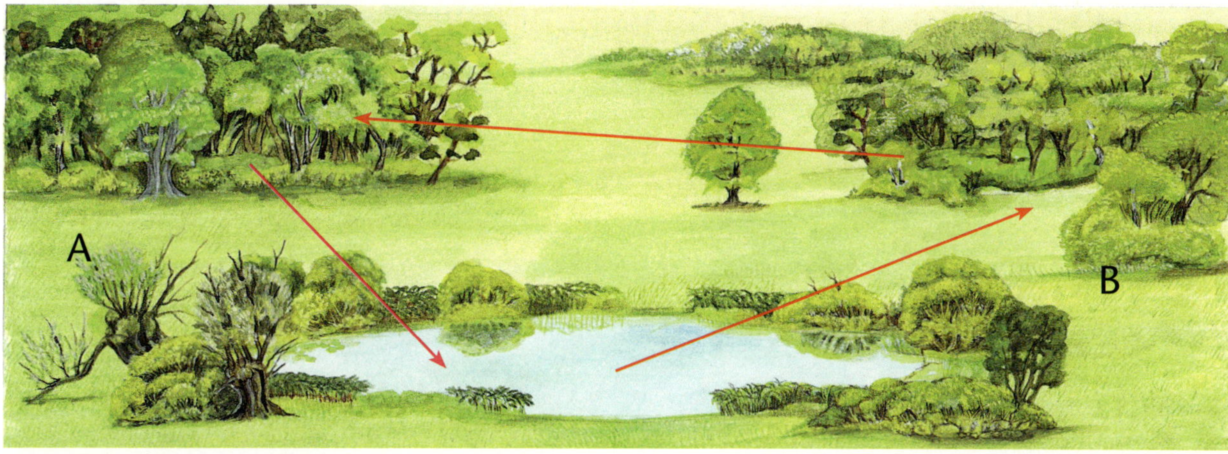

2 *Wanderung der Erdkröte*

3 *Amphibienzaun*

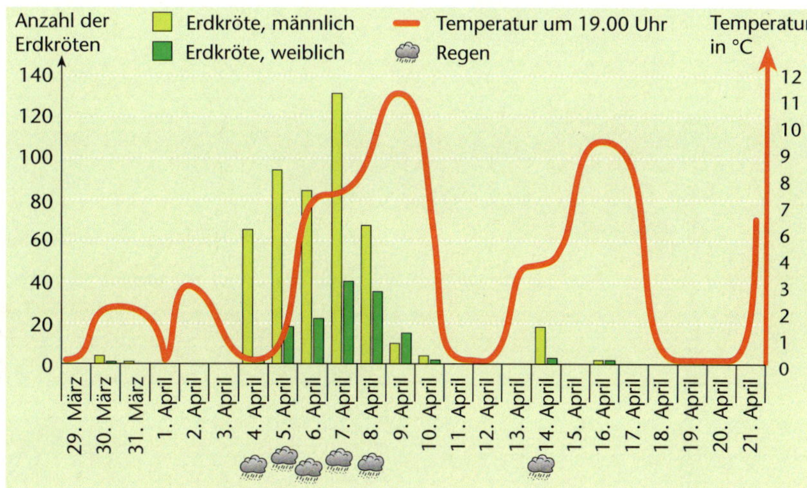

4 *Daten zur Erdkrötenwanderung*

1 Amphibien und Straßenverkehr. Wenn die Wanderwege von Amphibien über Straßen führen, werden sehr viele der langsamen Tiere überfahren. Zu ihrem Schutz baut man daher zur Zeit der Frühjahrswanderung Zäune. In kurzen Abständen sind am Zaun Eimer in die Erde gegraben (Abb. 3). Die am Zaun entlangkriechenden Tiere fallen in die Eimer und werden von Helfern über die Straße getragen.

a) Übertrage Abbildung 2 als Skizze in dein Heft und beschrifte sie mit folgenden Begriffen: Laichgewässer, Sommerquartier, Winterquartier, Frühjahrswanderung, Herbstwanderung, Sommerwanderung.
Im Lebensraum der Erdkröte wird eine Straße von A nach B gebaut. Zeichne in deine Abbildung diese Straße ein. Welche Folgen hat sie für die Erdkröten?

b) Begründe, warum die Amphibienzäune meist nur während der Frühjahrswanderung aufgebaut werden.

c) Überlege, welche Alternativen zu den Zäunen möglich sind.

2 Die Frühjahrswanderung der Erdkröten zum Laichgewässer.

a) Formuliere die wesentlichen Aussagen der Abbildung 4.

b) Beschreibe anhand der Abbildung 4 das Wanderungsverhalten von Erdkrötenmännchen und Erdkrötenweibchen. Stelle dabei Gemeinsamkeiten und Unterschiede heraus. Überlege, welche Vorteile sich aus dem Verhalten der Geschlechter ergeben.

6.4 Lebensraum und Schutz der Amphibien

1 *Lebensräume von Amphibien*

Amphibien leben im Laufe eines Jahres in ganz verschiedenen Lebensräumen. Im Frühjahr brauchen sie ein Laichgewässer und suchen nach dem Ablaichen ihre Lebensräume auf, meist Wälder und Hecken in der Nähe der Gewässer. Dabei entfernen sich die verschiedenen Amphibienarten unterschiedlich weit vom Laichgewässer (Abb. 1).

Die größte Gefahr für die einheimischen Amphibien besteht in der Veränderung der Landschaft, die in den letzten 50 Jahren sehr stark vorangeschritten ist. Moderne Anbaumethoden in der Landwirtschaft, das Trockenlegen von Feuchtgebieten und die Zunahme der bebauten Fläche führten zum Verlust vieler Lebensräume für Amphibien.

Da viele Amphibienarten bereits sehr selten geworden und einige sogar vom Aussterben bedroht sind, wurden alle einheimischen Amphibienarten unter Schutz gestellt. Die Entnahme von Laich, Larven und erwachsenen Tieren aus der Natur ist verboten. Ein umfassender Schutz der Amphibien kann aber nur gelingen, wenn die Lebensräume der Tiere erhalten bleiben bzw. neue Lebensräume geschaffen werden.

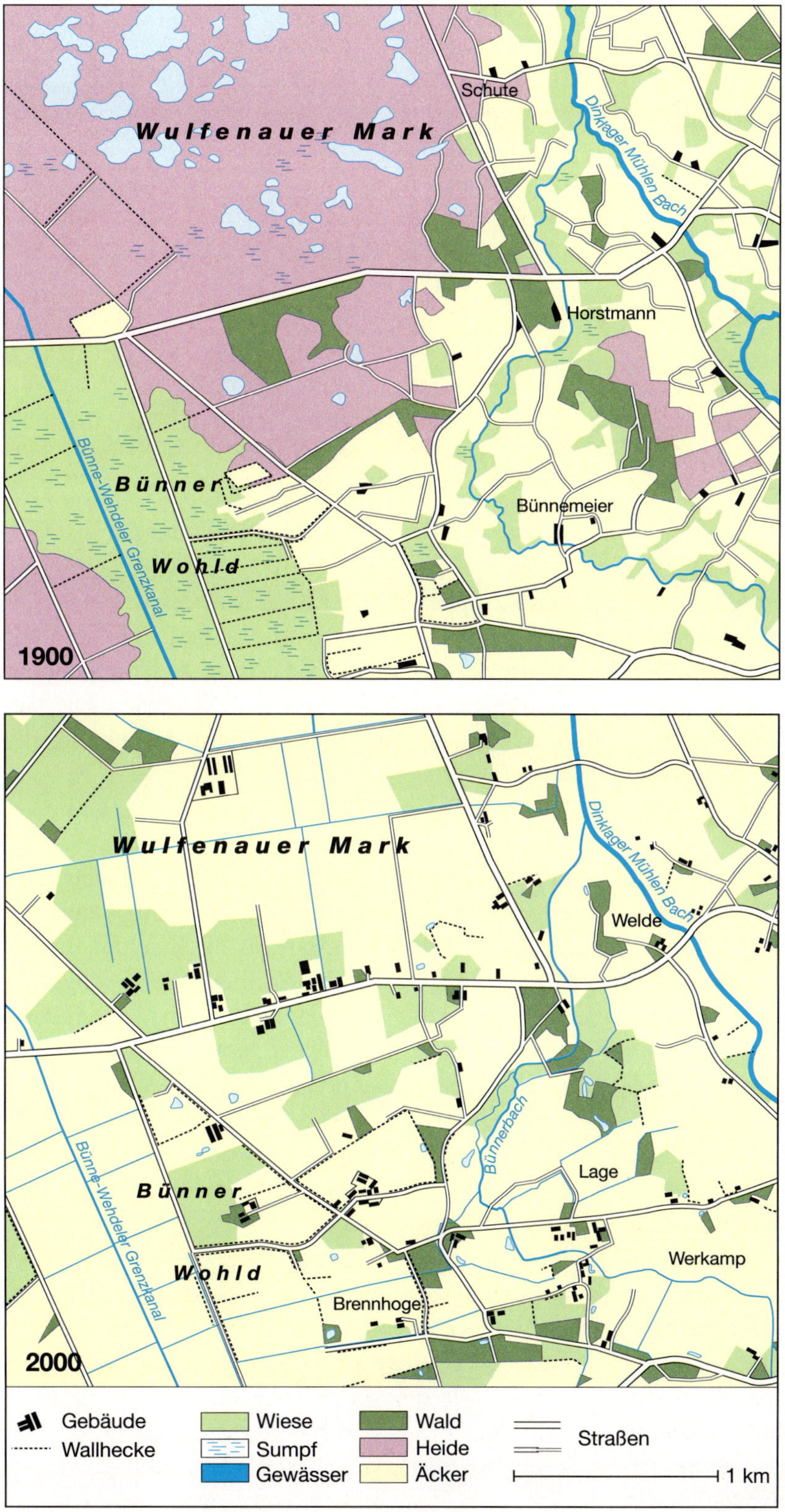

3 *Veränderung der Landschaft von 1900 bis 2000*

1 Ansprüche an den Lebensraum.

a) Stelle anhand der Abbildung 1 die notwendigen Bestandteile der Lebensräume für Feuersalamander, Erdkröte, Grasfrosch und Teichmolch zusammen.

b) Berechne mithilfe von Abbildung 2 die Kantenlänge eines quadratischen Mindestlebensraums von Erdkröte, Grasfrosch und Molch. Als Mindestlebensraum bezeichnet man die kleinste notwendige Fläche, die von den Tieren zum langfristigen Überleben der Art benötigt wird.

Art	Größe
Erdkröte	15000000 m^2
Grasfrosch	2000000 m^2
Molche	500000 m^2

2 *Mindestgröße des Lebensraumes*

2 Veränderung der Landschaft.

a) Arbeite die Veränderung der Landschaft anhand der Karten in Abbildung 3 heraus.

b) Stelle begründete Vermutungen an, welche Gründe zu dieser Veränderung geführt haben könnten.

c) Diskutiere die Veränderungen in Hinblick auf das Vorkommen und das Überleben von Amphibien. Begründe deine Argumente mit Einzelheiten der Karten.

d) Überlege, wie mit möglichst wenig Aufwand den Amphibien in diesem Gebiet geholfen werden kann.

7 Reptilien

7.1 Die Zauneidechse

1 *Zauneidechsen zur Paarungszeit*

2 *Zauneidechsen schlüpfen aus dem Ei*

Zauneidechsen sind **wechselwarme** Wirbeltiere. Die kalten Wintermonate verbringen sie in Winterstarre in frostsicheren Höhlen oder Felsspalten. In dieser Zeit nehmen sie keine Nahrung auf. Ihr Stoffwechsel verringert sich: Das Herz schlägt nur ein- bis zweimal pro Minute, ihre Bluttemperatur sinkt bis -3 °C ab.

Durch die wärmende Sonne im Frühjahr steigt die Körpertemperatur. Jetzt werden die Eidechsen wieder aktiv. Sie verlassen ihr Versteck und gehen auf Jagd nach Insekten. Diese spüren sie mit ihrem gut ausgebildeten Seh- und Gehörsinn auf. Außerdem riechen sie ihre Beute, indem sie durch Züngeln mit ihrer gelappten Zunge Duftproben in den Mundraum transportieren.

Die Beine sind bei den Eidechsen seitlich am Körper, Hüft- und Schultergelenke sind nur wenig beweglich (Abb.3). Dies führt zu einer besonderen Technik der Fortbewegung, dem Schlängellauf. Trotz ihrer Schnelligkeit werden die Eidechsen gelegentlich selbst zur Beute. Wenn sie zum Beispiel von einer Elster am Schwanz gepackt werden, bricht dieser fast unblutig an einer Sollbruchstelle ab. Dadurch gelingt den Eidechsen häufig die Flucht. Es wächst ein neuer kurzer Schwanz nach, allerdings ohne Wirbelknochen.

Die Schuppenhaut der Eidechse besteht wie unsere Fingernägel aus Horn. Sie schützt die Tiere vor Austrocknung und Verletzung. Die Schuppenhaut kann nicht mit der Eidechse mitwachsen. Die Tiere häuten sich mehrmals im Jahr. Dabei wird die alte Haut in Fetzen abgestreift.

Die Männchen sind im Frühjahr auffällig grün gefärbt (Abb. 1). So werben sie um die Weibchen und imponieren Rivalen. Nach der Paarung vergraben die Weibchen bis zu 14 Eier im weichen Boden. Ausgebrütet durch die Sonnenwärme schlüpfen nach etwa zehn Wochen die Jungen. Sie schlitzen die lederartige Eihülle mit ihrem Eizahn auf und sind sofort selbstständig (Abb. 2).

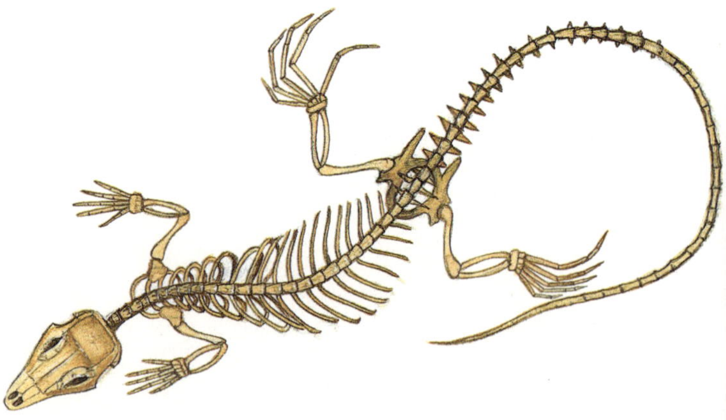

3 *Skelett einer Zauneidechse*

Was ist ein Modell?
Ein Modell stellt die Wirklichkeit in vereinfachter Form dar. Modelle dienen der Veranschaulichung. Ein Modell berücksichtigt immer nur Teile der Wirklichkeit, die im Modell besonders hervorgehoben sind.

4 *Schlängellauf*

1 Modell zum Schlängellauf. Baue ein Modell einer Eidechse aus dünner Pappe in doppelter Größe. Benenne die Merkmale, die im Modell im Vergleich zum Tier, hervorgehoben sind. Bewege das Modell mithilfe von Stecknadeln auf einer Styroporplatte vorwärts und beschreibe die Fortbewegung dieser Tiere. Achte vor allem auf die starren Hüft- und Schultergelenke und die Wirbelsäule.

2 Nahrungsbedarf. Der Nahrungsbedarf einer Eidechse beträgt im Sommer etwa 2 g pro Tag. Die etwa gleich schwere Spitzmaus benötigt täglich 8 g Nahrung. Welche Ursachen könnte dieser Unterschied haben?

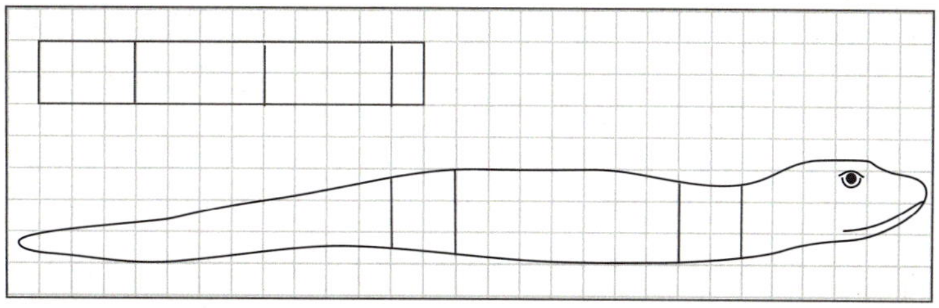

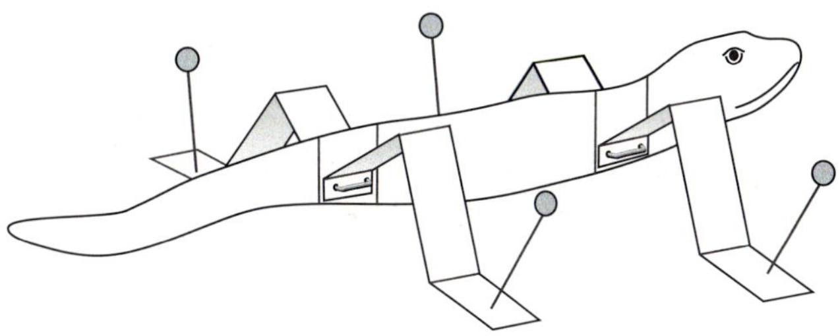

5 *Bauplan und fertiges Modell*

3 Regulation der Körpertemperatur. Schreibe die Aussagen des Schemas in Abbildung 6 als zusammenhängenden Text in dein Heft. Erstelle ein ähnliches Schema zur Regulation der Körpertemperatur für Säugetiere.

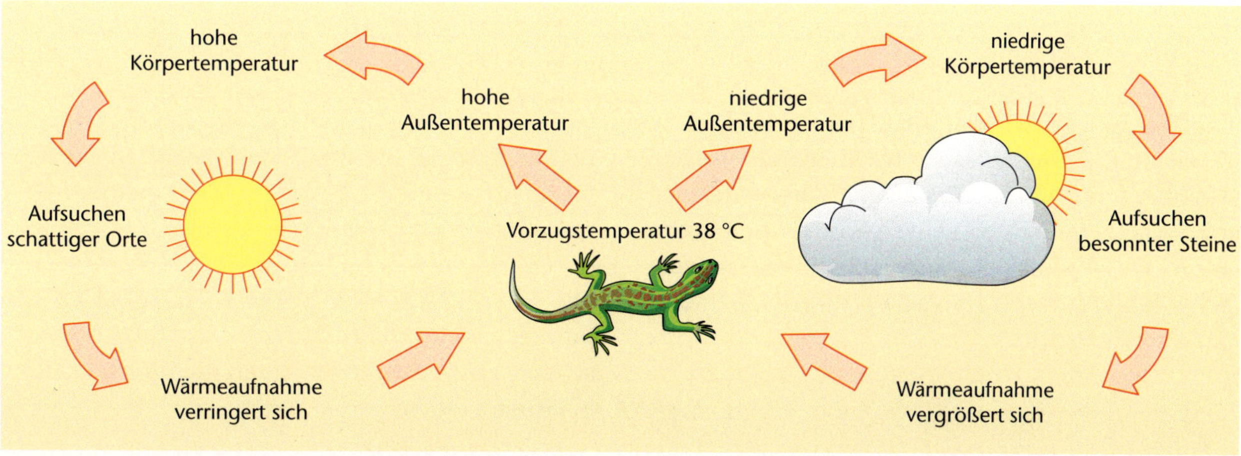

6 *Schema zur Regulation der Körpertemperatur*

7.2 Schlangen

1 *Ringelnatter*

2 *Ringelnatter frisst Frosch*

Die bis zu 1,20 m lange Ringelnatter lebt in Wassernähe und kann hervorragend schwimmen (Abb. 1). Dort findet sie ihre bevorzugten Beutetiere: Frösche, Kröten und Fische. Kleingartensiedlungen mit Gartenteichen und Komposthaufen zählen inzwischen auch zu ihrem Lebensraum.

Schlangen bewegen sich ohne Beine schlängelnd vorwärts. An der Bauchseite ihres lang gestreckten Körpers haben Ringelnattern breite Bauchschuppen (Abb. 8). Diese sind über Sehnen mit den Rippen verbunden. Mit den Rippenmuskeln können die Schlangen ihre Rippen einzeln bewegen. Dadurch werden die Bauchschilder aufgestellt und wieder angelegt. Durch Einhaken im rauen Untergrund schiebt sich der Körper gleichmäßig und lautlos nach vorne.

Schlangen nehmen durch Züngeln mit ihrer gespaltenen Zunge Duftstoffe auf, um sie an den Gaumen zu bringen, wo sich ihr Riechorgan befindet. So können sie der Duftspur der Beutetiere folgen. Mit ihren wenig leistungsfähigen Augen können die Ringelnattern Beutetiere erst dann sehen, wenn diese durch einen Sprung flüchten. Als gute Schwimmer können Ringelnattern ihrer Beute in das Wasser folgen.

Ringelnattern verschlingen ihre Beute als Ganzes, ohne sie zu zerkleinern. Sie können Frösche fressen, die größer sind als ihr eigener Kopf (Abb. 2). Ein zusätzlicher Knochen zwischen Schädelknochen und Unterkieferknochen ermöglicht eine sehr weite Öffnung des Mauls (Abb. 7).

Die Ringelnatter ist **wechselwarm.** Nach der **Kältestarre,** die von Oktober bis Anfang April dauert, paaren sich die Ringelnattern. Im Juni oder Juli legen die Weibchen in Pferdemist, Laub oder Kompost zwischen 20 und 40 Eier ab. Im September schlüpfen die jungen Schlangen aus den Eiern. Die Jungtiere sind nur zwei Zentimeter lang. Junge Ringelnattern häuten sich während des Wachstums vier- bis sechsmal im Jahr, sie können über 20 Jahre alt werden. Ringelnattern flüchten, wenn sich ihnen ein Mensch nähert, in ein Mauseloch oder unter Steine. Nur wenn man die Schlangen überrascht, kann es vorkommen, dass sie ein Angriffsverhalten zeigen und laut zischen. Die Ringelnatter beißt sehr selten. Ihr Biss ist für Menschen nicht gefährlich. Sie stellt keine Gefahr für Hunde und Katzen dar, wird aber nicht selten von diesen getötet.

Die Ringelnatter wird in der Roten Liste als gefährdet geführt. Sie ist durch das Bundesnaturschutzgesetz geschützt und darf nicht verfolgt bzw. belästigt werden.

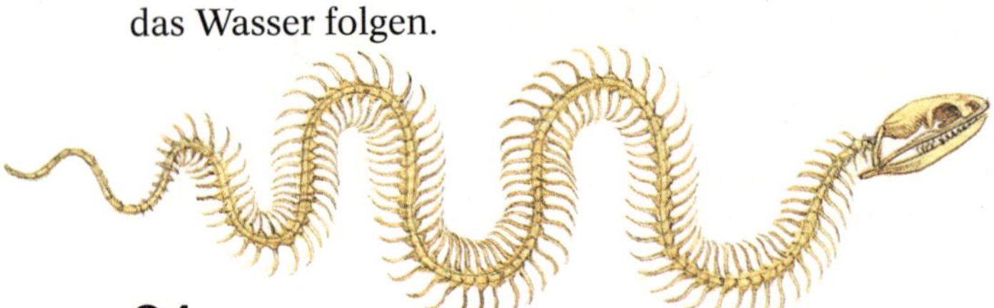

3 *Skelett der Ringelnatter*

Die Kreuzotter kennzeichnet sich durch die auffällig kleinen Kopfschuppen. Ihre Färbung ist überaus verschieden, ein dunkler, längs des Rückens verlaufender Zickzackstreifen aber stets vorhanden und deshalb als Merkmal beachtenswert. Sie bewohnt jede Örtlichkeit: Wald und Heide ebenso gut wie Weinberge, Wiesen, Felder, Moore und selbst Steppen. In den Alpen steigt sie bis zu einem zweitausend Meter über dem Meere liegenden Gürtel empor und gefällt sich in einem Gelände, in welchem sie sich höchstens drei Monate im Jahre ihrer Freiheit erfreuen kann, drei Viertel ihres Lebens aber winterschlafend verträumen muss. Die Nahrung besteht vorzugsweise in warmblütigen Tieren, wie in Mäusen und Maulwürfen.

4 *Beschreibung der Kreuzotter nach Brehm's Tierleben 1876*

6 *Kreuzotter*

Die Kreuzotter erreicht eine Gesamtlänge von 90 cm, wobei die Weibchen größer werden als die Männchen. Die Färbung der Oberseite reicht bei Männchen von fast weiß über silber, grau, grüngrau, braungrau bis zu gelbbraun und bei Weibchen von sandgelb über gelbrot, rost- oder kupferfarben bis dunkelbraun. Das Zickzackband auf dem Rücken ist bei Männchen schwärzlich und scharf abgesetzt, bei den Weibchen dagegen bräunlich und weniger deutlich. Sie besiedelt ein breites Spektrum an Biotopen wie Waldränder, Waldlichtungen, Heidegebiete, Moore, Feuchtwiesen, gestrüppreiche Kanal- und Bahndämme, Steinbrüche, Kies- und Tongruben. Die Höhenverbreitung reicht bis 3000 m.
Die Kreuzotter ist überwiegend tagaktiv. Sie ernährt sich hauptsächlich von Kleinsäugern, Fröschen und Eidechsen. Jungtiere bevorzugen junge Braunfrösche und Waldeidechsen. Kreuzottern töten ihre Beute durch ihr Gift. Die verendete Beute wird mit dem Kopf zuerst im Ganzen verschlungen. Kreuzottern sind wechselwarme Tiere, deren Körpertemperatur von der ihrer Umgebung abhängig ist. Nur wenn es warm genug ist, können sie aktiv sein. Während der kalten Jahreszeit fallen Schlangen in in eine Kältestarre, die z. B. im Hochgebirge von Ende September bis Ende März dauern kann. Die Winterstarre verbringen die Schlangen in Erdlöchern oder Felsspalten.

5 *Beschreibung der Kreuzotter heute*

1 **Vergleich Kreuzotter.** Stelle in einer Tabelle die Aussagen zu Lebensweise und Verbreitung der Kreuzotter gegenüber (Abb. 4, 5). Vergleiche die alte und die heutige Tierbeschreibung. Kannst du Unterschiede finden?

2 **Nahrungsaufnahme.** Schlangen können ihre Beute als Ganzes hinunterwürgen. Welche Besonderheiten des Skelettes sind dazu notwendig? Erarbeite die Lösung mithilfe der Abbildung 7.

3 **Fortbewegung.** Beschreibe mithilfe der Abbildung 8 den Schuppengang der Schlangen.

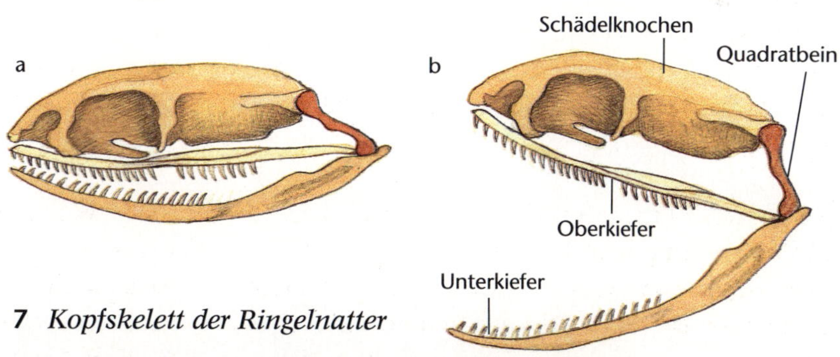

7 *Kopfskelett der Ringelnatter*

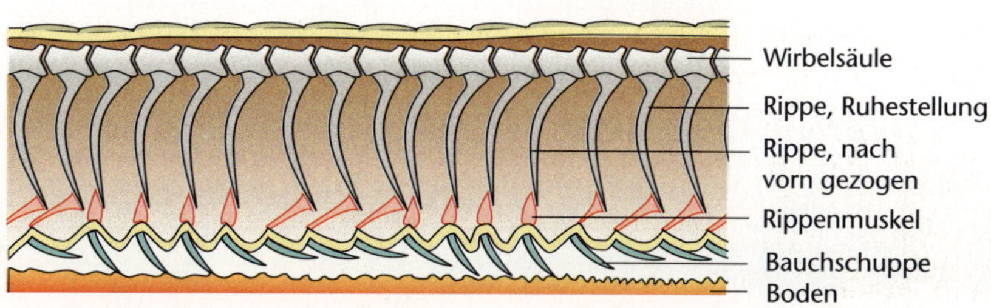

8 *Fortbewegung bei Schlangen*

7.3 Vielfalt der Reptilien

Man kennt heute über 6000 verschiedene Arten von Reptilien. Sie werden verschiedenen Gruppen zugeordnet. Reptilien sind wechselwarm und kommen daher vor allem in wärmeren Ländern vor. Einige Arten sind an kalte Klimazonen angepasst.

Schildkröten: Schildkröten leben an Land oder im Wasser. Die Eiablage erfolgt immer an Land. Der feste Panzer besteht aus Horn und Knochen (Abb. 3). Weil der Brustkorb unbeweglich ist, pumpen Schildkröten durch Bewegungen des Halses oder der Vorderbeine Luft in die Lungen.

Echsen: Die Echsen bilden die artenreichste Gruppe der Reptilien. Die Beine der Echsen haben lange Zehen mit Krallen. Die größte aller Echsen ist der Komodo-Waran, der ausschließlich auf einigen wenigen Inseln in Indonesien vorkommt. Es gibt auch Echsen wie unsere Blindschleiche, deren Beine zurückgebildet sind. Zu den Echsen gehören auch Eidechsen und das in den Tropen lebende Chamäleon (Abb. 1, 2).

Schlangen: Nattern, Ottern, Vipern, Boas, Kobras und Mambas gehören zu den Schlangen. Alle Schlangen sind Fleischfresser. Ihre Beute schlingen sie unzerteilt hinunter.

Krokodile: Der Schwanz dient als Ruder und zwischen den Zehen der Hinterbeine spannen sich Schwimmhäute. Ohren, Nasenlöcher und Augen liegen auf der Oberseite des Kopfes. Wenn ein Krokodil im Wasser auf Beute lauert, taucht der Körper ins Wasser, nur Augen und Nasenlöcher ragen heraus.

1 *Bergeidechse*

2 *Chamäleon beim Beutefang*

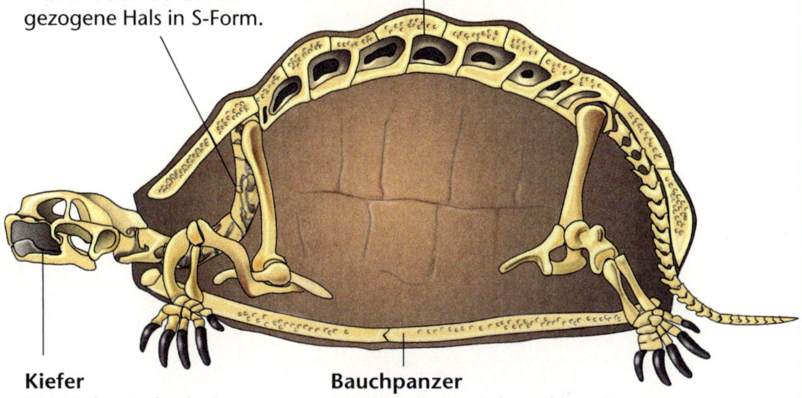

3 *Skelett einer Schildkröte*

1 Schildkröten-Panzer. Beschreibe, welche Probleme der Panzer für Fortbewegung, Atmung und Wachstum einer Schildkröte aufwirft (Abb. 3).

2 Angepasstheiten bei Echsen.
a) Beschreibe die Angepasstheiten der Bergeidechse, mit denen sie den langen Winter nördlich des Polarkreises übersteht (Abb. 1, 4).
b) Beschreibe die Angepasstheiten der Chamäleons an ihren Lebensraum (Abb. 2, 5).

Die Bergeidechse dringt höher ins Gebirge und weiter nach Norden vor als jedes andere Reptil (Abb. 1). Sie kommt noch nördlich des Polarkreises in Finnland vor. Acht Monate liegt das Gebiet unter Schnee. Den Bergeidechsen bleiben nur vier Monate für Fressen, Wachsen und Fortpflanzen.
Forscher haben herausgefunden, wie die wechselwarmen Bergeidechsen den langen Winter überstehen: Sie können gefrieren, ohne zu erfrieren. In einem trockenen Versteck fallen sie in eine Eisstarre. Das Herz hört auf zu schlagen und die Atmung steht still. Erwärmt sich nach Monaten die Umgebung, erwacht die Eidechse innerhalb von etwa zwei Tagen aus der Eisstarre wieder zum Leben. Die Forscher lüfteten auch das Geheimnis, warum die Bergeidechsen in der Eisstarre nicht erfrieren: Bevor die Tiere in Eisstarre verfallen, erhöhen sie den Gehalt an Zucker im Blut sehr stark. Das zuckerreiche Blut entzieht dem Gewebe Wasser. Dadurch können sich keine zerstörerischen Eiskristalle in den Zellen bilden. Außerhalb der Zellen gefriert die Körperflüssigkeit offenbar, ohne den Bergeidechsen zu schaden.
Beim Auftauen nehmen die Zellen Wasser auf und werden wieder funktionstüchtig.

4 *Gefrieren ohne zu erfrieren*

Die meisten Chamäleons sind Baumbewohner und jagen Insekten oder andere Gliederfüßer. Die Zehen der Füße sind zum Greifen geeignet und können auch dünne Äste umfassen. Der Greifschwanz der Chamäleons wirkt wie eine fünfte Hand. Beide Eigenschaften sind vorteilhaft für die kletternde Lebensweise. Chamäleons können ihre Körperfarbe rasch ändern und dadurch mit ihrer Umgebung verschmelzen. Diese Tarnung schützt vor Feinden. Die Augen stehen hervor und können unabhängig voneinander bewegt werden. Dadurch können Chamäleons hervorragend räumlich sehen. Das wiederum ist von Vorteil, wenn die Echse mit ihrer langen Zunge auf Beute zielt (Abb. 2). Bei den Chamäleons ist die Zungenmuskulatur besonders ausgebildet. Wenn ein Chamäleon ein Beutetier gesichtet hat, richtet es den Körper auf die Beute aus. Die Zunge im Maul des Chamäleons ist stark zusammengestaucht. Nahe der Zungenspitze befindet sich ein Beschleunigungs-Muskel. Sobald das Maul geöffnet wird, schnellt die Spitze der Zunge mit einer Geschwindigkeit von fünf Metern pro Sekunde hervor. An der äußersten Zungenspitze befinden sich Drüsen und Muskeln, die die Beute festhalten. Muskeln ziehen die Zunge samt Beute rasch zurück.

5 *Angepasstheiten beim Chamäleon*

8 Vögel

8.1 Vögel beobachten und bestimmen

1 *Zwei einheimische Vögel*

Wer einen Vogel bestimmen will, sollte ihn möglichst genau beobachten und sich seine wichtigsten Merkmale einprägen. Fernglas, Fotoapparat und Bestimmungsbuch sind nützliche Hilfsmittel zur Vogelbeobachtung. Mit Notizblock und Stift können die Beobachtungen notiert oder in einer Skizze festgehalten werden.

Um herauszufinden, zu welcher Art ein Vogel gehört, werden verschiedene Merkmale betrachtet. Die Größe wird von der Schnabelspitze bis zum Ende des Schwanzes angegeben. Hilfreich ist ein Vergleich mit bekannten Vögeln. Ist der beobachtete Vogel so groß wie ein Spatz, eine Taube, eine Ente oder noch größer? Ist der Körper schlank oder eher rundlich? Auch wenn viele Vögel durch ein schlichtes Gefieder gut getarnt sind, ist die Gefiederfärbung ein wichtiges Merkmal beim Bestimmen von Vögeln. Bei manchen Vogelarten sind Weibchen und Männchen unterschiedlich gefärbt. In der Regel sind die Männchen bunter als die Weibchen. Auch die Form der Flügel und des Schwanzes kann eine Rolle spielen, ebenso die Schnabelform. Beine und Zehen der Vögel haben unterschiedliche Formen und Farben. Sie sind aber häufig schlecht zu sehen. Auch die Bewegungsweise eines Vogels auf dem Boden oder in der Luft gibt einen Hinweis auf die Vogelart. Greifvögel können anhand ihrer Flugbilder bestimmt werden (Abb. 2). Der Vogelgesang ist ein weiteres charakteristisches Merkmal der Vögel. Es gibt Menschen, die einen Vogel allein an seinem Gesang erkennen.

2 *Flugbilder*

1 Beschreiben und vergleichen. Fertige die schriftliche Beschreibung eines Vogels aus Abbildung 1 an. Vergleiche deine Beschreibung mit denen von zwei oder drei anderen Schülerinnen und Schülern.
Welche Unterschiede fallen euch auf? Stelle Vermutungen an, warum die Beschreibungen verschieden sind.

2 Bestimmungsmerkmale. Erstelle eine Tabelle mit allen Bestimmungsmerkmalen aus Abbildung 3. Trage in die Tabelle die Merkmale der Vögel von Abbildung 1 und 3 ein, die du erkennen kannst.

3 Vergleichen. Durch welche Merkmale können die Vögel in Abbildung 4 voneinander unterschieden werden?

3 *Bestimmungsmerkmale*

4 Karteikarten als Lernhilfe. Lege Karteikarten mit den Merkmalen jeweils eines Vogels an. Die Vogelbilder kannst du abzeichnen, scannen oder aus dem Internet herunterladen.

4 *Haussperling (Weibchen und Männchen) und Feldsperling (Männchen)*

Kennübung Vögel

1 **Vögel erkennen.** Ordne die Beschreibungen der Vogelarten den Vögeln in der Abbildung zu. Schreibe die Vogelart und den dazugehörigen Buchstaben auf. Hast du die Vögel richtig zugeordnet, ergibt sich ein Lösungswort.

(1) spatzengroß; Kehle und Brust rötlich, Bauch weiß, Rücken braun; sucht auf dem Boden nach Nahrung: Rotkehlchen

(2) amselgroß; schwarz mit metallischem Schimmer, kurzer Schwanz; stochert im Boden; oft in großen Scharen: Star

(3) spatzengroß; Kopf und Kehle schwarz, weiße Wangen, Brust gelb mit schwarzem Längsstreifen; frisst Insekten an Bäumen: Kohlmeise

(4) taubengroß; grau mit weißen Flecken rechts und links am Hals; lautes Flügelschlagen beim Abflug: Ringeltaube

(5) doppelt so groß wie eine Taube; braun mit Streifen und Flecken; kräftiger, nach unten gebogener Schnabel; sitzt oft auf Bäumen oder Pfosten an der Straße: Mäusebussard

(6) amselgroß; Männchen schwarz mit gelbem Schnabel, Weibchen braun; stochert im Rasen nach Regenwürmern: Amsel

(7) kleiner als ein Spatz; Scheitel, Flügel und Schwanz blau, Brust und Bauch gelb; in Bäumen oft kopfunter: Blaumeise

(8) spatzengroß; Männchen: Kopf und Rücken grau, Kehle schwarz, Brust und Schwanz rostrot; Weibchen braun; hüpft auf der Suche nach Insekten über den Boden: Gartenrotschwanz

(9) amselgroß; schwarzweiß; Männchen mit rotem Streifen am Hinterkopf; läuft an Stämmen hoch: Buntspecht

(10) größer als eine Taube; weiß und schwarz mit schillerndem Glanz; sehr langer Schwanz; hüpft auf dem Boden, oft an Straßen: Elster

(11) größer als eine Taube; langer heller Hals, sonst braun; spitzer Schnabel; im Sommer rötliche Halskrause und schwarzer Schopf; taucht minutenlang: Haubentaucher

(12) größer als eine Taube; schwarz mit weißem Schnabel und weißer Stirn; Beine grün, auf Teichen mit Schilf: Blesshuhn

(13) kleiner als ein Spatz; rundlich; braunes Gefieder; kurzer, hochgestellter Schwanz; oft auf dem Boden und in Hecken: Zaunkönig

(14) größer als ein Spatz; schwarz mit heller Kehle; schmale, lange, sichelförmige Flügel; fast immer in der Luft, fliegt oft in Gruppen: Mauersegler

(15) größer als ein Spatz; Kehle und Nacken schwarz, Stirn, Wangen und Bauch weiß; langer Schwanz; wippt oft mit dem Schwanz: Bachstelze

(16) spatzengroß; Oberseite blauschwarz, Unterseite weiß; jagt Insekten im schnellen Flug, oft in der Nähe von Ställen: Mehlschwalbe

8.2 Federn

1 *a) Schwungfeder, b) Deckfeder, c) Daunenfeder*

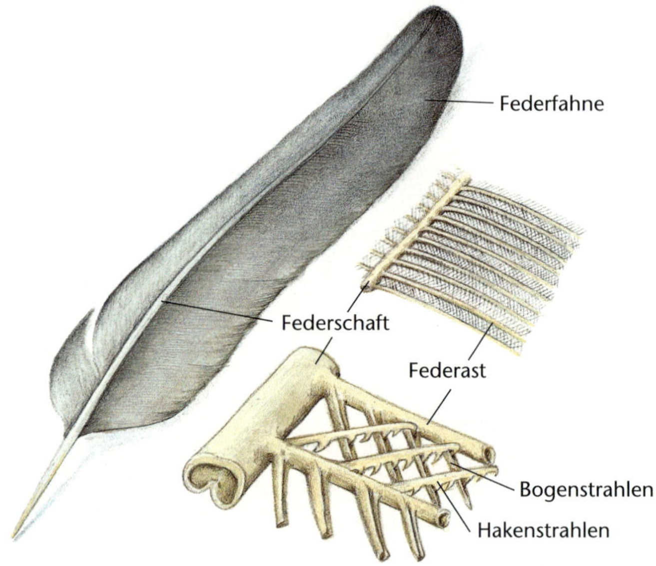

2 *Aufbau einer Schwungfeder*

Vögel haben ein gemeinsames Kennzeichen, das sie von anderen Lebewesen unterscheidet. Sie haben Federn (Abb. 1). Federn bestehen aus Horn. Das ist ein leichter und elastischer, aber stabiler Stoff.

Die **Schwungfedern** sitzen am Vogelflügel (Abb. 1a), sie sind trotz ihres geringen Gewichtes sehr fest, aber auch biegsam. In der Mitte einer Feder befindet sich der Federschaft (Abb. 2, 3). Nach beiden Seiten zweigen die Federäste mit den Bogen- und Hakenstrahlen ab. Sie sind so miteinander verbunden, dass sie eine geschlossene Fläche bilden, die Federfahne. Wenn die Federfahne nach einem Flug oder durch starken Wind aufreißt, bringt der Vogel sie wieder in die richtige Position, indem er sich schüttelt oder mit dem Schnabel darüberstreicht.

3 *Schwungfeder, 20-fach vergrößert*

Bei vielen Vögeln sind die **Deckfedern** auffällig gefärbt (Abb. 1b). Diese Federn liegen dachziegelartig am Körper übereinander. Durch die Färbung des Gefieders können sich die Vögel untereinander erkennen. Unter den Deckfedern sitzen die weichen **Daunenfedern** (Abb. 1c). Bei kaltem Wetter plustert sich der Vogel auf. Dadurch gelangt viel Luft zwischen die Daunenfedern. Dieses Luftpolster schützt den Vogel gegen eine zu hohe Wärmeabgabe, denn Luft leitet die Wärme schlecht, sie isoliert.

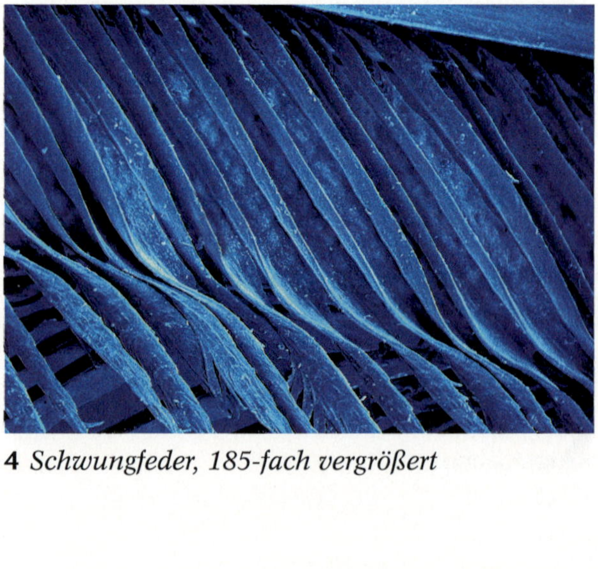

4 *Schwungfeder, 185-fach vergrößert*

Die Vögel fetten ihr Gefieder ständig ein, damit es wasserabweisend wird. Dazu verteilen sie mit dem Schnabel Fett aus einer Drüse am Schwanz, der Bürzeldrüse, über ihr Gefieder.

1 Bedeutung der Federn für Vögel. Beschreibe mithilfe von Abbildung 5 die Bedeutung der Federn für Vögel.

2 Federgewicht. Wiege eine größere Feder. Lege sie auf einen Bogen Papier, zeichne den Umriss nach und schneide diesen aus. Wiege die Papierfeder. Vergleiche beide Messergebnisse.

3 Amsel bei unterschiedlichen Temperaturen. Ordne den Zeichnungen in Abbildung 6 die dazugehörige Temperatur zu: + 40 °C, + 20 °C, 0 °C und -20 °C. Begründe deine Zuordnung.

4 Halten Federn warm? Drei Reagenzgläser sind mit 40 °C warmem Wasser gefüllt (Abb. 7). Die Reagenzgläser stehen in unterschiedlich gefüllten Bechergläsern. In Abständen von fünf Minuten wurde die Temperatur des Wassers gemessen. Beschreibe und erkläre die Messwerte.

5 *Bedeutung der Federn für Vögel*

6 *Wie warm ist es?*

	Beginn	5 min	10 min	15 min	20 min
Federn, locker	40 °C	34,6 °C	29,5 °C	26,8 °C	24,8 °C
Federn, dicht	40 °C	32,4 °C	27,0 °C	24,0 °C	21,5 °C
Luft	40 °C	29,8 °C	26,7 °C	22,5 °C	19,8 °C

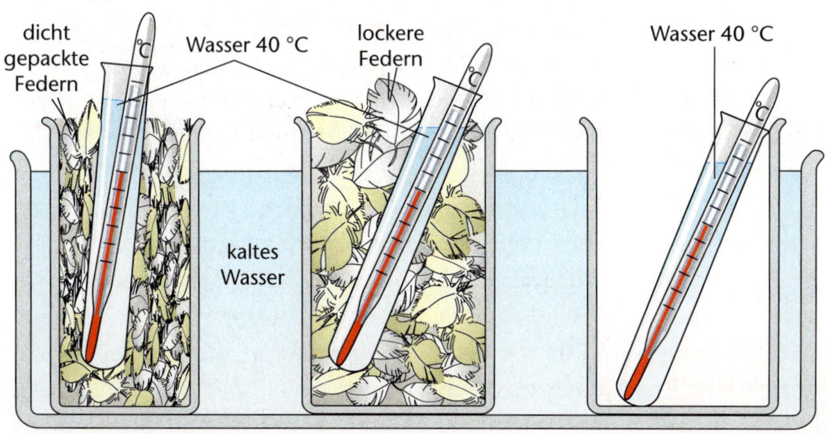

7 *Halten Federn warm?*

5 Eine Schreibfeder herstellen. Stelle eine Schreibfeder nach der Anleitung in Abbildung 8 her und versuche, damit zu schreiben.

8 *Herstellung einer Schreibfeder*

8.3 Vögel – Wirbeltiere in Leichtbauweise

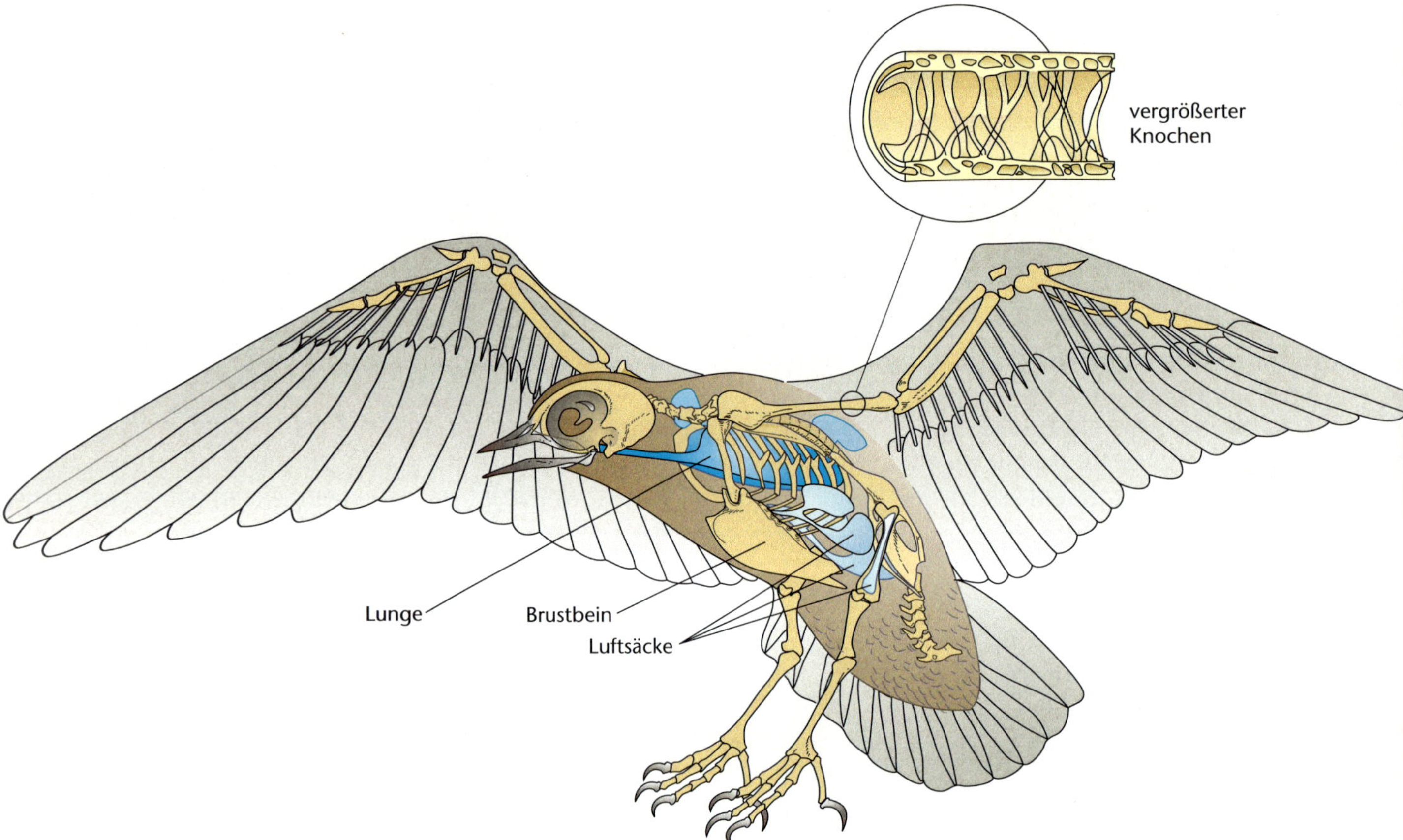

1 *Vögel sind leicht gebaut*

Vögel sind an das Leben in der Luft angepasst (Abb. 1). Die Fortbewegung in der Luft erfordert einen leichten Vogelkörper. Die Schädelknochen sind sehr dünn. Die Beinknochen der Vögel sind mit Luft gefüllt. Ihnen fehlt das Knochenmark, das die Knochen anderer Wirbeltiere ausfüllt. Trotzdem sind Vogelknochen sehr hart und widerstandsfähig. Die notwendige Stabilität wird wie bei einem Fachwerkhaus durch ein Netz von Verstrebungen erreicht. Federn und Schnabel sind aus Horn, einem sehr leichten Material.

Zahlreiche Luftsäcke durchziehen den Vogelkörper (Abb. 1). Das sind Ausstülpungen der Lunge, die im ganzen Körper verteilt sind, sogar zwischen den Muskeln und den Organen. Einzelne Luftsäcke reichen mit ihren Verzweigungen tief in die Knochen hinein. In die Luftsäcke nimmt der Vogel Luft auf. Mithilfe der Luftsäcke können Vögel den Sauerstoff in der Luft besser nutzen. Das ist auch ein Grund dafür, dass Zugvögel 5000 m hohe Gebirge überqueren können.

Das Brustbein ist bei Vögeln besonders breit ausgebildet. Es besteht aus einem leichten und elastischen Material, dem Knorpel. Am Brustbein setzen die kräftigen Muskeln an, die eine schnelle und ausdauernde Bewegung der Flügel ermöglichen. Um ihre Masse für das Fliegen gering zu halten, verdauen die Vögel ihre Nahrung schnell.

Ihre Leichtbauweise und eine stromlinienförmige Körperform ermöglichen den Vögeln erstaunliche Flugleistungen. Eine Küstenseeschwalbe kann 5000 km ohne Zwischenstopp zurücklegen, Mauersegler erreichen Spitzengeschwindigkeiten von 180 km/h. Sie können wochenlang in der Luft sein und fliegen.

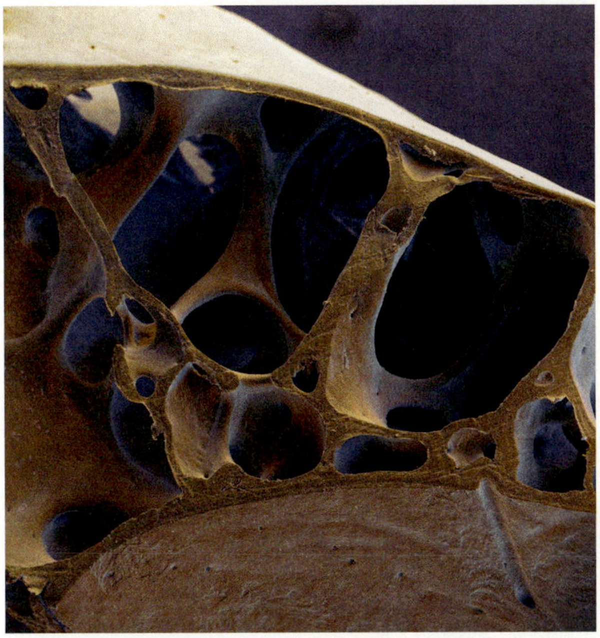

2 *Aufgeschnittener Knochen eines Falken, 40-fach vergrößert*

3 *Eiffelturm*

1 Vogelknochen.
a) Beschreibe anhand der Abbildung 2 den Aufbau eines Vogelknochens.
b) Das Prinzip, nach dem Vogelknochen gebaut sind, hat der Mensch beim Bauen verwendet (Abb. 3). Um welches Prinzip handelt es sich? Welche Vorteile hat es beim Bauen?

2 Vergleich Flügel – Arm. Das Flügelskelett eines Vogels ist ähnlich wie das Armskelett eines Menschen gebaut. Vergleiche mithilfe von Abbildung 4 das Skelett eines Vogelflügels mit dem Armskelett eines Menschen. Übertrage die beiden Zeichnungen in dein Heft. Male gleiche Skelettteile in gleichen Farben aus. Beschrifte das Armskelett des Menschen.

3 Vergleich der Körpermassen.
a) Vergleiche mithilfe von Abbildung 5 die Masse der Vögel mit der etwa gleich großer Säugetiere. Bilde jeweils Paare. Lege eine Tabelle an. Erläutere das Ergebnis des Vergleichs.
b) Berechne die Masse pro Zentimeter Körperlänge. Fertige ein Diagramm an und werte es aus.

	Körperlänge	Masse
Feldhase	65 cm	4000 g
Amsel	25 cm	100 g
Wildkaninchen	46 cm	1800 g
Rabenkrähe	48 cm	550 g
Kohlmeise	14 cm	18 g
Stockente	61 cm	1200 g
Igel	28 cm	700 g
Feldmaus	15 cm	30 g

5 *Vergleich Vögel – Säugetiere*

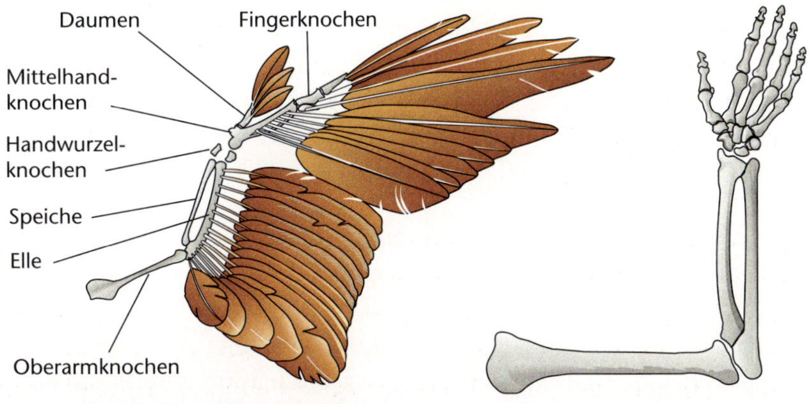

4 *Vergleich Vogelflügel – Arm*

8.4 Fortpflanzungsverhalten bei Amseln

1 *Kämpfende Amselmännchen*

2 *Singendes Amselmännchen*

3 *Amselnest*

4 *Amseljunge werden gefüttert*

Im März beginnt bei Amseln die Fortpflanzungszeit. Dann singen die Männchen schon früh am Morgen. Sie singen an einem gut sichtbaren Platz (Abb. 2). Der Bereich um diesen Platz ist das Revier des Männchens. Ein **Revier** ist ein Gebiet, das Nahrung, Verstecke, Schlafplätze und Nistmöglichkeiten bietet und in dem die Jungen aufgezogen werden. Ein Amselmännchen grenzt sein Revier durch seinen Gesang gegenüber anderen Amselmännchen ab. Taucht dennoch ein anderes Amselmännchen in diesem Revier auf, droht ihm der Revierinhaber. Er hält den Kopf gesenkt und läuft mit kleinen Schritten auf den Eindringling zu. Verlässt dieser daraufhin das Revier nicht, kommt es zum Kampf. Beide Männchen fliegen mit nach vorn gestreckten Füßen so lange aufeinander zu, bis sich eines der Männchen zurückzieht (Abb. 1).

Ein Amselmännchen lockt mit seinem Gesang Amselweibchen in sein Revier. Erscheint ein Weibchen, begibt sich das Männchen mit auffälligen Kopfbewegungen in Richtung Weibchen. Das Weibchen reagiert darauf mit besonderen Bewegungen und trippelt dicht vor dem Männchen her. Während der ganzen Zeit wird es vom Männchen angesungen. Dieses Verhalten der beiden Vögel nennt man **Balz.** Nach der Balz paaren sich Männchen und Weibchen.

Nach der Paarung – oft schon im März – baut das Weibchen ein Nest aus dünnen Zweigen, Gras, Moos und Federn. Das Nest ist in etwa sieben Tagen fertiggestellt. In den folgenden vier bis sechs Tagen legt das Weibchen jeden Tag ein Ei (Abb. 3). Dann beginnt das Weibchen zu brüten. Nach zwei Wochen schlüpfen die Jungen. Sie wiegen etwa sechs Gramm, haben die Augen geschlossen und noch keine Federn. Tiere, die in einem solch frühen Entwicklungsstadium schlüpfen bzw. geboren werden, nennt man **Nesthocker.** Die jungen Vögel werden unter dem elterlichen Gefieder gewärmt und unermüdlich mit Futter versorgt. Die Eltern stopfen Würmer, Insekten und deren Larven in die weit aufgerissenen Schnäbel der Jungen (Abb. 4). Auch wenn die Jungen nach etwa 14 Tagen das Nest verlassen, werden sie noch weitere zwei Wochen von ihren Eltern gefüttert. Das Verhalten der Amseleltern während der Brut und Jungenaufzucht bezeichnet man als **Brutpflege.**

1 Reviergrenzen. Abbildung 5 zeigt ein Amselrevier. Übernimm das Raster in dein Heft und zeichne darin die Reviergrenzen des Amselmännchens ein. An folgenden Stellen hat man das Amselmännchen beobachtet:
- Gesang auf Zaunpfahl (10/B),
- Gesang auf Apfelbaum (2/F),
- Gesang auf Dachrinne (7/F),
- Futtersuche auf Rasen (3/D),
- Gesang auf Fichte (6/B),
- Drohen am Beetrand (1/D),
- Drohen auf Rasenfläche (9/C),
- Gefiederpflege im Strauch (5/E),
- Kampf auf Weg (8/A),
- Kampf auf Rasenfläche (2/B).

5 *Amselrevier*

6 *Brutpflege bei Amseln*

2 Brutpflege bei Amseln. Übernimm die Zeitachse in dein Heft und beschrifte sie mithilfe der Angaben im Grundwissentext.

3 Gesang und Rufe. Es gibt ein Gerät, das Vogelgesänge und Vogelrufe aufzeichnet. Das Gerät nennt man Sonagraf, die Aufzeichnungen heißen Sonagramme. In Abbildung 7 siehst du drei Sonagramme eines Amselmännchens. Arbeite die Unterschiede aus den Sonagrammen heraus.

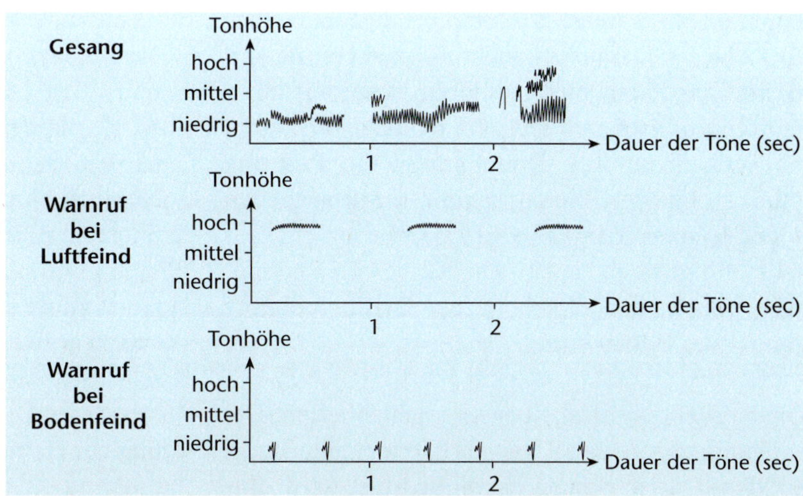

7 *Sonagramme eines Amselmännchens*

8.5 Befruchtung und Entwicklung beim Huhn

2 *Paarung von Hahn und Henne*

1 *Balz von Hahn und Henne*

Bei der Balz schreitet der Hahn mit gesenktem Kopf und abgespreizten Flügeln um die Henne herum (Abb. 1). Daraufhin duckt sich die Henne und breitet ihre Flügel aus. Der Hahn steigt auf ihren Rücken und hält sich mit dem Schnabel an ihrem Nackengefieder fest. Dann erfolgt die **Paarung** (Abb. 2). Bei der Paarung gelangen Spermazellen in den Eileiter. Trifft eine Spermazelle auf eine Eizelle, dringt sie in sie ein. Die Kerne von Spermazelle und Eizelle verschmelzen. Diesen Vorgang nennt man **Befruchtung.**

Die befruchtete Eizelle beginnt sich zu teilen. Die entstandenen Zellen liegen als flache Keimscheibe auf dem Dotter. Sobald das Ei bebrütet wird, entwickelt sich in der Brutwärme aus der Keimscheibe das Küken (Abb. 3a-c). Ist das Küken vollständig entwickelt, kann man sein Piepen im Ei hören. Das Küken hört die Lockrufe der brütenden Henne.

Beim Küken befindet sich an der Spitze des Schnabels ein kleiner Höcker. Er wird Eizahn genannt. Damit ritzt und pickt das Küken die Eischale von innen ringförmig auf. Danach stemmt es sich mit Füßen und Nacken gegen die Eischale, dreht sich dabei immer etwas und bricht schließlich die Schale in zwei Teile (Abb. 4). Das Schlüpfen kann bis zu sechs Stunden dauern. Kurze Zeit später beginnt das Küken zu laufen und begibt sich unter Anleitung der Henne auf Futtersuche. Da Hühnerküken direkt nach dem Schlüpfen weitgehend selbstständig sind, bezeichnet man sie als **Nestflüchter.**

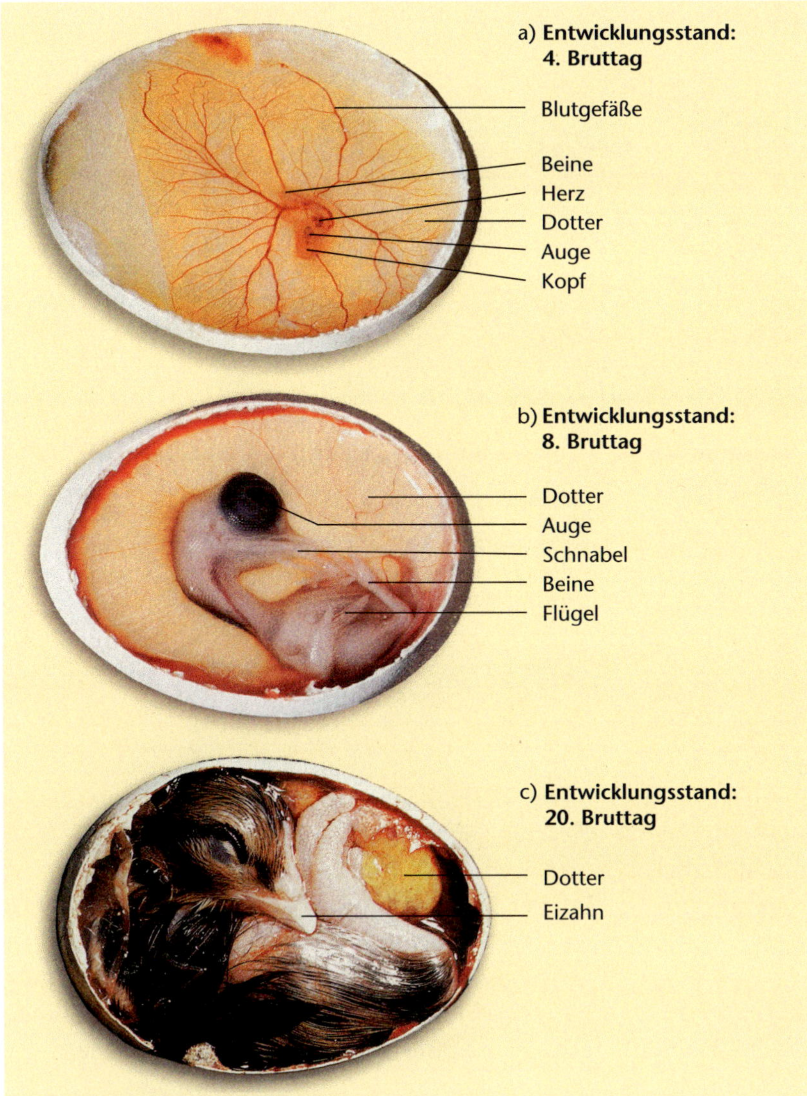

3 *Entwicklung des Kükens*

4 *Küken schlüpfen*

1 Entwicklung eines Hühnerkükens. Sieh dir Abbildung 3a-c und 4 an. Beschreibe den jeweiligen Entwicklungsstand des Kükens möglichst genau.

2 Hühnerleben. Wie unterscheidet sich das beschriebene Hühnerleben in Abbildung 5 von dem von Hühnern in Käfighaltung? Lies dazu den Grundwissentext in Abschnitt 8.6. Schreibe möglichst viele Unterschiede auf.

Sobald es draußen hell wird, fängt der Hahn an zu krähen. Dann verlassen Hahn und Hennen ihre Sitzstangen im Stall. Zur Futtersuche gehen die Tiere ins Freie. Sie scharren und kratzen im Boden. Hat der Hahn eine Futterquelle gefunden, ruft er die Hennen. Die laufen dann schnell heran und picken das Futter auf. Die Futtersuche wird bei Hühnern für die Gefiederpflege unterbrochen. Steht trockener, sandiger Boden zur Verfügung, wühlen die Tiere darin und werfen sich Sand auf den Rücken. Nach solch einem „Staubbad" wird der Sand gut abgeschüttelt. Das Gefieder wird mehrmals am Tag geordnet und leicht eingefettet. Die schwer erreichbaren Stellen an Kopf und Hals werden von anderen Tieren gepflegt. Hahn und Hennen kennen sich gegenseitig. Unter den Hennen herrscht eine Rangordnung. Die ranghöchste Henne hat den Vortritt am Futter- und am Schlafplatz. Sobald es dämmrig wird, führt der Hahn seine Hennen wieder zum Schlafplatz in den Stall.

5 *Hühnerleben*

8.6 Das Hühnerei als Ware

1 *Angaben auf Eiern und Eierverpackungen*

In Deutschland verbraucht jeder Mensch im Jahr durchschnittlich 220 Eier. Das sind insgesamt über 18 Milliarden Eier. Die Eier werden in Käfighaltung, in Bodenhaltung oder in Freilandhaltung produziert.

Bei der **Käfighaltung** leben die Hühner in voll automatisierten Ställen. Dort sind jeweils bis zu fünf Tiere in einem Käfig untergebracht. Die vorgeschriebene Bodenfläche pro Huhn beträgt mindestens 550 cm^2. Die Hühner stehen auf einem Drahtgitter. Kot und Futterreste fallen durch das Gitter. Die dicht zusammenlebenden Tiere hacken sich oftmals untereinander und verletzen sich dadurch. Notwendige Medikamente werden ebenso wie Futter automatisch zu den Käfigen befördert. Die Eier werden automatisch abtransportiert.

Bei der **Bodenhaltung** leben die Hühner in riesigen, voll automatisierten Ställen. Sie können sich frei bewegen, auf dem Boden scharren und picken, ihre Flügel schlagen und zur Gefiederpflege im Sand baden. In der Mitte des Stalls befindet sich eine mit Draht überspannte Kotgrube. An den Stallseiten sind Legenester angeordnet. Auf einem Quadratmeter Bodenfläche dürfen nicht mehr als sieben Hennen gehalten werden.

Bei der **Freilandhaltung** leben die Hühner ähnlich wie in Bodenhaltung, haben aber zusätzlich tagsüber Auslauf im Freien. Die Auslauffläche beträgt pro Huhn mindestens 10 m^2. Die Hühner können dort nach Futter scharren und im Sand baden.

Beim Eierkauf findet man auf der Verpackung oder auf dem Ei Informationen darüber, in welcher Haltungsform ein Ei produziert wurde, aus welchem Land es stammt und aus welchem Betrieb (Abb. 1). Es werden außerdem Angaben zum Gewicht des Eies und zum Datum der Mindesthaltbarkeit gemacht.

Eier können bis zu drei Wochen im Kühlschrank gelagert werden. Danach altern sie merklich. Schlägt man die Eierschale auf und gibt den Inhalt in ein Gefäß, sieht man bei einem frischen Ei ein gewölbtes Eigelb umgeben von relativ festem Eiklar. Bei einem älteren Ei ist das Eigelb abgeflacht und das Eiklar fließt wässrig auseinander. Ältere Eier sollten nicht mehr roh verzehrt werden, eignen sich aber zum Backen und Kochen.

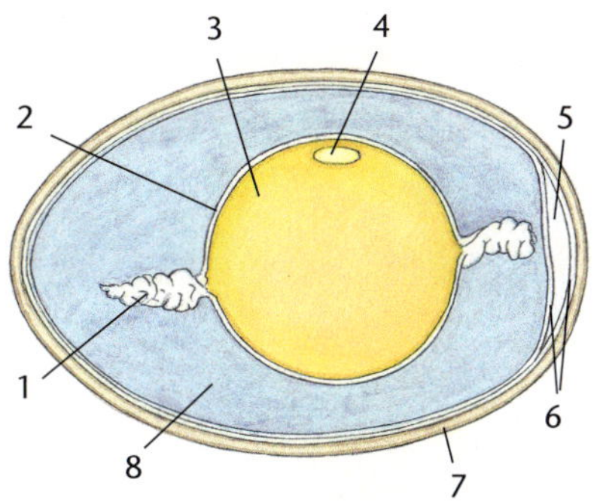

2 *Aufbau eines Hühnereies*

1 Aufbau eines Hühnereies. Ordne jedem Bestandteil des Hühnereies die entsprechende Ziffer der Abbildung 2 und seine jeweilige Aufgabe zu, z. B.: Dotter (3): Er enthält Nährstoffe, die dem sich entwickelnden Küken zugeführt werden.
Bestandteile: Dotter, Dotterhaut, Eiklar, Hagelschnur, Kalkschale, Keimscheibe, Luftkammer, Schalenhäute
Aufgabe(n) der Bestandteile:
- Aus ihr entwickelt sich das Küken.
- Sie grenzt den Dotter gegenüber dem Eiklar ab.
- Über sie erfolgt die Sauerstoffzufuhr während der Entwicklung.
- Sie verhindern, dass zu viel Wasser aus dem Ei verdunstet.
- Sie hält den Dotter in der Eimitte und dreht ihn so, dass die Keimscheibe stets oben, also der Brutwärme zugewandt, liegt.
- Es enthält bakterienhemmende Stoffe zum Schutz des Dotters.
- Er enthält Nährstoffe, die dem sich entwickelnden Küken zugeführt werden.
- Sie gibt dem Ei die notwendige Festigkeit. Die Poren sind luftdurchlässig, so dass die Sauerstoffversorgung gesichert ist.

2 Informationen auf Eierverpackungen.
a) Erläutere, welche Bedeutung die verschiedenen Angaben auf der Verpackung und auf dem Ei für den Kunden haben (Abb. 1).
b) Auf einer Eierverpackung steht: „Das Goldei von glücklichen Hühnern" sowie die Nr. 3-BE-1234-13. Welche Informationen kannst du dieser Aufschrift entnehmen?

3 Untersuchung eines Hühnereies. Material: Hühnerei, Lupe, Teelöffel, Pinzette, Petrischale.
a) Betrachte die Schale des Eies mit der Lupe. Beschreibe sie.
b) Klopfe mit dem Löffel leicht auf die Längsseite des Eies, so dass die Schale eingedrückt wird. Hebe mit der Pinzette vorsichtig die Schalenstückchen ab. Betrachte die Schalenhaut mit der Lupe.
c) Entferne die Haut mit der Pinzette. Drehe das Ei etwas um seine Längsachse hin und her. Beschreibe, was du beobachtest. Achte besonders auf den Dotter.
d) Schütte den Inhalt des Eies in die Petrischale. Ziehe mit der Pinzette an den Hagelschnüren. Beschreibe, was mit dem Dotter passiert.
e) Fasse deine Beobachtungen schriftlich in einem Protokoll zusammen.

4 Zahlen zum Hühnerei. Im Jahr 2000 wurden in Deutschland 15 Milliarden Eier produziert. 87 % dieser Eier wurden in Käfighaltung, 7 % in Bodenhaltung und 6 % in Freilandhaltung erzeugt. Ein Hühnerei besteht zu 58 % aus Eiklar, zu 32 % aus Dotter und zu 10 % aus Schale.
Der durchschnittliche Preis für ein Ei auf dem Wochenmarkt beträgt:
10 Cent aus Käfighaltung,
16 Cent aus Bodenhaltung,
19 Cent aus Freilandhaltung.

Wähle dir ein Beispiel aus den Zahlen zum Hühnerei aus und veranschauliche die Informationen in einem Säulendiagramm.

5 Frischetest. Ist ein Ei frisch, sinkt es in einem mit Wasser gefüllten Glas zu Boden und liegt fast waagerecht. Da die Luftkammer eines Eies mit zunehmendem Alter immer größer wird, stellt sich ein Ei, das ungefähr eine Woche alt ist, senkrecht auf. Ist es zwei bis drei Wochen alt, steht es auf der Spitze. Noch ältere Eier schwimmen an der Oberfläche.
Lege ein Ei in ein mit Wasser gefülltes Glas.
Bestimme das ungefähre Alter des getesteten Eies. Wie alt ist das Ei in Abbildung 3?

3 *Untersuchung eines Hühnereies*

8.7 Manche Vogelarten sind gefährdet

1 *Steinkauz und künstliche Niströhre für Steinkäuze*

Steinkäuze sind kleine Greifvögel. Sie leben in Gebieten mit feuchten Wiesen und in Streuobstwiesen. Das sind Wiesen, deren Gräser z. B. von Schafen kurzgefressen werden und auf denen große, oft alte Obstbäume stehen (Abb. 1). In den Stämmen dieser Obstbäume legen die Steinkäuze ihre Bruthöhlen an. Steinkäuze jagen im Tiefflug. Sie fliegen in einer Höhe von einem bis zwei Metern über der Wiese. Sobald sie Beute sehen, stürzen sie sich darauf und packen sie. Steinkäuze fressen fast ausschließlich Mäuse. In Streuobstwiesen leben auch Amseln und Kohlmeisen. Sie finden dort Nistmöglichkeiten und reichlich Nahrung.

Im Laufe der letzten Jahrzehnte wurden immer mehr alte Obstbäume gefällt. Die Wiesenflächen werden nicht mehr beweidet, sondern ein- bis dreimal im Jahr gemäht. Das bedeutet, dass das Gras über längere Zeit recht lang ist. Während früher viele Dörfer von Streuobstwiesen umgeben waren, liegen hier heute Neubaugebiete. Außerdem sind viele Wiesengebiete von Straßen mit regem Autoverkehr durchzogen. Die Zahl der Steinkäuze ist in den letzten Jahren immer mehr zurückgegangen. Das gilt nicht für den Bestand von Amseln und Kohlmeisen. Diese Vögel finden auch in Städten und Dörfern Nistplätze und Nahrung. Sie sind nicht so stark an einen ganz bestimmten Lebensraum angepasst, sondern können viele verschiedene Lebensräume besiedeln.

Viele Vogelarten sind in ihrem Bestand bedroht. Das trifft auf fast die Hälfte der 254 in Deutschland brütenden Vogelarten zu. Diese Arten hat man in der „Roten Liste“ aufgeführt und vermerkt, wie stark jede einzelne Art gefährdet ist. Um gefährdete Arten zu schützen, ist es nötig, die Lebensräume dieser Arten zu erhalten. So werden beispielsweise Streuobstwiesen geschützt oder neu angelegt. Die noch vorhandenen alten Obstbäume werden gepflegt, an jüngeren Bäumen werden künstliche Niströhren angebracht (Abb. 1). In Zusammenarbeit von Behörden, Landwirten und Vereinen werden die Wiesen gemäht.

2 *Hausrotschwanz*

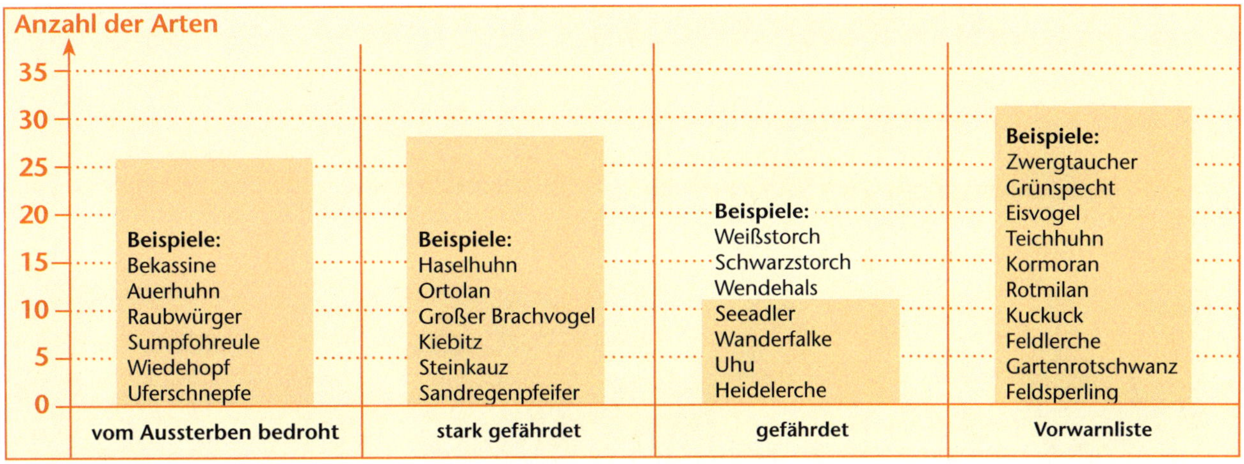

3 *Auszug aus der „Roten Liste" für Vogelarten in Deutschland*

1 Vogelarten sind unterschiedlich gefährdet. Abbildung 3 zeigt einen Ausschnitt der „Roten Liste".
a) Wie viele der in Deutschland brütenden 254 Vogelarten sind in der „Roten Liste" der Vögel in Deutschland, weil ihr Bestand zurückgegangen ist? Wie viel Arten sind nicht gefährdet?
b) Alle in Kapitel 8 behandelten Vogelarten, die gefährdet sind, sind in Abbildung 3 aufgeführt. Welche Vogelarten aus Kapitel 8 sind nicht aufgeführt? Erstelle eine Liste.

4 *Eisvogel mit Fisch im Schnabel*

2 Veränderung des Lebensraumes. Beschreibe mithilfe des Grundwissentextes, wodurch sich der Lebensraum von Steinkäuzen in den letzten Jahrzehnten verändert hat. Welche Auswirkungen haben diese Veränderungen auf den Beutefang und die Fortpflanzung von Steinkäuzen?

3 Hausrotschwanz. Hausrotschwänze waren ursprünglich nur im Gebirge verbreitet. Sie brüteten dort in Felsspalten.
Ab Anfang März kann man bei uns Hausrotschwänze singen hören. Sie nisten in Vorsprüngen und Mauernischen von Gebäuden (Abb. 2). In den Mauerritzen, auf dem Boden und an Blättern suchen sie Insekten und Spinnen als Nahrung.
Wirst du Hausrotschwänze in der Roten Liste finden? Begründe deine Vermutung.

4 Eisvogel. Ein Eisvogel sitzt auf einem Ast, Pfahl oder Stein am Ufer eines klaren Baches, der mit Büschen bewachsen ist (Abb. 4). Von dort stürzt er sich auf einen vorbeischwimmenden kleinen Fisch. Zum Nestbau brauchen Eisvögel steile Erdwände. Mit Schnabelhieben hacken sie zunächst ein Erdloch heraus. Von dieser Stelle aus legen sie einen bis zu einem Meter langen Tunnel sowie einen Brutraum an seinem Ende an. Schau in der „Roten Liste" nach, wo der Eisvogel aufgeführt ist (Abb. 3). Schreibe deine Vermutungen für diese Zuordnung auf.

5 Gefährdungsursachen. Übernimm Abbildung 5 in dein Heft. Trage an die Pfeile die verschiedenen Gefährdungsursachen für den Bestand von Vogelarten, die im Grundwissentext aufgeführt sind, ein.

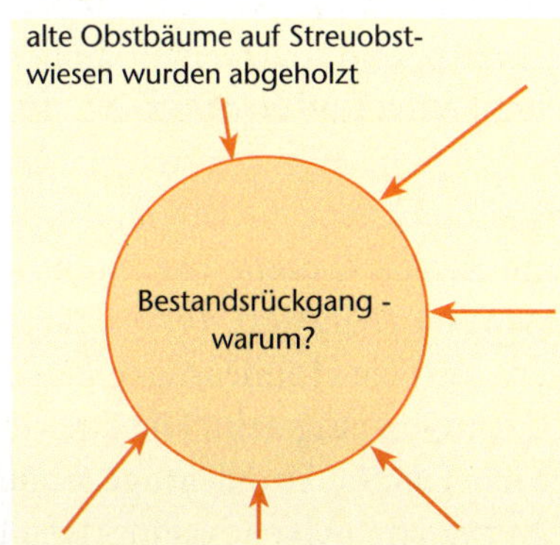

5 *Bestandsrückgang – warum?*

9 Wirbeltiere ordnen

9.1 Die Klasse der Säugetiere

1 *Übersicht zur Klasse der Säugetiere mit Einordnung des Rotfuchses in das Reich der Tiere*

Auf der Erde gibt es viele Millionen Tierarten. Sie werden nach bestimmten Gesichtspunkten geordnet (Abb. 1). Das **Reich** der Tiere wird in mehrere **Stämme** untergliedert. Einer davon ist der Stamm der Wirbeltiere. Alle Wirbeltiere besitzen eine Wirbelsäule. Innerhalb der Wirbeltiere gibt es fünf **Klassen:** Fische, Amphibien (Lurche), Reptilien (Kriechtiere), Vögel und Säugetiere. Innerhalb der Klasse der Säugetiere gibt es mehrere **Ordnungen** (Abb. 1). Insektenfresser, Nagetiere, Paarhufer und Raubtiere sind Beispiele dafür. Jede Ordnung wird in mehrere **Familien** gegliedert. Innerhalb der Ordnung Raubtiere sind die Hundeartigen eine Familie. Sie wird in **Gattungen** aufgeteilt. Die Füchse sind eine Gattung in der Familie Hundeartige. Schließlich werden die Gattungen noch einmal in **Arten** unterteilt. Der Rotfuchs ist eine, der Polarfuchs und der Wüstenfuchs sind andere Arten innerhalb der Gattung Füchse. Dabei versteht man unter einer Art alle Lebewesen, die untereinander Nachkommen zeugen können.

Auf der Erde gibt es fast fünftausend Arten von **Säugetieren,** von den kleinen Mäusen bis zu den riesigen Walen. Die meisten Säugetiere entwickeln sich geschützt im Inneren des mütterlichen Körpers und werden lebend geboren. Nach der Geburt werden die Jungen eine Zeit lang mit Muttermilch ernährt. Sie enthält alle Stoffe, die für die Entwicklung und das Wachstum notwendig sind. Säugetiere sind gleichwarm. Ihre Körpertemperatur ist unabhängig von der Außentemperatur. Die meisten Säugetiere haben ein Fell aus Haaren. Säugetiere atmen mit Lungen. Auch der Mensch gehört zur Klasse der Säugetiere.

2 *Schnabeltier*

1 Eier legendes Säugetier? Das Schnabeltier kommt in Australien vor. Der Körper ist behaart und gleichwarm. Mit dem empfindlichen Schnabel werden in der Dämmerung Beutetiere im Wasser (Wasserschnecken, Krebse, Wasserinsekten) aufgestöbert. Nur während der Fortpflanzungszeit geben die Tiere ihr Dasein als Einzelgänger auf. Nach der Paarung legt das Weibchen eine mehrere Meter lange Brutröhre im Uferbereich eines Gewässers an. Dort hinein werden ein bis drei Eier gelegt und ausgebrütet. Nach zehn Tagen schlüpfen die Jungtiere. Sie werden mehrere Monate lang gesäugt. Welche Gründe sprechen dafür, dass das Schnabeltier ein Säugetier ist, welche dagegen?

2 Mensch, Hund und Katze sind Säugetiere. Nenne die Säugetiermerkmale, die Mensch, Hund und Katze gemeinsam haben.

3 Ordnung in der Vielfalt.
a) Welche der nachfolgend genannten Tiere gehören zur Klasse der Säugetiere, welche zur Klasse der Vögel, der Reptilien, der Amphibien und der Fische? Fledermaus, Fuchs, Rotkehlchen, Grasfrosch, Schildkröte, Wal, Igel, Karpfen, Bussard, Erdkröte, Tiger, Forelle, Pinguin, Zauneidechse, Ringelnatter, Braunbär, Pferd.
b) Fertige schriftlich für den Wolf (Gattung Wölfe) eine Einordnung wie in Abbildung 1 an.

3 *Lageplan der Säugetier-Gehege in einem Zoo*

4 Besuch im Zoo. Abbildung 3 zeigt den Lageplan der Säugetiergehege in einem Zoo. Nach welchen Gesichtspunkten sind die Zootiere hier geordnet ? Welche anderen Möglichkeiten zur Anordnung der Gehege sind sinnvoll? Begründe deine Vorschläge.

9.2 Ordnungen in der Klasse der Säugetiere

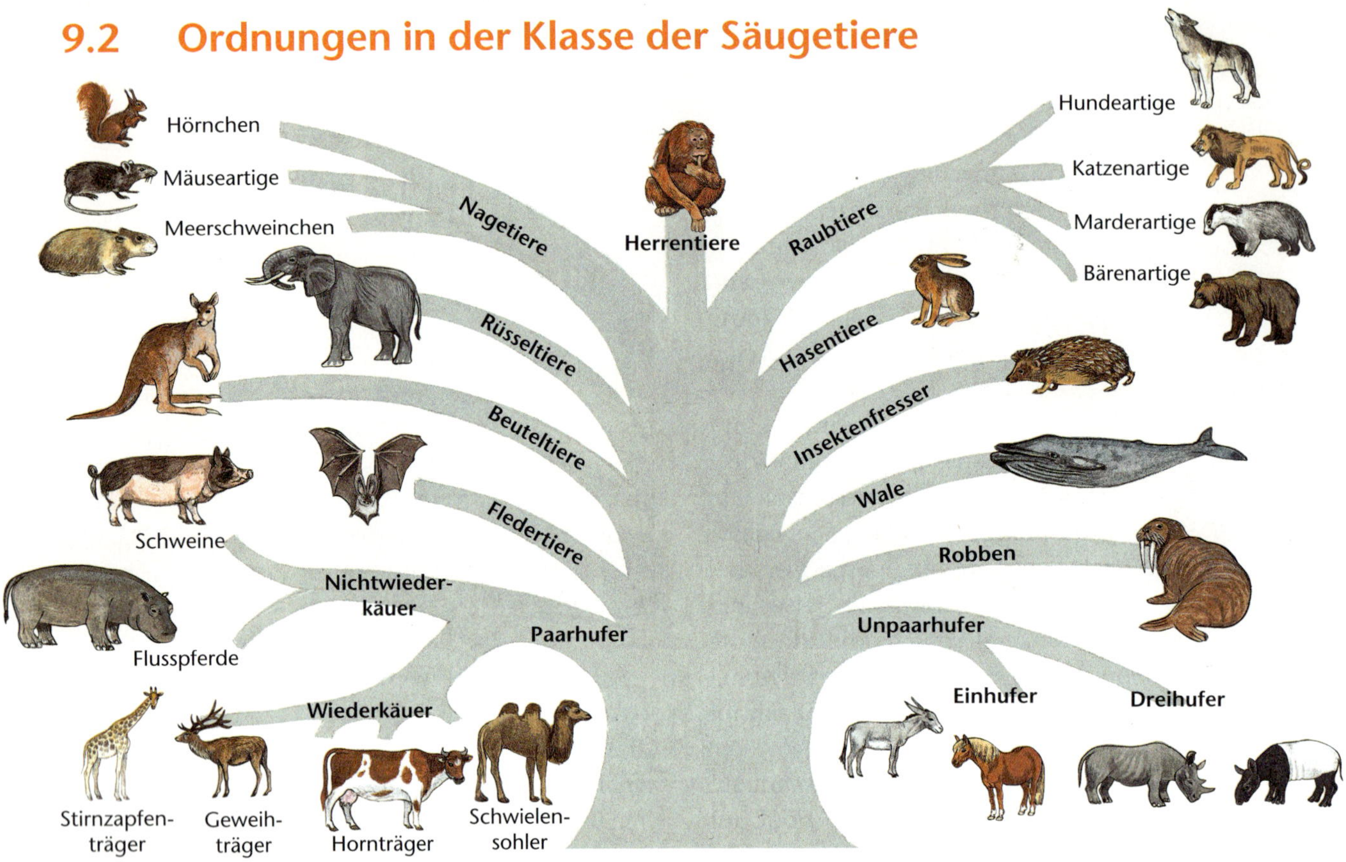

1 *Übersicht zu den Ordnungen der Säugetiere*

Ordnung Raubtiere. Die meisten Raubtiere sind Fleischfresser oder Allesfresser. Eine Ausnahme ist der Panda, der sich rein vegetarisch ernährt. Das Gebiss der Raubtiere funktioniert wie eine Brechschere. Besonders auffällig sind die Reißzähne.

Ordnung Nagetiere. Die Ordnung der Nagetiere enthält die meisten Arten von allen Säugetierordnungen. Nagetiere haben gewöhnlich in jedem Kiefer ein Paar Schneidezähne. Während des Nagens werden diese Zähne scharf geschliffen und abgenutzt. Zum Ausgleich wachsen die Schneidezähne lebenslang nach. Früher zählte man auch die Hasen und Kaninchen zu den Nagetieren. Heute bilden die Hasentiere eine eigene Ordnung innerhalb der Säugetiere.

Ordnung Insektenfresser. Zu dieser Ordnung gehören meist kleine Säugetiere, die sich unter anderem von Insekten und ihren Larven sowie anderen Kleintieren wie Würmern ernähren. Die meisten Insektenfresser sind nachtaktiv. Ihr Gebiss weist eine große Zahl von ziemlich ähnlich gebauten Zähnen auf. Aus Fossilfunden weiß man, dass Lebewesen aus der Gruppe der Insektenfresser schon vor 100 Millionen Jahren – also zur Zeit der Dinosaurier – lebten.

Ordnung Paarhufer. Diese Huftiere sind größtenteils Pflanzenfresser. Eine Reihe der wichtigsten Nutztiere des Menschen gehören zu dieser Ordnung. Namensgebend für die Paarhufer ist, dass jeder Fuß mit zwei gleich stark entwickelten Zehen auftritt. Diese Zehen sind am Ende durch Klauen aus Horn geschützt. Zu den Paarhufern gehören auch die wiederkäuenden Pflanzenfresser.

Ordnung Unpaarhufer. Im Gegensatz zu den Paarhufern haben die Unpaarhufer eine ungerade Zahl von Hufen – entweder einen oder drei Hufe. Unpaarhufer sind nicht wiederkäuende Pflanzenfresser.

1 Wer gehört in welche Säugetier-Ordnung? Ordne folgende Tiere anhand der Angaben auf der Grundwissenseite in eine der Säugetier-Ordnungen ein: Maulwurf, Biber, Feldmaus, Bison, Fischotter, Kaninchen, Pottwal, Wildschwein, Elefant, Giraffe, Gepard, Igel, Pferd, Gorilla, Fledermaus, Dachs, Nashorn, Wanderratte, Hund, Katze, Mensch.

2 Bestimmungsübung: Einheimische Säugetier-Ordnungen nach Schädel und Gebiss bestimmen. Ordne mithilfe des Bestimmungsschlüssels in Abbildung 2 die Schädel einer bestimmten Säugetier-Ordnung zu.

3 Tierordnungen. Ordne weitere dir bekannte Tierarten in Abbildung 1 ein.

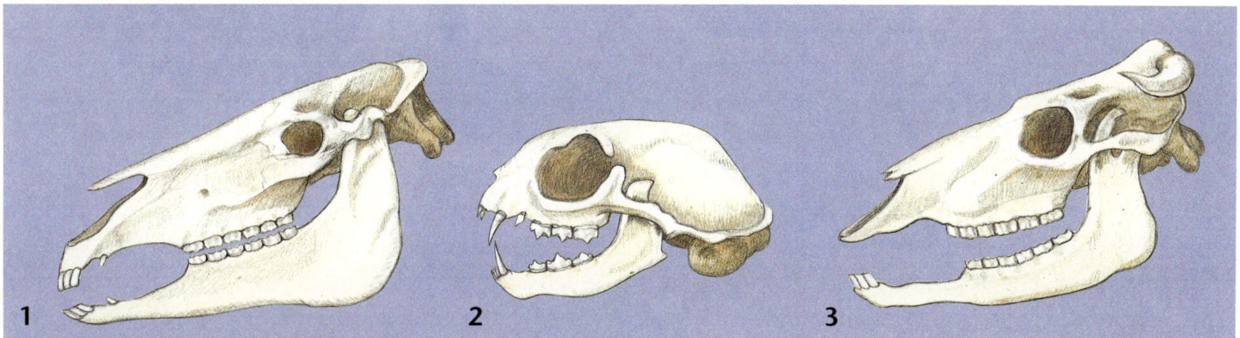

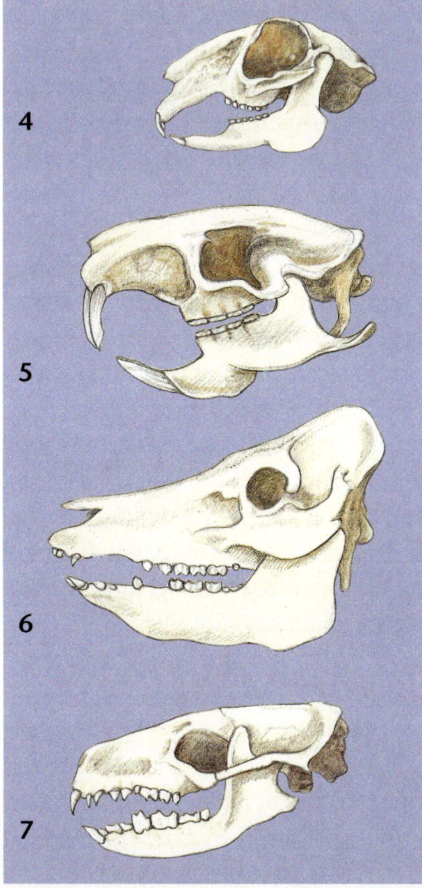

1a	Oberkiefer ohne Vorderzähne (Schneidezähne)	Ordnung Paarhufer (Gruppe Wiederkäuer)
1b	Oberkiefer mit Vorderzähnen	2
2a	im Oberkiefer und Unterkiefer je 2 Vorderzähne, die als Nagezähne ausgebildet sind; manchmal stehen im Oberkiefer hinter den beiden Nagezähnen 2 kleine Zähne	3
2b	Vorderzähne nicht als Nagezähne ausgebildet	4
3a	im Oberkiefer nur 2 Nagezähne	Ordnung Nagetiere
3b	im Oberkiefer hinter den Nagezähnen 2 kleine Zähne (Stiftzähne)	Ordnung Hasentiere
4a	Schädel sehr groß, über 40 cm lang; in jeder Kieferhöhle 6 Backenzähne mit breiten Kauflächen	Ordnung Unpaarhufer
4b	Schädel kleiner, Backenzähne anders	5
5a	Schädel länger als 20 cm; insgesamt 44 Zähne; in jeder Kieferhälfte 3 Vorderzähne, 1 Eckzahn und 7 Backenzähne	Ordnung Paarhufer (Gruppe Schweine)
5b	Schädel kleiner, Gebiss anders	6
6a	mittlere Vorderzähne im Oberkiefer kleiner als die seitlichen Vorderzähne; Eckzähne länger als die benachbarten Zähne	Ordnung Raubtiere
6b	mittlere Vorderzähne am Oberkiefer gleich groß oder größer als die seitlichen Vorderzähne	Ordnung Insektenfresser

2 *Bestimmungsschlüssel für einige Ordnungen einheimischer Säugetiere nach Schädelmerkmalen*

9.3 Vergleichender Überblick: Die Klassen der Wirbeltiere

Kennzeichen der Wirbeltiere ist ein innen liegendes Skelett mit einer knöchernen **Wirbelsäule.** Dieses Merkmal unterscheidet Wirbellose von Wirbeltieren. Darüber hinaus lässt sich der Körper der meisten Wirbeltiere in Kopf, Rumpf und Gliedmaßen einteilen. Die Wirbeltiere werden in fünf Klassen eingeteilt: Fische, Lurche (Amphibien), Kriechtiere (Reptilien), Vögel und Säugetiere.

Fische haben alle Lebensräume im Wasser erobert, von der dunklen Tiefsee bis zu schäumenden Gebirgsbächen. Sie bewegen sich mithilfe ihrer Flossen im Wasser. Fische atmen mit Kiemen. Durch regelmäßiges Öffnen und Schließen des Mauls strömt sauerstoffhaltiges Wasser in die Mundhöhle und von dort an den gut durchbluteten Kiemen vorbei. Die Kiemen nehmen den Sauerstoff auf und das Wasser strömt unter den Kiemendeckeln wieder nach außen. Die Körpertemperatur eines Fisches hängt von der Umgebungstemperatur ab. Wenn sich die Temperatur des umgebenden Wassers ändert, gleicht sich die Körpertemperatur der Fische an. Fische sind wechselwarm. Die schleimbedeckte obere Hautschicht besteht aus Schuppen, die ähnlich wie Dachziegel übereinanderliegen. Bei der Fortpflanzung geben die Weibchen die Eier, die Männchen die Spermazellen in das Wasser ab. Die Befruchtung erfolgt außerhalb des Körpers. Man spricht von äußerer Befruchtung. Die Entwicklung der Fischlarven zu Jungfischen erfolgt im Wasser.

Amphibien waren in der Geschichte der Wirbeltiere die Ersten, die nicht nur im Wasser, sondern auch längere Zeit auf dem Land leben konnten. Die Fortpflanzung findet im Wasser statt. Nach der äußeren Befruchtung entwickeln sich zunächst Larven, die Kaulquappen. Sie atmen mit Kiemen und bewegen sich mit ihrem Ruderschwanz. Aus einer Kaulquappe entwickelt sich ein ausgewachsenes Amphib. Amphibien haben vier Gliedmaßen. Sie atmen mit Lungen, manche zusätzlich mit der Haut. Amphibien haben eine schleimbedeckte, feuchte Haut. In trockenen Lebensräumen kommen Amphibien nicht vor.

Reptilien haben eine trockene, von Hornschuppen bedeckte Haut. Diese wechselwarmen, mit Lungen atmenden Wirbeltiere leben in der Regel an Land. Die meisten Reptilien bewegen sich mit vier Gliedmaßen kriechend fort. Bei Schlangen sind die Gliedmaßen zurückgebildet. Nach innerer Befruchtung werden die Eier im Boden vergraben und nicht bebrütet. Einige Arten von Reptilien gebären lebende Junge.

Vögel sind diejenigen Wirbeltiere, die die Luft als Lebensraum erobert haben. Mithilfe ihrer Vordergliedmaßen, den Flügeln, können sie fliegen, mit den beiden hinteren Gliedmaßen auf dem Boden laufen. Ein typisches Merkmal der Vögel ist ihre Körperbedeckung mit Federn. Vögel sind gleichwarm, das heißt, ihre Körpertemperatur ist von der Umgebungstemperatur unabhängig. Vögel legen Eier, die im Inneren des Körpers befruchtet werden. Vögel atmen mit Lungen, die durch Luftsäcke besonders vergrößert sind.

Säugetiere atmen wie Vögel mit Lungen und sind gleichwarm. Ihre Körpertemperatur bleibt konstant, auch wenn sich die Umgebungstemperatur ändert. Mit vier Gliedmaßen können Säugetiere hüpfen, springen und laufen. Bei den meisten Säugetieren ist die Haut von Haaren bedeckt. Die gesamte Entwicklung von der Befruchtung bis zur Geburt findet im Inneren des weiblichen Körpers statt. Nach der Geburt werden die Jungtiere eine Zeit lang mit Muttermilch gesäugt.

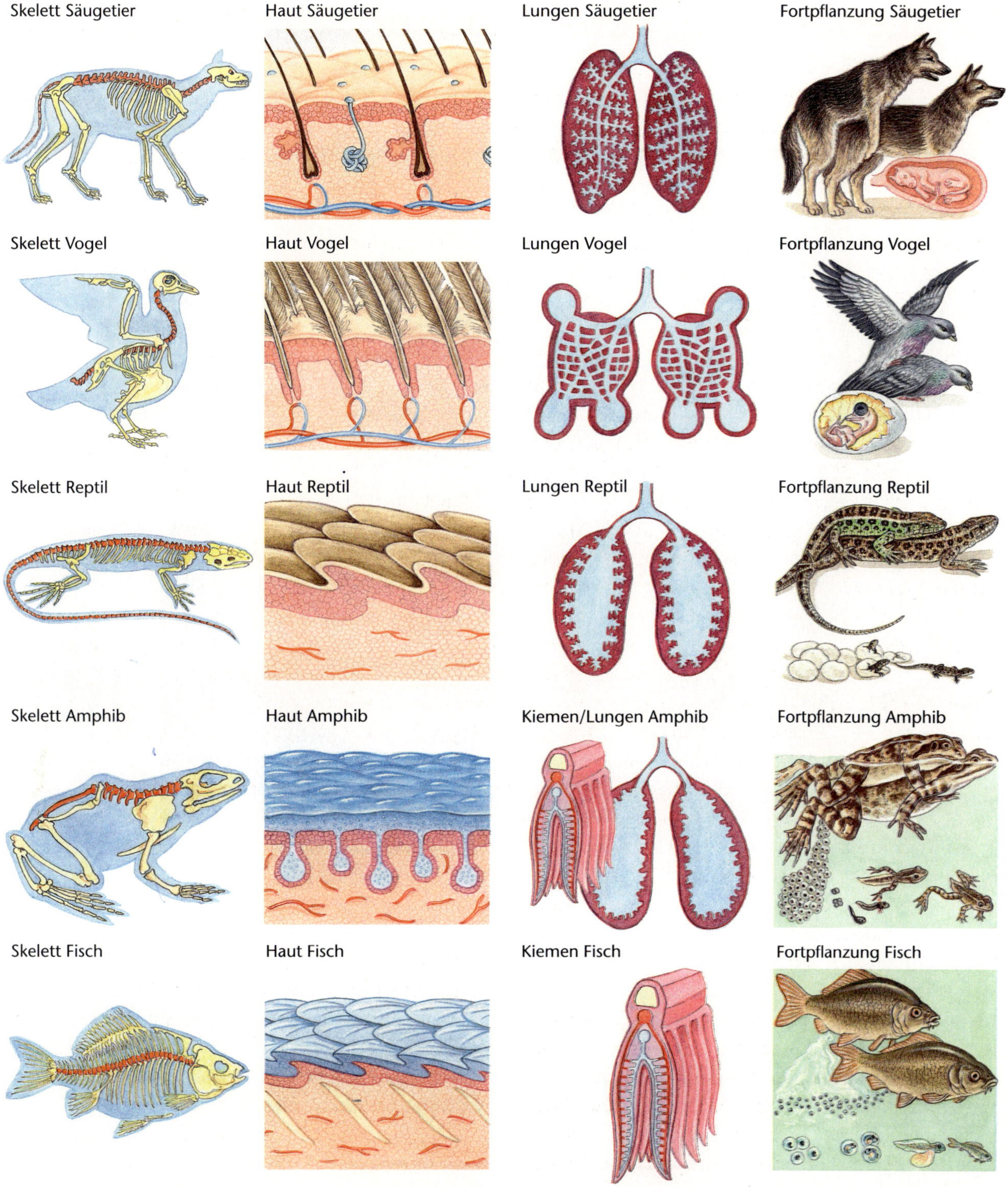

1 *Merkmale der Wirbeltiere*

1 Vergleichende Übersicht der Wirbeltiere. Fertige für die fünf Wirbeltierklassen auf einer ganzen Seite in deinem Heft eine Tabelle an, in der du die Merkmale der jeweiligen Klasse in Hinblick auf Fortbewegung, Körperbedeckung, Körpertemperatur, Atmung, Fortpflanzung und Entwicklung einträgst.

10 Lebewesen, Lebensräume, Jahreszeiten

10.1 Jahreszeiten, Licht und Wärme

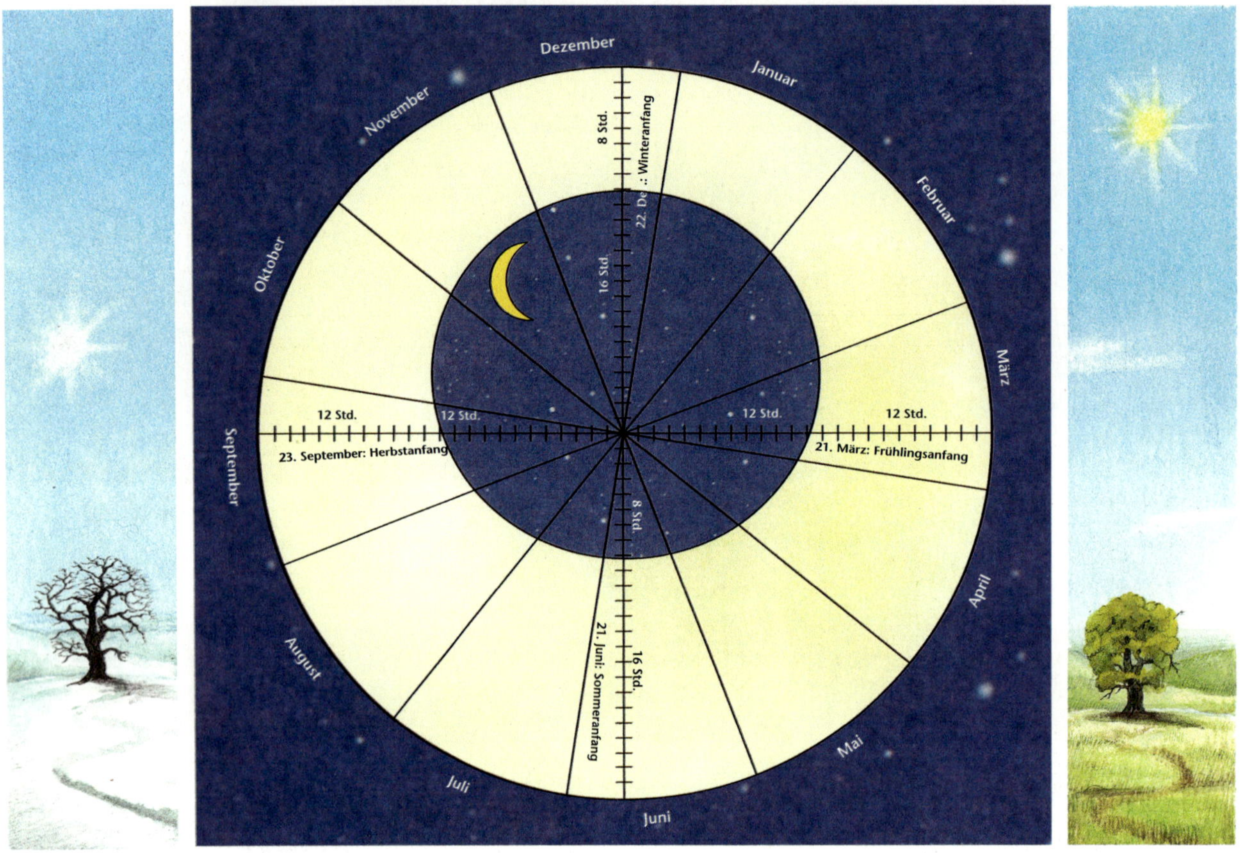

1 *Jahreszeitenuhr zum Ablesen der Tageslänge (Mitte). Im Winter steht die Sonne niedrig am Himmel, im Sommer hoch am Himmel.*

In 150 Millionen Kilometern Entfernung von der Erde befindet sich die Sonne. Sie sendet unablässig Lichtstrahlen in den Weltraum. Ein Teil der Lichtstrahlen gelangt zur Erde. Lichtstrahlen brauchen etwa acht Minuten von der Sonne bis zur Erde. Sie durchdringen die Erdatmosphäre und treffen auf die Erdoberfläche. Dort wird ein Teil der Lichtstrahlen in Wärme umgewandelt. Je mehr Lichtstrahlen ein Stückchen Erdoberfläche erreichen, desto wärmer wird es dort.

Bei uns ist die Strahlung der Sonne nicht gleichmäßig über das Jahr verteilt, sondern ändert sich im Jahreslauf. Wenn bei uns Sommer ist, erhält die nördliche Erdhälfte mehr Licht als im Winter. Die Sonne steht dann hoch über dem Horizont. Die Tage sind länger als im Winter. Das Sonnenlicht erwärmt die Erdoberfläche. Im Winter steht bei uns die Sonne niedrig am Himmel. Die Tage sind kurz. Weil im Winter bei uns weniger Licht auf die Erdoberfläche gelangt, ist es in dieser Jahreszeit meistens ziemlich kalt.

Man unterscheidet vier Jahreszeiten im Kalender. Der Frühling beginnt am 21. März, der Sommer am 21. Juni, der Herbst am 23. September und der Winter am 22. Dezember (Abb. 1). Im Verlauf der Jahreszeiten nimmt die Tageslänge zu oder ab. Unter Tageslänge versteht man die Zeit zwischen Sonnenaufgang und Sonnenuntergang.

1 Tageslänge im Jahreslauf.
a) Bestimme anhand von Abbildung 1 die Tageslänge in den vier Jahreszeiten. Gib an, wann der längste und wann der kürzeste Tag ist. Beschreibe die Veränderung der Tageslänge im Jahreslauf.
b) Welche Zusammenhänge bestehen zwischen Tageslänge, Lichteinstrahlung und Temperatur?

2 Tiere und Pflanzen im Jahreslauf. Fertige auf einer ganzen Seite in deinem Heft eine Tabelle an wie in Abbildung 2. Erläutere die Zeichnungen in den Kästchen schriftlich.

2 *Einige Tiere und Pflanzen in den Jahreszeiten*

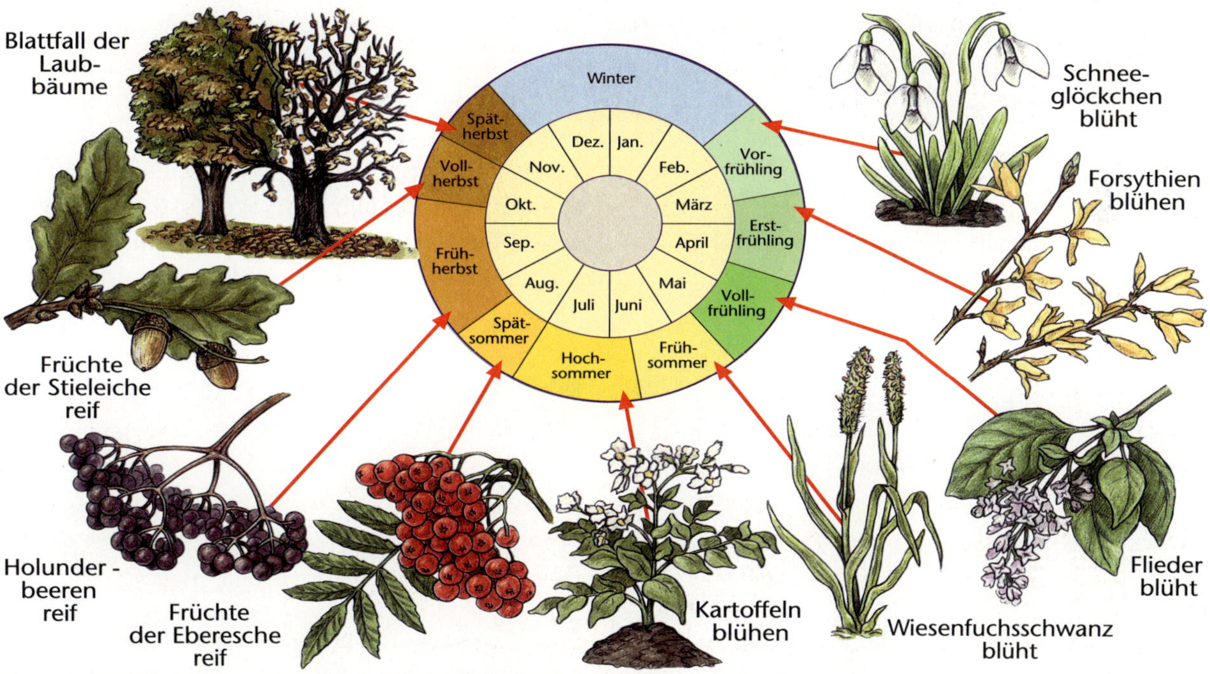

3 *Der Kalender der Natur*

3 Der Kalender der Natur. Der Kalender der Natur ist nicht überall gleich, sondern kann von Region zu Region verschieden sein. Erstelle nach Abbildung 3 einen Kalender der Natur für deine Heimatregion. Besprich mit deiner Lehrerin oder deinem Lehrer, welchen Zeitraum du beobachten und protokollieren willst.

10.2 Lebensräume im Verlauf der Jahreszeiten

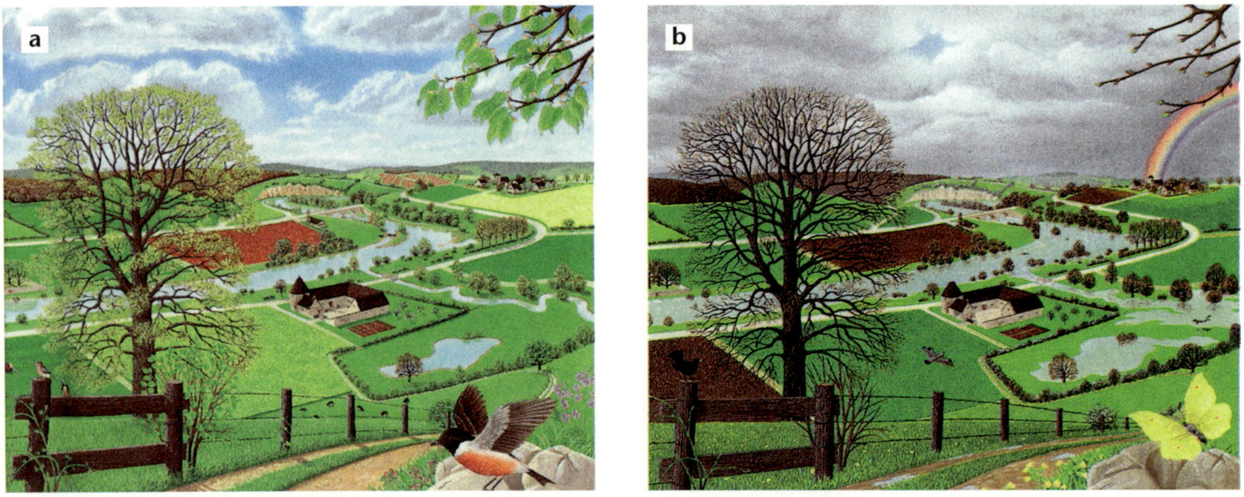

1 *Veränderungen einer Landschaft im Verlauf der Jahreszeiten*

Licht, Wärme und Kälte sowie die Tageslänge im Jahreslauf haben Auswirkungen auf Tiere und Pflanzen.

Wenn die Tage zum Ende des Winters und im Frühjahr länger werden, beginnen viele Vögel mit ihrem morgendlichen Gesang. Der **Frühling** ist die Zeit, in der sich viele einheimische Tiere paaren und fortpflanzen.

Die meisten Pflanzen bei uns wachsen und blühen im Frühjahr und **Sommer**.

Im **Herbst**, wenn die Tage kürzer werden und erste Fröste auftreten, werfen viele Bäume ihre Blätter ab.

Im **Winter** können Pflanzen bei gefrorenem Boden nur schlecht Wasser und Mineralsalze aufnehmen.

Für eine ganze Reihe von Tieren wird das Nahrungsangebot im Winter knapp. Manche überdauern die kalte Jahreszeit als Winterschläfer, andere in Winterruhe und manche in Winterstarre. Zugvögel ziehen im Herbst, wenn die Tage länger werden, in den Süden. Im Winter finden sie bei uns kaum Nahrung.

1 Lebensräume im Jahreslauf.
a) Die Abbildungen auf diesen Seiten zeigen dieselbe Landschaft zu verschiedenen Zeiten im Jahr. Welche Lebensräume erkennst du in Abbildung 1a? Benenne sie.
b) Bringe die Abbildungen 1a bis 1i in die richtige Reihenfolge. Beginne mit 1c (Winter). Begründe die von dir gewählte Reihenfolge. Beachte dabei bestimmte Einzelheiten in den Abbildungen.

2 Lebensräume in der Umgebung der Schule im Jahreslauf. Wähle aus den Lebensräumen in der Umgebung der Schule einen aus. Beschreibe die Veränderungen dieses Lebensraumes im Jahreslauf.

10.3 Lebensräume in der Umgebung

1 *Verschiedene Lebensräume für Tiere und Pflanzen*

In Städten, Dörfern und Siedlungen leben nicht nur Menschen, sondern auch verschiedene Tiere und Pflanzen. Boden, Luft und Wasser sind Lebensgrundlage auch für diese Lebewesen. Tiere und Pflanzen haben dort ihren **Lebensraum**. Darunter versteht man ein bestimmtes Gebiet, in dem Lebewesen dauerhaft vorkommen. Gärten, Hecken, Innenstädte, Ackerland, Wiesen, oder Feuchtgebiete sind Beispiele für Lebensräume. Ein Fachwort für Lebensraum ist das **Biotop**.

Die Vertreter der Tier- und Pflanzenarten, die gemeinsam in einem Lebensraum vorkommen, bilden eine **Lebensgemeinschaft**. Zum Beispiel gehören alle Tiere und Pflanzen einer Wiese zu einer Lebensgemeinschaft. Entsprechend wird von der Lebensgemeinschaft eines Waldes, eines Sees oder einer Hecke gesprochen.

Man kann Lebensräume nach verschiedenen Gesichtspunkten unterscheiden. Ihre **Größe** reicht von einem kleinen Stück Mauer bis hin zu einem viele Quadratkilometer großen Wald. Lebensräume unterscheiden sich auch in der **Vielfalt der Arten**. Man nennt solche Lebensräume, in denen viele verschiedene Arten vorkommen, artenreich. Kommen nur wenige Arten vor, ist der Lebensraum artenarm. Ein Rasen ist ein Beispiel für einen artenarmen Lebensraum. Eine Wiese ist dagegen viel artenreicher. Auch der **Einfluss des Menschen** ist in verschiedenen Lebensräumen unterschiedlich. Zum Beispiel wird ein Rasen, der im Sommer wöchentlich gemäht wird, stark vom Menschen beeinflusst.

1 **Lebensräume benennen.**
a) Benenne die Lebensräume in Abbildung 1 mithilfe der Angaben in Abbildung 2.
b) Ordne die Lebensräume in Abbildung 1 nach ihrer Artenvielfalt, so wie du sie schätzt (mit Noten von 1 bis 6. 1 bedeutet sehr artenreich, 6 bedeutet sehr artenarm). Diskutiert über eure Einschätzungen.

2 **Lebensräume im Umfeld der Schule.** Fertige auf einem Zeichenblatt im DIN-A4-Format eine Skizze deiner Schule und ihrer Umgebung von oben betrachtet. Zeichne in die Skizze verschiedene Lebensräume ein. Benutze dazu auch Abbildung 2. Möglicherweise musst du die Angaben der Abbildung ergänzen. Vergleiche deine Skizze mit der deiner Mitschüler und Mitschülerinnen.

3 **Menschen verändern Lebensräume.** Abbildung 3 zeigt dasselbe Gebiet im Jahre 1950 und im Jahr 2000. Beschreibe die Unterschiede zwischen 1950 und 2000. Welche Ursachen liegen den Veränderungen zugrunde?

Acker: Landwirtschaftliche Fläche, wird regelmäßig genutzt.
Bäume, Einzelbäume: Besonders große, ältere Bäume sind Lebensraum für viele verschiedene Lebewesen.
Brache, Ödland: Nicht genutzte Fläche, die sich wieder selbst überlassen bleibt. Manchmal sagt man auch Ruderalfläche dazu.
Feldgehölz: kleine Waldinsel inmitten von landwirtschaftlichen Flächen
Feuchtgebiet: Bereich, den man die meiste Zeit des Jahres nicht oder nur mit Gummistiefeln betreten kann, z. B. nasse Wiesen oder der Uferbereich von Flüssen
Garten: der Bereich, in dem jeder Einzelne am meisten für die Natur tun kann
Grüne Fassaden: mit Kletterpflanzen begrünte Gebäudewände
Grünanlagen: Von Menschen angelegte Flächen mit Pflanzen innerhalb von Ortschaften. Dazu gehören Parks, Alleen, Baumgruppen, Spielwiesen.
Gewässer: stehende Gewässer, z. B. ein See (meist über zwei Meter tief), ein Teich (von Menschen angelegt, bis zwei Meter tief), Tümpel (natürliches Gewässer, das zeitweilig austrocknet), Weiher (natürliches Gewässer, bis zu zwei Meter Tiefe) und fließende Gewässer, wie z. B. ein Bach (bis zu fünf Meter breit) oder ein Fluss (mehr als fünf Meter breit)
Hecken: zur Begrenzung von Feldern, Gärten, Nutzflächen und Straßen, mit verschiedenen Sträuchern angelegt
Natursteinmauer: Mauer, die ohne Zement mit Natursteinen errichtet wurde.
Pfütze: nur zeitweilig vorhandener Wasserlebensraum
Pflaster: stark betretener Bereich mit bestimmten Pflanzen in Pflasterritzen
Rasen: Eine von Menschen angelegte Grünanlage. Sie besteht fast ausschließlich aus Gräsern und muss gemäht, gewässert und gedüngt werden.
Wiese: Grünland, das jährlich ein- bis dreimal gemäht wird
Weide: Grünland, das vorwiegend von Vieh genutzt wird
Wald: als Laubwald (z. B. Buchenwald), als Nadelwald (z. B. Fichtenwald) oder als Mischwald (Laub- und Nadelhölzer) vorkommend

2 *Auswahl verschiedener Lebensräume, alphabetisch geordnet*

3 *Lebensräume verändern sich*

10.4 Vergleich von Lebensräumen: Wiese und Rasen

1 *Ein Stück Wiese (nach einem Gemälde von Albrecht Dürer aus dem Jahr 1503) und ein Rasenstück*

Wiesen und Weiden sind Lebensräume, in denen dicht zusammengedrängt Gräser und Kräuter zu den vorherrschenden Pflanzen gehören. In Mitteleuropa waren die meisten Wiesen und Weiden früher Waldflächen. Schon vor vielen Jahrhunderten wurden Wälder vom Menschen so bewirtschaftet, dass Weideflächen für das Vieh entstanden. Durch regelmäßiges Mähen entstehen Wiesen. Auf Weideflächen sorgt das Vieh dafür, dass junge Sträucher und Bäume verbissen werden. Sie können nicht heranwachsen. Wenn man Wiesen und Weiden sich selbst überlässt, würden Bäume und Sträucher allmählich die Oberhand gewinnen. Innerhalb weniger Jahrzehnte würde aus Wiesen und Weiden wieder Wald werden. Natürliche Wiesen gibt es nur an wenigen Stellen, zum Beispiel die Matten im Hochgebirge über der Baumgrenze.

Wiesen und Weiden sind meistens landwirtschaftliche Nutzflächen, die man unter dem Begriff **Grünland** zusammenfasst. Unter einer **Wiese** versteht man eine landwirtschaftliche Nutzfläche, die hauptsächlich dazu dient, Heu zu gewinnen. Manche Wiesen werden nur einmal im Jahr gemäht. Andere Wiesen sind so ertragreich, dass sie zweimal im Jahr gemäht werden können.

Eine **Weide** ist Grünland, das hauptsächlich durch Beweidung genutzt wird. Das Weidevieh frisst bestimmte Gräser und Kräuter. Von Zeit zu Zeit wird das Vieh auf andere Weiden gebracht, damit Gräser und Kräuter wieder nachwachsen können.

Ein **Rasen** wird besonders intensiv vom Menschen beeinflusst. Er wird häufig gemäht und meistens auch gedüngt und gewässert. Ein Rasen ist eine nur wenige Zentimeter hohe Pflanzendecke, die durch Wurzeln und Ausläufer von Gräsern dicht verwachsen ist. Ein Rasen ist arm an verschiedenen Pflanzenarten.

1 Vergleich von Wiese und Rasen. Vergleiche eine Wiese mit einem Rasen unter möglichst vielen Gesichtspunkten. Berücksichtige dabei unter anderem die Abbildung 1.

2 Überlebenskünstler im Rasen
a) In einem Rasen wachsen hauptsächlich bestimmte Gräser, aber mitunter auch krautige Pflanzen. Fünf häufige Pflanzen sind in Abbildung 2 dargestellt. Fertige eine Skizze des Schulgeländes an und zeichne das Vorkommen der abgebildeten Pflanzen ein (zum Beispiel mit dem Anfangsbuchstaben als Abkürzung).
b) Welche Eigenschaften benötigen Pflanzen, um in einem Rasen überleben zu können?

2 *Häufige Pflanzen im Rasen*

Messungen 10 cm über dem Boden (1,4,5)	ungemähte Wiese	gemähte Wiese
1. Licht Luxmeter	5000 Lux	20 000 Lux
2. Bodentemperatur in 2 cm Bodentiefe Bodenthermometer	18°C	21°C
3. Bodentemperatur in 5 cm Bodentiefe Bodenthermometer	17°C	18°C
4. Wind Windmesser	0 m/sec	2 m/sec
5. Luftfeuchtigkeit Hygrometer	58%	50%

3 *Einfluss des Mähens auf einige Lebensbedingungen einer Wiese*

3 Wie sich das Mähen auf die Lebensbedingungen in einer Wiese auswirkt. Vergleiche Licht, Bodentemperatur, Wind und Luftfeuchtigkeit in einer ungemähten und in einer gemähten Wiese. Begründe die Unterschiede.

4 Menge von Pflanzenarten. Auf einer Wiese wachsen etwa 30 verschiedene Pflanzenarten, auf einem Rasen höchstens zehn.
a) Stelle Vermutungen darüber auf, welche Ursachen zu der unterschiedlichen Artenzahl führen.
b) Bewerte die unterschiedliche Artenzahl aus Sicht des Naturschutzes und eines Gartenbesitzers.

10.5 Frühblüher – schnelles Wachstum im Frühjahr

1 *Schneeglöckchen, Maiglöckchen und Krokusse*

Weit bevor die Bäume ihr Laub austreiben, ist der Boden mancher Parks und Wälder dicht mit Frühblühern bedeckt. Diese Pflanzen besitzen besondere Speicherorgane, die es ihnen ermöglichen, sehr zeitig im Jahr Blätter und Blüten zu bilden (Abb. 1).

Beim Krokus sind unterirdisch wachsende Teile der Pflanze knollenartig verdickt (Abb. 2). In diesen **Knollen** speichert der Krokus Nährstoffe, die er im letzten Frühjahr gebildet hat. Mit der Energie, die in den Nährstoffen enthalten ist, kann der Krokus früher als andere Pflanzen austreiben. Schon Mitte April sterben die oberirdischen Teile ab und der Krokus überdauert als Knolle bis zum nächsten Frühjahr.

Schneeglöckchen blühen schon, wenn noch der letzte Schnee liegt. Im Sommer, Herbst und Winter leben sie in einem Ruhezustand unter der Erde.

2 *Speicherorgane von Frühblühern*

Wenn der Winter zu Ende geht, haben sie genug Nährstoffe in ihren Zwiebeln, um schon sehr früh Blätter und Blüten zu treiben. Die **Zwiebel** kann man sich als eine Pflanze vorstellen, deren Stängel wie eine Teleskopantenne zusammengeschoben wurde. Der Stängel bildet eine verdickte Scheibe am unteren Ende der Zwiebel (Abb. 5). Dort sitzen auch die Wurzeln. Seitlich an der Scheibe befinden sich dicke, fleischige Schalen, die Zwiebelschuppen. Die Zwiebelschuppen sind Blätter, die unter der Erde wachsen. Sie enthalten viele Nährstoffe. Da sie kein Sonnenlicht bekommen, bleiben sie weiß. Im Frühjahr wachsen aus der Zwiebel heraus Stängel, Blätter und Blüten. Nach dem Austrieb der Laubblätter werden mithilfe des Sonnenlichtes neue Nährstoffe erzeugt, die in der Zwiebel für das nächste Jahr gespeichert werden.

Maiglöckchen besitzen einen mehrere Zentimeter langen, verdickten Stängel, der unterirdisch wächst (Abb. 1). Man nennt solche Stängel **Erdsprosse**. Jedes Frühjahr treibt er aus Knospen neue Blätter und Blüten, die das Erdreich durchbrechen. Die Blätter nutzen das Sonnenlicht, um Nährstoffe herzustellen. Die Nährstoffe werden im Erdspross gespeichert (Abb. 2). Die oberirdischen Teile des Maiglöckchens verwelken zum Ende des Frühjahres rasch. Der Erdspross überdauert die folgenden Jahreszeiten in der schützenden Erde. Er verlängert sich in dieser Zeit um einige Zentimeter.

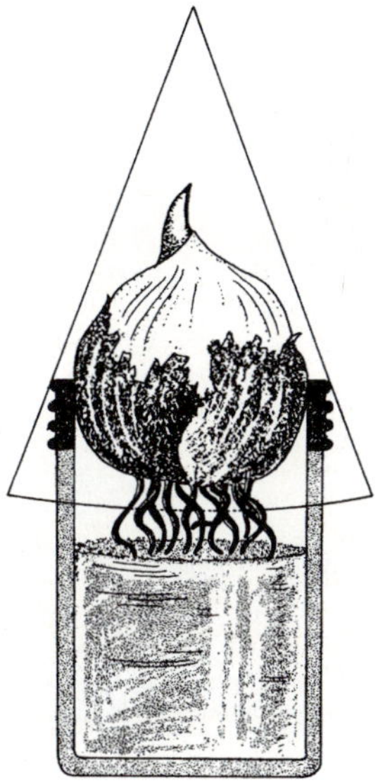

3 *Versuchsaufbau*

Datum	Beobachtung
8. Januar	Zwiebel hat eine grüne Spitze
11. Januar	Spitze etwa 1 cm lang

4 *Tabelle mit Beobachtungen*

1 Beobachtungen an der Hyazinthenzwiebel. Setze den Versuch wie in der Abbildung 3 an. Die Wurzeln sollten gerade in das Wasser reichen. Beobachte alle Veränderungen und notiere sie mit Datum. Die Tabelle kann so aussehen wie in Abbildung 4. Welche Aufgabe hat das über die Zwiebel gestülpte Papphütchen? Wann kann es abgenommen werden?

2 Knolle und Zwiebel. Notiere Unterschiede und Gemeinsamkeiten zwischen Knolle und Zwiebel. Beschreibe die Zwiebel genauer. Berücksichtige dabei die Aussage eines Botanikers: „Die Zwiebel ist nichts anderes als ein gestauchter Spross (Sprossachse und Blätter)."

3 Nachweis von Stärke in der Knolle. Den in der Knolle gespeicherten Nährstoff Stärke kannst du mithilfe der Lugol'schen Lösung nachweisen.
a) Schneide dazu eine Knolle, z. B. des Krokus, durch und gib einen bis zwei Tropfen auf die Schnittfläche. Was beobachtest du?
b) Erkläre, warum die Frühblüher schon so früh im Jahr Blüten und Blätter austreiben können.

4 Angepasstheit an spezielle Lebensbedingungen. Viele Gartenpflanzen, die schon sehr früh im Jahr blühen, besitzen unterirdische Speicherorgane wie z. B. Knollen und Zwiebeln. Schon zum Ende des Frühjahrs sterben die oberirdischen Teile ab. Am Lichtmangel kann es bei diesen Pflanzen nicht liegen. Versuche anhand der Angaben über die Heimat dieser Pflanzen begründete Vermutungen zu notieren (Abb. 7). Beschaffe dir aus dem Atlas zusätzliche Informationen (z. B. Klimadiagramme).

5 *Querschnitt einer Zwiebel*

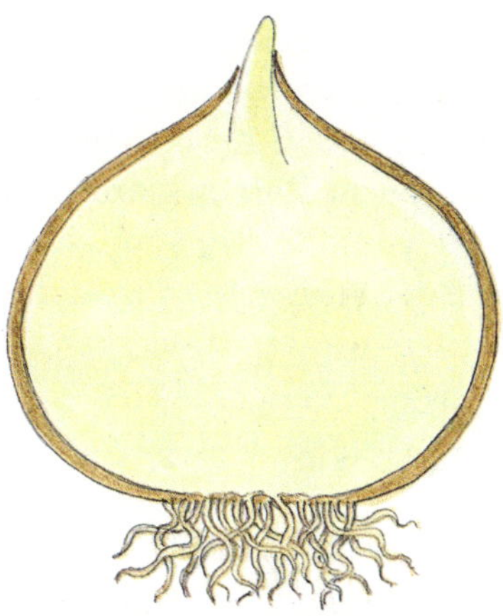

6 *Querschnitt einer Knolle*

Pflanze	Heimat
Gartentulpe	Steppen Asiens
Krokus	trockene Standorte im Mittelmeergebiet bis zum Iran
Osterglocke	Steppen Asiens
Traubenhyazinthe	Steppen Vorder- und Zentralasiens

7 *Frühblüher und ihre Herkunft*

10.6 Konkurrenz um Licht

1 *Buschwindröschen und Scharbockskraut sind Frühblüher im Wald*

Das Buschwindröschen blüht zeitig im Frühjahr. Bereits im März bildet es ausgedehnte Blütenteppiche am Waldboden (Abb. 1). Zu diesem Zeitpunkt haben die Laubbäume und Sträucher noch keine Blätter. Daher gelangt viel Licht auf den Waldboden. Auch das Scharbockskraut gehört zu den **Frühblühern** im Wald (Abb. 1). Wenn im Mai Bäume und Sträucher ihr Laub voll entfaltet haben, sind Buschwindröschen und Scharbockskraut verblüht. Im Juni sind alle oberirdischen Teile der Frühblüher abgestorben.

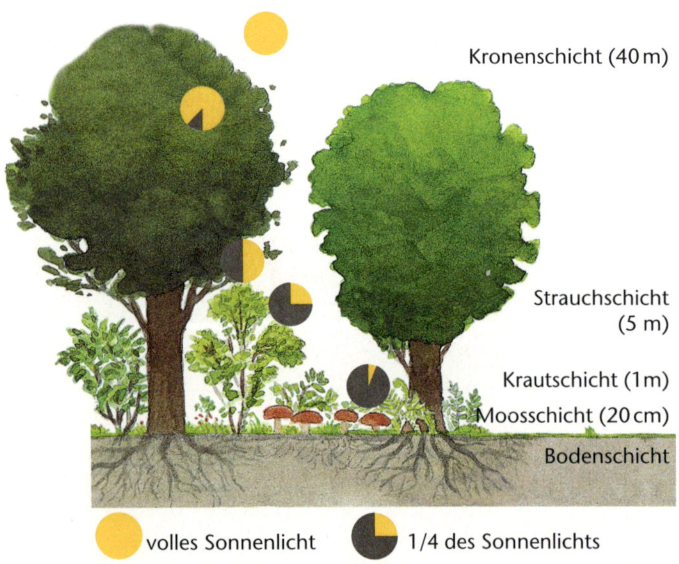

2 *Licht und Stockwerkaufbau in einem Laubwald im Sommer*

Wie alle Pflanzen benötigen auch die Frühblüher **Licht** für ihr Wachstum. Mithilfe des Lichtes bauen grüne Pflanzen in ihren Blättern energiereiche Nährstoffe auf. Ein Teil der Nährstoffe wird von Frühblühern in unterirdischen Speicherorganen gespeichert (Abb. 1). Mit ihrer Hilfe können die Frühblüher im nächsten Frühjahr Blätter ausbilden, bevor die Waldbäume den Waldboden stark beschatten.

Die Lichtverhältnisse im Laubwald werden durch die **Stockwerke** eines Waldes beeinflusst (Abb. 2). Im Sommer fällt auf das oberste Stockwerk, die Kronen der Bäume, das volle Sonnenlicht. Unterhalb dieser Kronenschicht nimmt die Lichtintensität deutlich ab. In der Strauchschicht wachsen Sträucher, die weniger Licht brauchen. Bis zur Krautschicht kommt im Sommer nur noch wenig Licht. Dort können im Sommer nur noch Pflanzen wachsen, die mit sehr wenig Licht auskommen. In der Moosschicht wachsen Moose und Pilze.

Die Pflanzen eines Laubwaldes stehen im Wettbewerb um Licht. Man sagt auch, die Pflanzen **konkurrieren** um Licht. Die Frühblüher treiben vor den Bäumen und Sträuchern aus. Dadurch wird für die Frühblüher der Wettbewerb um Licht vermindert. Pflanzen wie der Waldmeister wachsen im Sommer im Schatten der Bäume und Sträucher, weil sie auch mit wenig Licht leben können.

1 Steckbriefe. Erstelle anhand des Grundwissentextes sowie der Abbildung 1 je einen Steckbrief für das Buschwindröschen und das Scharbockskraut.

2 Stockwerke und Lichtverhältnisse im Laubwald.
a) Beschreibe anhand der Abbildung 2 den Stockwerkaufbau und die Lichtverhältnisse eines Laubwaldes im Sommer.
Erstelle eine ähnliche Zeichnung für einen Wald im Frühjahr.
b) Beschreibe anhand der Abbildung 3 die Veränderung der Lichtverhältnisse in einem Wald im Jahreslauf.
Begründe die Veränderungen.

3 Angepasstheiten der Frühblüher.
a) Erläutere die Angepasstheiten von Buschwindröschen und Scharbockskraut an das Leben im Wald (Abb. 1, 3).
b) Efeu ist eine immergrüne Kletterpflanze. Wie ist der Efeu an die Lichtverhältnisse im Wald angepasst (Abb. 3, 4)?
c) Wie ist der Waldmeister an das Leben im Laubwald angepasst (Abb. 3, 6)?

4 Lichtverhältnisse. Abbildung 5 zeigt ein Foto an der Grenze eines Fichtenwaldes zu einem Laubwald. Beschreibe das Foto und werte es aus. Erläutere mögliche Ursachen für die Unterschiede.

4 *Efeu*

5 *Vorn Fichtenwald, hinten Laubwald*

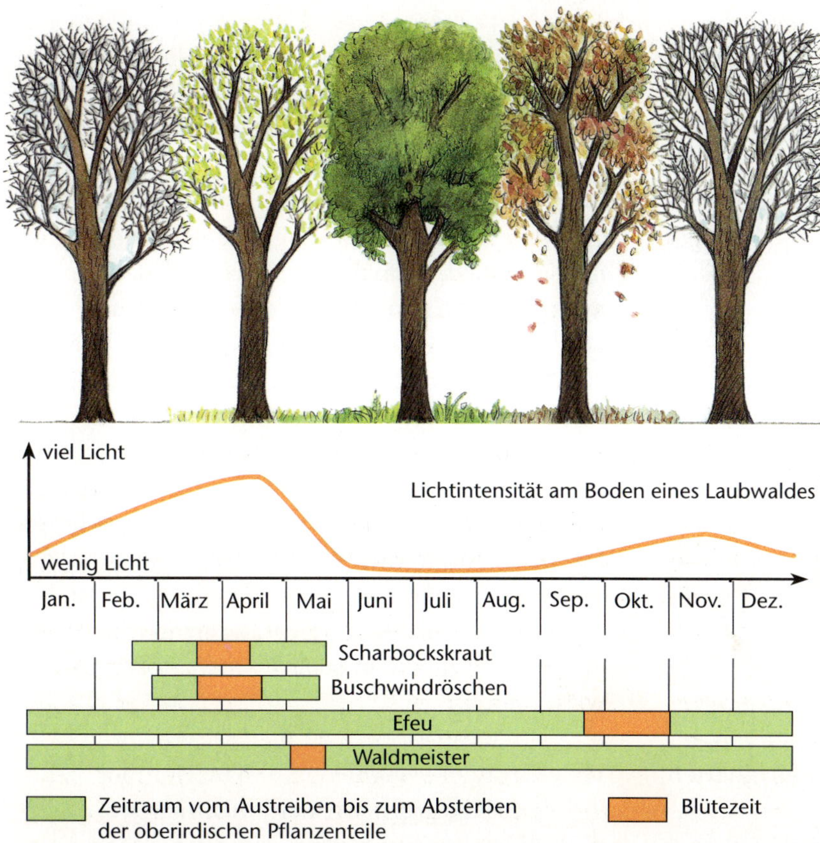

3 *Lichtverhältnisse und Pflanzenwachstum in einem Laubwald*

6 *Waldmeister*

10.7 Lebensgemeinschaft im Lebensraum Wald

1 *Ein Mischwald ist Lebensraum für eine artenreiche Lebensgemeinschaft*

„Bäume, Bäume, nichts als Bäume – und dazwischen Zwischenräume“, heißt es in einem Gedicht. Ein Wald ist jedoch weit mehr als eine Ansammlung von Bäumen. Wälder sind Lebensraum für vielfältige Lebewesen (Abb. 1). Sie beeinflussen sich gegenseitig und sind voneinander abhängig. Alle Lebewesen eines Waldes bilden eine Lebensgemeinschaft.

Man unterscheidet **Laubwälder**, **Mischwälder** und **Nadelwälder**. Laubwälder werden überwiegend von Laubbäumen geprägt. Zu ihnen gehören unter anderem Rotbuche, Eiche, Ahorn, Linde, Kastanie und Esche. Die Bäume eines heimischen Laubwaldes sind im Sommer grün und werfen ihre Blätter im Herbst ab. Nadelwälder werden überwiegend von Nadelbäumen wie Fichte, Kiefer, Tanne und Lärche gebildet. Besonders in Laubwäldern und in Wäldern aus Laub- und Nadelbäumen, den Mischwäldern, findet man Lebensgemeinschaften mit sehr vielen verschiedenen Tier- und Pflanzenarten.

Die Blütenpflanzen eines Waldes lassen sich nach ihrer Wuchsform einteilen. **Bäume** wachsen bei uns bis 40 Meter hoch und haben einen geraden, verholzten Stamm sowie Äste aus Holz. Ausgewachsene Bäume besitzen eine ausgedehnte Baumkrone. Die Bäume bilden mit ihren Kronen die Baum- oder Kronenschicht. **Sträucher** werden ungefähr bis zu fünf Meter hoch. Sie sind ebenfalls verholzt, jedoch im Vergleich zu Bäumen meistens vom Boden an verzweigt. Hasel und Holunder sind Beispiele für Sträucher. **Kräuter** und **Gräser** sind niedrig und haben keine verholzten Sprossachsen. Farne und Moose sind ebenfalls Pflanzen der Wälder. Sie gehören nicht zu den Blütenpflanzen. In der Moosschicht wachsen die meist nur wenige Zentimeter großen **Moose**. Sie bevorzugen eine feuchte Umgebung. In der Bodenschicht wurzeln die Pflanzen. Der **Boden** eines Waldes ist ein Lebensraum, in dem auch mikroskopisch kleine Lebewesen in großer Vielfalt vorkommen.

Weil Pflanzen verschiedener Wuchsformen beteiligt sind, lässt sich ein Wald in **Stockwerke** gliedern (Abb. 1). Die Stockwerke sind Lebensraum verschiedener Tiere.

Die **Rotbuche** ist ein weit verbreiteter Baum in Mitteleuropa. Ältere Bäume haben eine mächtige Krone. Der Stamm ist glatt und grau. Viele Tierarten fressen ihre Blätter und Früchte, die „Bucheckern".

Die **Fichte** ist ein weit verbreiteter Nadelbaum. Vielerorts sind Fichtenbestände von Menschen angelegt und bilden einen reinen Nadelwald.

Das **Haarmoos** wächst auf feuchtem Waldboden in dichten Moospolstern.

Weitere Lebewesen in Abb. 1: **Aronstab, Baummarder, Eiche, Eichhörnchen, Fuchs, Habicht, Reh, Waldameise, Waldmaus.**

Die **Schattenblume** kommt in Laub- und Mischwäldern vor. Sie wächst vor allem an schattigen Standorten. Die roten Beeren werden von Tieren gefressen.

Der **Adlerfarn** kann einen halben bis zwei Meter hoch werden. Er bildet an hellen Stellen im Wald oft große Bestände.

Der **Holunder** ist ein Strauch, der am Waldrand und in Hecken wächst. Von den schwarzen Holunderbeeren ernähren sich Vögel.

Der **Eichelhäher** frisst Eicheln, Bucheckern, Haselnüsse, Beeren sowie Insekten. Im Herbst vergräbt er Eicheln und Bucheckern und sorgt so mit dafür, dass Jungpflanzen nachwachsen.

Der **Eichenwickler** ist ein Schmetterling. Die Raupen schlüpfen Anfang Mai und fressen die jungen Eichenblätter. Verschiedene Vögel fressen Eichenwicklerraupen.

Der **Buntspecht** meißelt mit seinem kräftigen Schnabel die Borke eines Baumstammes auf der Suche nach Borkenkäferlarven auf. Buntspechte legen in Bäumen Bruthöhlen an.

Die **Große Sternmiere** blüht von Mai bis Juni mit weißen Blüten. Der Stängel ist vierkantig. Sie kommt häufig in hellen, krautreichen Laub- und Mischwäldern vor.

Die **Haselnuss** ist ein Strauch, der im hellen Mischwald und in Hecken häufig vorkommt. Seine Früchte, die Haselnüsse, sind wichtig für die Ernährung von Vögeln und Nagetieren im Herbst und im Winter.

Der **Buchdrucker** gehört zu den Borkenkäfern und legt seine Eier vor allem unter der Borke der Fichte ab. Die Larven fressen Gänge, die den befallenen Baum stark schädigen können.

1 Lebensraum Wald.

a) Ordne jedem fett gedruckten Namen eines Lebewesens im Text auf dieser Seite eine Ziffer in der Abbildung 1 zu.

b) Gib bei den Pflanzen an, zu welcher Schicht der Stockwerke des Waldes sie gehören.
Gib bei den Tieren an, welche Schicht(en) des Waldes sie bevorzugt für ihre Ernährung nutzen.

10.8 Bäume und Sträucher im Herbst

1 *Mischwald im Herbst*

Im Herbst verfärben sich die Blätter der Bäume und Sträucher und fallen schließlich zu Boden (Abb. 1). Ausgelöst wird die Verfärbung der Blätter durch die abnehmende Tageslänge im Herbst. Je niedriger die Temperaturen, desto schneller schreitet der Prozess voran. Der in den Blättern enthaltene grüne Farbstoff Chlorophyll wird chemisch abgebaut. Ohne das Chlorophyll werden rote und gelbe Farbstoffe sichtbar. Sie befanden sich vorher schon im Blatt, wurden aber von der Farbe des Blattgrüns überdeckt. Einige Blätter werden sogar strahlend rot, z. B. beim Ahorn (Abb. 2). Nach der Blattverfärbung bildet sich eine Korkschicht am Ende des Blattstiels, die die Wasserversorgung allmählich unterbindet. Das Blatt vertrocknet und stirbt dann vollständig ab. Jetzt genügt ein kleiner Windstoß und es fällt zu Boden. Die beim Blattfall entstehende Blattnarbe verholzt, so dass keine Krankheitserreger und Schädlinge in den Baum eindringen können (Abb. 5).

Der herbstliche **Laubfall** ist eine Angepasstheit unserer Laubbäume an die Lebensbedingungen im Winter. Blätter geben das mit der Wurzel aufgenommene Wasser in die umgebende Luft ab. Während langer Kälteperioden friert das Wasser im Boden. Es kann nicht mehr durch die Wurzeln aufgenommen werden. Auch in den dünnen Blättern könnte das Wasser gefrieren. Der Laubfall sichert das Überleben der Bäume während der kalten Jahreszeit: Da keine Blätter mehr vorhanden sind, verdunstet der Baum auch fast kein Wasser mehr.

Die Blätter der Nadelbäume, die Nadeln, bleiben meist mehrere Jahre am Baum und fallen auch im Herbst und Winter nicht ab. Die einzige Ausnahme ist bei uns die Lärche, deren Nadeln sich wie bei den Laubbäumen im Herbst umfärben und herabfallen.

2 *Verfärbung der Ahornblätter*

Ein Herbar anlegen

Sammle im Frühherbst Laubblätter und bestimme sie mithilfe eines Bestimmungsbuches. Trockne sie danach in einer Pflanzenpresse, die du einfach aus zwei dicken Sperrholzplatten und einem Gürtel oder strammen Gummibändern herstellen kannst (Abb. 3). Die Blätter werden dazu auf saugfähiges Zeitungspapier gelegt, auf das anschließend beidseitig dicke Lagen von weiterem Zeitungspapier gebracht werden. Anschließend wird das Ganze in die Pflanzenpresse gelegt, die dann fest verschnürt wird. Durch einige dicke Bücher kannst du den Druck der Pflanzenpresse erhöhen. Die unmittelbar auf den Laubblättern liegenden Zeitungsblätter müssen nach ein bis zwei Tagen ausgewechselt werden. Die Pressdauer richtet sich nach Dicke, Wassergehalt und Größe der Blätter. Die völlig getrockneten Laubblätter werden mit Klebestreifen auf ein weißes Blatt Pappe geklebt und beschriftet (Abb. 4). Auf die gleiche Weise kannst du im Sommer auch Kräuter herbarisieren. Die gepressten Pflanzen werden in einem Ordner abgeheftet und systematisch angeordnet. Das Deckblatt enthält den Namen des Sammlers und die Überschrift „Herbarium". Danach folgt ein Inhaltsverzeichnis mit Seitenzahlen.

3 *Pflanzenpresse*

dt. Name:	Stieleiche
Wiss. Name:	Quercus robur
Fundort:	Wald bei Quernheim
Standort:	Mischwald
Beschreibung:	breit gelapptes Blatt

4 *Beschriftungsbeispiel*

1 Blattnarben. Beschreibe die Blattnarbe genau (Abb. 5). Was kannst du erkennen? Untersuche die Lage der Seitenknospen. Beschreibe. Welche Bedeutung haben die Knospen für die Pflanze?

2 Bedeutung des Laubfalls. Verschiedene Wissenschaftler haben Gründe für den herbstlichen Laubfall gefunden (Abb. 6). Stelle ihre Aussagen in einer Tabelle zusammen. Als Spaltenüberschrift wählst du die Namen der Wissenschaftler.

3 Ablauf der Verfärbung
a) Sammle im Herbst im Abstand von drei Tagen Blätter eines Baumes und presse sie. Beschreibe den Ablauf der Blattverfärbung.
b) Ordne die Blätter von Abbildung 2 in eine zeitliche Abfolge. Begründe.

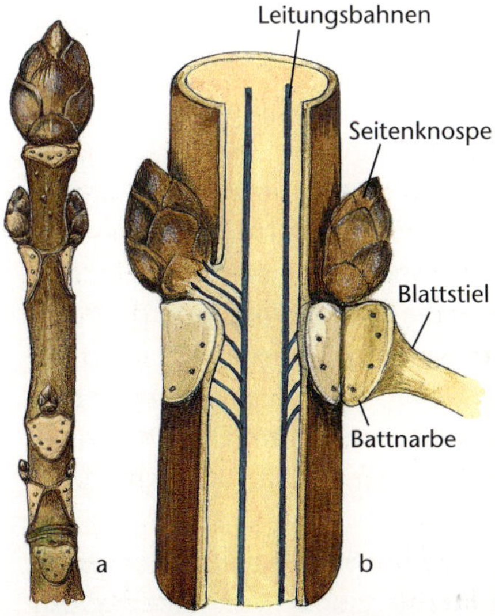

5 *Zweig der Rosskastanie mit Blattnarben und Knospen*

SCHIMPER meint, dass der Blattfall ein Schutzmittel gegen Wasserverlust darstellt. Im Herbst, wenn die Herabsetzung der Temperatur des Bodens die Tätigkeit der Wurzeln so beschränkt, dass der Wasserverlust, den die Blätter durch die Verdunstung erleiden, nicht mehr ersetzt werden kann, verwelken und vertrocknen die Blätter und fallen ab. Dass die Erkaltung des Bodens einen nachteiligen Einfluss auf die Wasseraufnahme ausübt, sei ja längst bekannt. BARANETZKY fand heraus, dass die Menge des ausfließenden Wasser aus abgeschnittenen Wurzeln direkt von der Temperatur des Bodens abhängig war. Schon lange vorher hatte SACHS durch Experimente nachgewiesen, dass das Absterben und Verwelken verschiedener Pflanzen bei Temperaturen nahe über null in vielen Fällen darauf zurückgeführt werden kann, dass die durch die Abkühlung des Bodens verlangsamte Wasseraufnahme durch die Wurzeln nicht mehr den Wasserverlust durch die Blätter zu decken vermochte.

6 *Wissenschaftliche Aussagen zum Laubfall*

10.9 Gleichwarme und wechselwarme Tiere

1 *Schwäne im Winter*

2 *Hummel (Insekt)*

Vögel und Säugetiere sind **gleichwarme Tiere.** Gleichwarme Tiere haben eine gleichmäßige Körpertemperatur, die nahezu unabhängig von der Umgebungstemperatur konstant gehalten wird. Eine konstante Körpertemperatur von circa 37 °C ist für Lebewesen vorteilhaft, da die körperliche Leistungsfähigkeit bei dieser Temperatur sehr hoch ist.

Gleichwarme Tiere müssen viel Energie für die Aufrechterhaltung ihrer Körpertemperatur aufwenden. Die gleichmäßige Körpertemperatur wird durch die Freisetzung von Wärme aus der Nahrung und aus der Bewegung der Muskeln gesichert. Ein großer Teil der von gleichwarmen Tieren aufgenommenen Nahrung wird für die Bereitstellung von Wärme genutzt. Sie brauchen daher auch mehr Nahrung als gleich große Tiere, deren Körpertemperatur von der Umgebungstemperatur abhängig ist.

Gleichwarme Tiere besitzen Fell oder Federn als Isolierung, die vor zu großen Wärmeverlusten schützen. Bei Vögeln und Säugetieren wird dies besonders durch den Einschluss einer Luftschicht unter und in den Federn beziehungsweise dem Fell erreicht. Luft ist ein schlechter Wärmeleiter und überträgt die Wärme des Körpers nur in geringem Maße nach außen. Säugetiere sowie manche Vögel besitzen zusätzlich eine isolierende Fettschicht. Auch Fett ist ein schlechter Wärmeleiter. Das Blut transportiert die Wärme im Körper. Bei Kälte können die Tiere die Blutgefäße unter der Haut verengen, so dass dort nur wenig Blut fließt und somit wenig Wärme nach außen abgegeben wird.

Fische, Amphibien, Reptilien und die Insekten sind Beispiele für **wechselwarme Tiere** (Abb. 2). Die Körpertemperatur wechselwarmer Tiere hängt von der Umgebungstemperatur ab. Bei niedriger Umgebungstemperatur ist die Körpertemperatur der wechselwarmen Tiere niedrig. Ihre körperliche Leistungsfähigkeit, zum Beispiel die Arbeit der Muskeln, ist dann stark eingeschränkt. Sie können sich dann oft nur langsam bewegen. Je wärmer es ist, umso beweglicher und aktiver ist ein wechselwarmes Tier. Wenn die Lufttemperatur niedrig ist, wärmen sich wechselwarme Tiere auch durch die Wärmestrahlung der Sonne auf. Diese Aufwärmung an der Sonne geht sehr rasch vor sich, da ihr Körper kaum Wärmeisolation aufweist. Im Schatten oder bei niedriger Außentemperatur kühlen wechselwarme Tiere schnell wieder ab.

Sehr hohe und sehr niedrige Temperaturen sind für wechselwarme Tiere gefährlich. Bei sehr niedrigen Temperaturen fallen sie in eine Kältestarre und sterben bei weiter fallenden Temperaturen. Bei sehr hohen Temperaturen fallen sie in eine Wärmestarre und die Lebensvorgänge sind eingeschränkt. Eine länger andauernde Wärmestarre verursacht nicht rückgängig zu machende Schäden. Die Wärmestarre geht dann in den Hitzetod über.

Wechselwarme Tiere benötigen, anders als gleichwarme Tiere, kaum Energie zur Aufrechterhaltung der Körpertemperatur. Sie benötigen auch weniger Nahrung als gleich große gleichwarme Tiere.

3 *Gleichwarme und wechselwarme Tiere*

1 Gleichwarme und wechselwarme Tiere
a) Ordne die Tiere, die in Abbildung 3 dargestellt sind, in wechselwarme und in gleichwarme Tiere.
b) Stelle mithilfe des Grundwissentextes Eigenschaften von gleichwarmen und wechselwarmen Tieren gegenüber.

2 Beweglichkeit eines wechselwarmen Tieres. Der Sandlaufkäfer ist ein Insekt. In einem Versuch wurde seine Laufgeschwindigkeit bei verschiedenen Temperaturen gemessen (Abb. 4). Formuliere die Ergebnisse schriftlich und erkläre sie.

3 Funktion des Fells. Beschreibe den in Abbildung 5 dargestellten Versuch. Werte die Ergebnisse aus und erläutere sie in einem zusammenhängenden Text. Übertrage die Ergebnisse auf ein Säugetier.

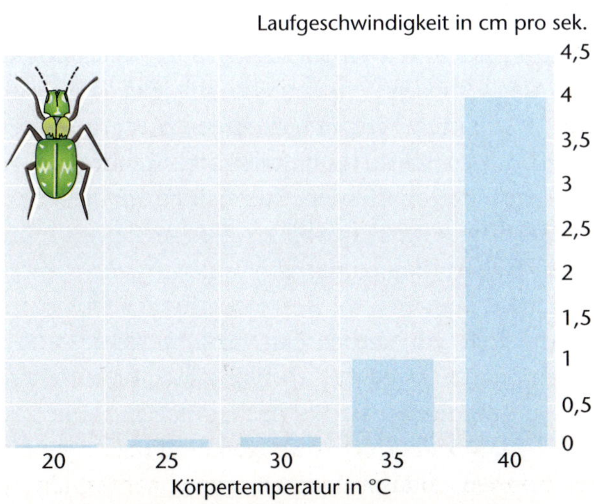

4 *Laufgeschwindigkeit eines Sandlaufkäfers bei verschiedenen Körpertemperaturen*

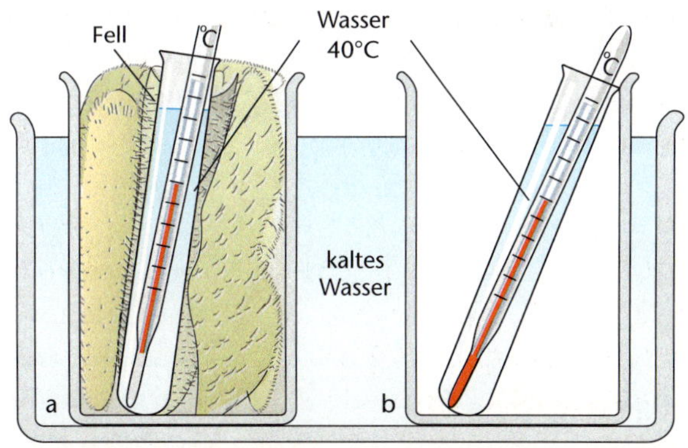

Zeit	Reagenzglas a	Reagenzglas b
Beginn	40 °C	40 °C
nach 1 min	38 °C	32 °C
nach 2 min	31 °C	23 °C
nach 3 min	25 °C	17 °C

5 *Versuchsergebnisse*

10.10 Zugvögel

1 *Störche ziehen gemeinsam nach Süden*

2 *Ein Sender wird angebracht*

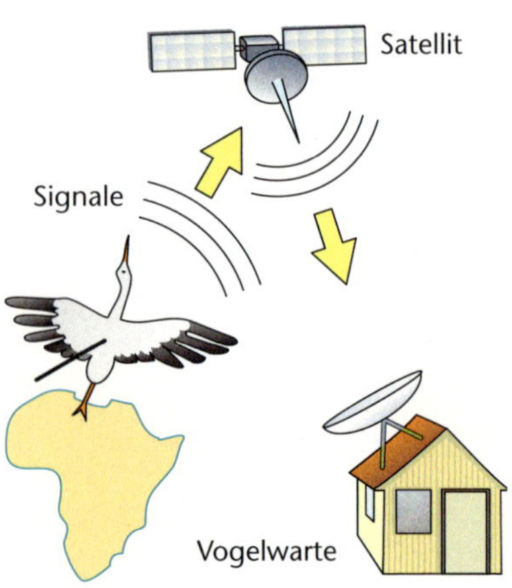

3 *Signalübertragung*

Vögel, die das ganze Jahr über bei uns sind, werden **Jahresvögel** genannt. Viele von ihnen ernähren sich im Sommer von Insekten. Diese Nahrung ist im Winter knapp. Die Insekten sind gestorben oder überwintern in frostsicheren Verstecken, wo sie kaum zu finden sind. Die Vögel stellen sich im Winter in ihrer Ernährung auf Samen und Früchte um. Etwa zwei Drittel der bei uns brütenden Vögel wählen einen anderen Weg. Sie ziehen als **Zugvögel** in wärmere Gegenden und überwintern dort (Abb. 1).

Seit 1991 werden größere Zugvögel wie Störche, Gänse und Schwäne mit etwa 20 g schweren Funksendern ausgestattet (Abb. 2). Die Signale der Sender enthalten verschiedene Informationen darüber, ob der Vogel gerade fliegt oder ruht. Empfangen werden die Signale von Satelliten, die in einer Höhe von 850 km um die Erde kreisen. Von den Satelliten werden die Informationen an Bodenstationen übermittelt, wo sie ausgewertet werden (Abb. 3). So kann man die jeweilige Position des Vogels auf etwa 100 Meter genau bestimmen. Aufgrund dieser Daten weiß man, dass Störche ihre Zugstrecke bis Zentralafrika in knapp drei Wochen zurücklegen können. Störche fliegen tagsüber. Bei günstigem Wetter legen sie ohne Pause bis zu 250 km in etwa zehn Stunden zurück. Gegen Nachmittag landen sie.

Wie orientieren sich Zugvögel auf ihrem Zug? Man vermutet, dass sich Zugvögel am Verlauf von Flüssen und Gebirgszügen orientieren. Die gewünschte Flugrichtung finden sie wahrscheinlich mithilfe des Sonnenstandes. In Versuchen zeigte sich, dass sich Zugvögel auch an Gerüchen orientieren können, ebenso an den Sternen, an Magnetfeldern und an sehr tiefen, für uns nicht hörbaren Infraschall-Tönen. Die Zahl der jährlich ziehenden Vögel schätzt man auf 50 Milliarden.

1 Vogelzug – Rückblick und Gegenwart. Vor 2300 Jahren vermutete der berühmte griechische Gelehrte ARISTOTELES, dass viele Vögel den Winter verschlafen würden. 1899 erdachte der dänische Lehrer MORTENSEN eine Methode, um Genaueres zu erfahren: Er fing verschiedene Vögel und befestigte einen Metallring am Fuß. Auf dem Ring stand seine Adresse. Dann ließ er die Vögel wieder frei. Nach einiger Zeit geschah das, was er erhofft hatte: Er erhielt Briefe aus weit entfernten Ländern. Beigelegt waren seine Ringe und Informationen der Absender, wann und wo sie die Vögel gefunden hatten.
Das war der Anfang der Vogelzugforschung. Es wurden Beringungsstationen eingerichtet und Vogelwarten gegründet. Alle Informationen von beringten Vögeln und Rückmeldungen wurden zusammengetragen. Bis heute wurden mehr als 200 Millionen Vögel beringt und mehr als zwei Millionen Rückmeldungen vermerkt (Abb. 4).
Schreibe auf, welche Vorteile die beiden Methoden „Beringung“ und „Besenderung“ für die Vogelzugforschung haben.

2 Zugwege 2002. Prinzesschen ist ein Storchenweibchen, das 1994 als brütender Altvogel auf dem Storchenhof in Loburg, Sachsen-Anhalt, beringt und 2001 besendert wurde (Im Januar 2007 ist das tote Prinzesschen mithilfe ihres Senders in Afrika gefunden worden).
Jonas ist das Storchenmännchen, mit dem sich Prinzesschen gepaart hat. Er wurde 1997 als Jungstorch im Nest beringt und 2001 besendert.
Felix brütete die letzten Jahre in Rühstadt, Brandenburg. Es ist das storchenreichste Dorf Deutschlands.
a) Verfolge mithilfe der Atlaskarte die drei Flugrouten. Ermittle mithilfe von Breiten- und Längengraden zugehörige Orte.
b) Schreibe auf, über welche Länder die Störche gezogen sind.
c) Miss ihre jeweilige Flugstrecke aus.
d) Berechne die Durchschnittsgeschwindigkeit der Störche.

3 Neue Technik. Überlege, wo man die Satellitentechnik außer in der Vogelzugforschung noch einsetzen könnte.

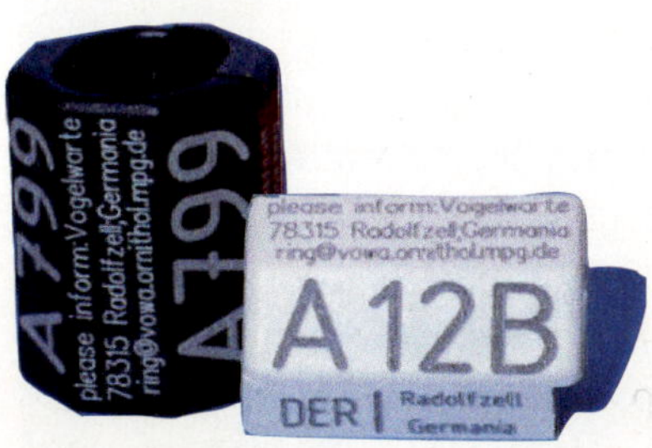

4 *Storchenringe*

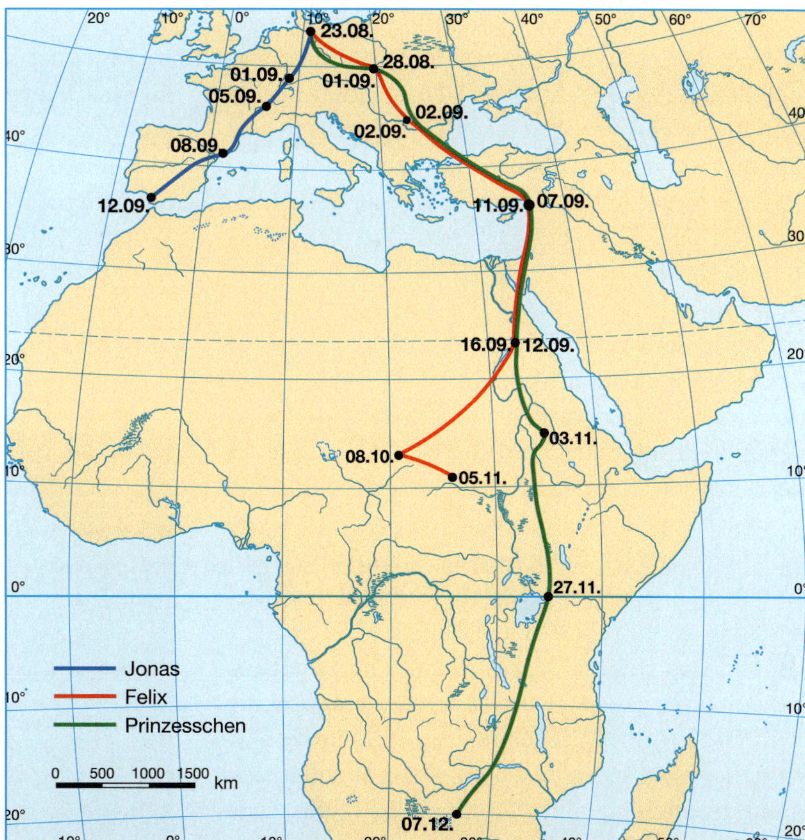

5 *Die Flugrouten von Prinzesschen, Jonas und Felix*

10.11 Das Igeljahr

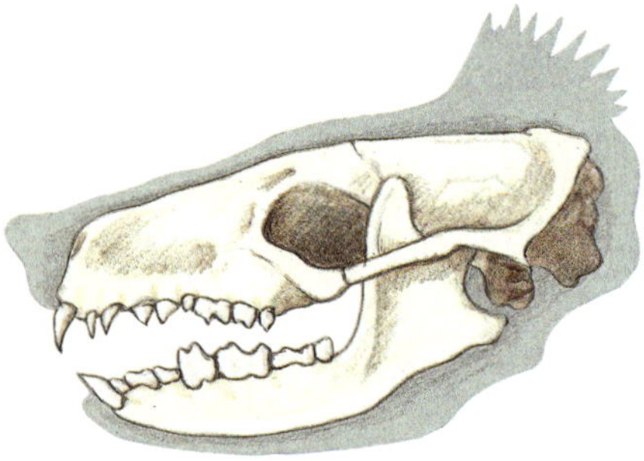

1 *Schädel und Gebiss eines Igels*

2 *Igel-Baby*

Igel halten sich hauptsächlich in Gärten, Parks oder an Waldrändern auf. Am Tage schlafen Igel in einem Schlafnest aus Laub und trockenen Pflanzenteilen. In der Abenddämmerung verlassen sie ihr Nest. Igel sind nachtaktive Tiere. Mit ihrer langen Rüsselschnauze durchwühlen Igel den Boden nach Regenwürmern und Insekten. Schnecken und Mäusejunge gehören ebenso zur Nahrung wie Äpfel, Birnen und andere Früchte, die am Boden liegen. Die 36 Zähne des Gebisses sind klein und spitz (Abb. 1).

Im Sommer und Herbst frisst sich der Igel ein dickes Fettpolster an. Wenn die Tage im Spätherbst kürzer und kälter werden und ein Igel nur noch wenig Nahrung findet, sucht er sich ein trockenes Nest, das vor Nässe und Kälte schützt. Sinkt die Temperatur in der Umgebung öfter unter 10 °C, so rollt sich der Igel zu einer Kugel zusammen und beginnt mit dem **Winterschlaf.** Während des Winterschlafes atmet ein Igel nur wenige Male in einer Minute. Das Herz schlägt langsamer und die Körpertemperatur sinkt. Wenn es sehr kalt ist und die Temperatur in der Umgebung des Igels unter 1 °C sinkt, kann ein Igel aufwachen. Dann sucht er sich einen neuen Schlafplatz. Wenn ein Igel häufig aus dem Winterschlaf aufwacht, verbraucht er viel Fett aus seinen Fettpolstern. Im Frühjahr, wenn die Temperatur in seinem Nest wieder auf etwa 15 °C steigt, wird der Winterschlaf beendet.

Im Mai oder Juni bringen die Igelweibchen jeweils fünf bis sieben Junge zur Welt. Manchmal bekommen die Igelweibchen im September ein zweites Mal Junge. Die Jungen werden gesäugt. Igel sind Säugetiere. Die Augen öffnen sich erst nach drei Wochen (Abb. 2). Igeljunge sind **Nesthocker.** Etwas später verlassen die Jungen erstmals das Nest. Im Alter von sechs bis sieben Wochen müssen sich Igel selbst ernähren.

3 *Viele Igel werden überfahren*

1 Merksätze. Schreibe für jeden der drei Abschnitte im Grundwissentext einen Merksatz in dein Heft.

2 Der Igel hält Winterschlaf.
a) Erstelle mit den Daten aus Abbildung 4 ein Säulendiagramm. Trage die Werte für die Umgebungstemperatur und die Werte für die Körpertemperatur mit unterschiedlichen Farben ein.
b) Wie verändern sich die Körpertemperatur und die Häufigkeit des Herzschlags im Winterschlaf?
c) Gib an, an welchem Datum der Igel im Winterschlaf war und wann nicht. Begründe.

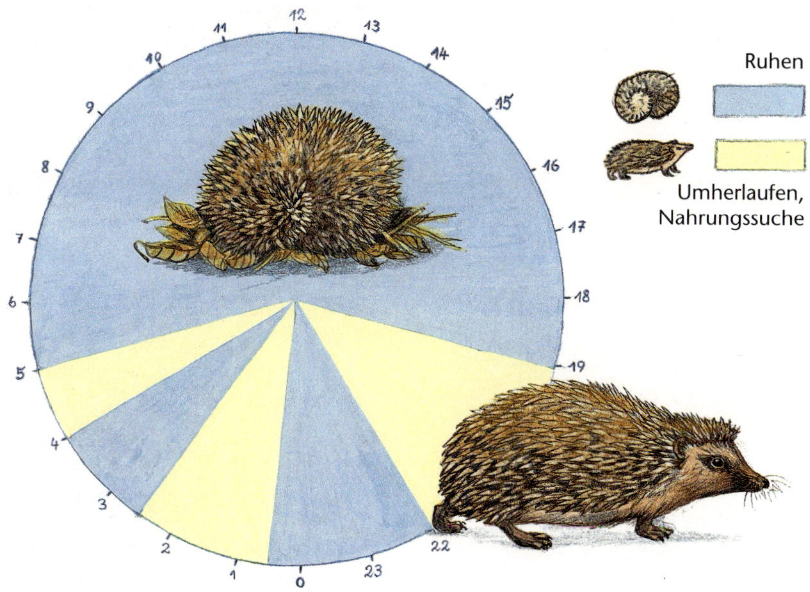

6 *Tag im Leben eines Igels*

Datum	Umgebungs-temperatur	Körper-temperatur	Herzschläge pro Minute
15. September	18 °C	35 °C	320
15. Oktober	10 °C	10 °C	56
15. Dezember	0 °C	24 °C	124
15. Januar	2 °C	5 °C	18
15. Februar	10 °C	10 °C	56
15. März	15 °C	35 °C	282

4 *Der Igel im Winter*

3 Aufwachen im Winterschlaf. Welche Folgen drohen Igeln, die häufig aus dem Winterschlaf erwachen?

4 Igel-Verkehrstote. Beschreibe den Verlauf des Säulendiagramms in Abbildung 5. Nenne Gründe für den Verlauf.

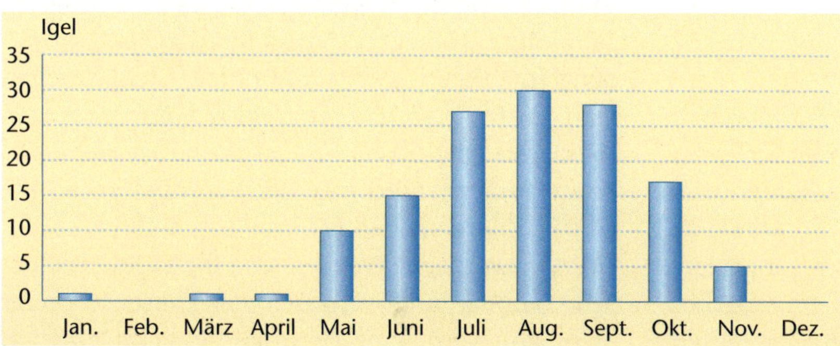

5 *Igel als Verkehrsopfer*

5 Tagesablauf eines Igels.
a) Die Abbildung 6 zeigt den Tagesablauf eines Igels. Schreibe untereinander die Zeiten, in denen der Igel umherläuft und Nahrung sucht, sowie die Zeiten, in denen er ruht.
b) Zeichne einen Uhrkreis wie in Abbildung 6. Trage in diesen Kreis die Zeiten ein, in denen du wach bist und in denen du schläfst. Vergleiche deine Zeichnung mit der Abbildung 6.

6 Vorkommen von Igeln. Untersuchungen haben ergeben, dass im Stadtzentrum keine Igel vorkommen, am Stadtrand etwa 10 Igel pro Quadratkilometer, am Waldrand durchschnittlich 13 Igel und auf einem Acker durchschnittlich 3 Igel pro Quadratkilometer. Stelle diese Angaben in einer übersichtlichen Tabelle dar. Werte die Tabelle aus. Begründe, warum die durchschnittliche Anzahl der Tiere in den verschiedenen Lebensräumen unterschiedlich ist.

10.12 Eichhörnchen

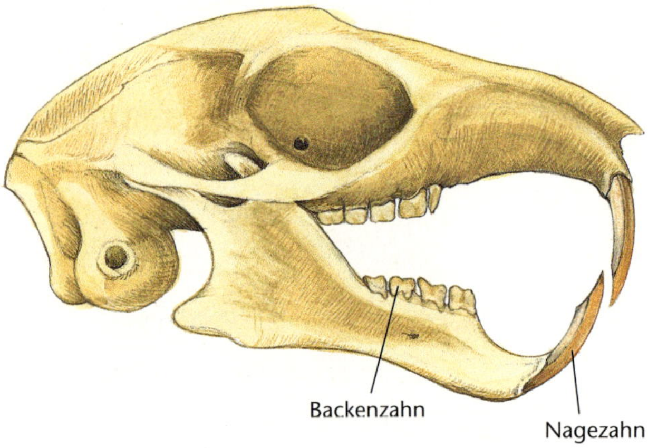

1 *Nagetiergebiss des Eichhörnchens*

2 *Eichhörnchen mit Kobel*

Eichhörnchen sind an das Leben in den Bäumen angepasst. Mit den kräftigen Hinterbeinen können sie hervorragend von Ast zu Ast springen oder Baumstämme hinaufschnellen. Dabei geben die scharfen Krallen den nötigen Halt. Der buschige Schwanz dient beim Springen zur Steuerung (Abb. 2).

Eichhörnchen gehören zu den **Nagetieren.** Das Nagetiergebiss besteht aus Mahlzähnen im hinteren Kiefer und den vier großen Nagezähnen. Diese sind tief im Kiefer verankert und wachsen ständig nach (Abb. 1). Dadurch wird die Abnutzung ausgeglichen.

Die Nahrung der Eichhörnchen besteht aus Samen von Nadelbäumen, Nüssen, Bucheckern, Eicheln, Knospen, Früchten und Pilzen. Aber auch Vogeleier und Jungvögel werden beim Plündern von Nestern verspeist. Insekten und Larven gehören ebenfalls zur Nahrung.

Im Laufe des Herbstes fressen sich Eichhörnchen eine Speckschicht an. Sie verstecken viele Samen in der Erde oder in Baumritzen als Wintervorrat. Da sie nur einen Teil wiederfinden, tragen sie so dazu bei, die Samen von Bäumen zu verbreiten. Das Vergraben von Samen ist den Tieren angeboren. Die genaue Technik zum Öffnen der harten Nüsse müssen die Tiere erst lernen und üben.

Eichhörnchen halten **Winterruhe.** Bei großer Kälte oder Nässe bleiben sie in ihrem Nest und schlafen. Dabei wird der Herzschlag und die Atmung aber nicht wie bei den Winterschläfern herabgesetzt. Auch die Körpertemperatur verändert sich nicht. Bei gutem Wetter kommen die Tiere auch im Winter aus dem Nest hervor und suchen nach dem versteckten Futter.

Die Nester der Eichhörnchen sind kugelige, mit Moos, Blättern und Federn ausgepolsterte Gebilde aus Zweigen und besitzen meist zwei Eingänge, die verstopft werden können. Man nennt sie Kobel (Abb. 2). Häufig legt ein Eichhörnchen mehrere Kobel in dem Gebiet an, in dem es umherstreift. Dieses Gebiet kann über 1000 Hektar groß sein.

Eichhörnchen werden nach elf Monaten geschlechtsreif. Sie bekommen ein- bis zweimal im Jahr Junge, wobei die Wurfgröße zwischen drei und acht Jungtieren schwankt. Junge Eichhörnchen sind **Nesthocker.** Die Jungtiere werden nackt und blind geboren. Nach 19 Tagen sind sie dicht behaart und erst nach vier Wochen öffnen sich die Augen. Die Mutter säugt ihre Jungen 40 Tage lang. Im Alter von acht Wochen sind die Eichhörnchen selbstständig und verlassen das Nest. In freier Wildbahn werden die Tiere bis etwa zehn Jahre alt. Ihre Hauptfeinde sind Marder und Habichte.

Der Verhaltensforscher EIBL-EIBESFELD berichtet, dass Eichhörnchen zum Öffnen von Nüssen von Geburt an die Nagetechnik und die Technik des Aufsprengens mit den Nagezähnen beherrschen. Diese Verhaltensweisen sind den Tieren angeboren. Mit dem Älterwerden lernen sie, wie sie diese Techniken optimal einsetzen. Erfahrene Eichhörnchen nagen nur ein oder zwei Furchen entlang der Fasern in die Nuss und sprengen sie mit den Nagezähnen auf. Unerfahrene Eichhörnchen nagen wahllos in alle Richtungen an der Nuss, bis sie zufällig die Schale an einer Stelle durchgenagt haben. Sobald ein Loch in der Schale ist, versuchen die Tiere, die Nuss aufzusprengen. Das gelingt nur, wenn die Nagespuren entlang der Fasern in der Nussschale verlaufen. Das Nagen entlang der Fasern bietet den Tieren weniger Widerstand als das Nagen quer zur Faserung. Eichhörnchen lernen so durch Probieren, die Nuss möglichst schnell zu öffnen. Das Zuschauen bei erfahrenen Tieren beschleunigt den Lernerfolg.

3 *Technik des Nüsseöffnens*

4 *Eichhörnchen beim Öffnen einer Nuss*

5 *Haselnüsse, von unterschiedlich erfahrenen Eichhörnchen geöffnet*

1 Überwinterung.

a) Begründe die Notwendigkeit für ein Eichhörnchen, sich im Herbst eine Speckschicht anzufressen.

b) Vergleiche die Überwinterung eines Eichhörnchens mit der des Igels. Schreibe die Unterschiede und Gemeinsamkeiten auf.

2 Angeboren und erlernt.

a) Fasse die Aussagen des Textes in Abbildung 3 mit eigenen Worten zusammen.

b) Abbildung 5 zeigt Nüsse, die von Eichhörnchen geöffnet wurden. Mache Aussagen dazu, wie erfahren die jeweiligen Eichhörnchen waren.
Begründe deine Aussagen.

c) Versuche, die genaue Technik zu beschreiben, die beim Öffnen der Nüsse in Abbildung 5 angewendet wurde.

d) Wie könnte ein Versuch aussehen, der klärt, ob das Vergraben von Nüssen bei Eichhörnchen ein angeborenes Verhalten ist oder nicht?

3 Zähne.

a) Die Materialien, aus denen ein Nagezahn besteht, haben eine unterschiedliche Härte. Begründe, warum durch den Zahnaufbau die Zähne trotz ständiger Abnutzung immer scharf bleiben (Abb. 6).

b) Überlege, warum Nagetiere, die in Gefangenschaft gehalten und nur mit weichem Futter versorgt werden, ohne Nagemöglichkeiten letztlich verhungern.

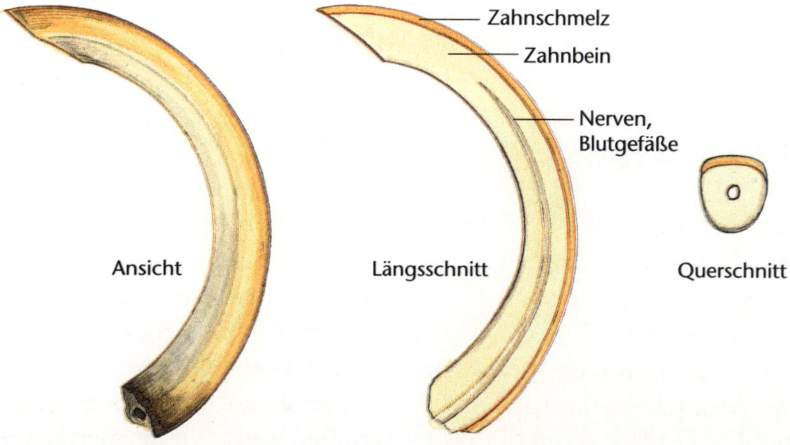

6 *Aufbau eines Nagezahns*

10.13 Tiere sind an die Lebensbedingungen im Winter angepasst

1 *Fledermaus im Winterschlaf*

2 *Eichhörnchen mit Kobel*

3 *Winteraktives Reh*

4 *Eidechsen in Kältestarre*

Für alle **gleichwarmen Tiere** stellt sich im Winter das Problem, bei sinkenden Außentemperaturen die Körpertemperatur konstant zu halten. Gleichwarme Tiere benötigen die Energie aus der Nahrung auch zur Erwärmung ihres Körpers. Im Winter wird Nahrungsmangel daher zu einem besonderen Problem. Die bei uns lebenden Tiere reagieren auf die andersartigen Umweltbedingungen und verändern ihre Lebensweise. Sie haben eine **Überlebensstrategie** entwickelt. Unter einer Überlebensstrategie versteht man Angepasstheiten von Lebewesen an ungünstige Umweltbedingungen.

Eine verbreitete Überlebensstrategie besteht darin, im Winter in wärmere Gebiete mit genügend Nahrung auszuweichen. Das tun zum Beispiel die Zugvögel. Sie fliegen rechtzeitig vor Beginn der kalten Jahreszeit in wärmere Gebiete. Viele gleichwarme Tiere verbringen die Wintermonate im Winterschlaf oder in Winterruhe. Dadurch sparen sie Energie. Im **Winterschlaf** ziehen sich die Tiere, zum Beispiel die Fledermaus, an geschützte Orte zurück (Abb. 1). Die Atmung ist während des Winterschlafs stark verlangsamt. Die Körpertemperatur sinkt auf Werte zwischen plus fünf Grad Celsius und null Grad. Auf diese Weise wird Energie gespart. Sinkt die Temperatur des Körpers auf einen Wert, der lebensbedrohlich ist, erwachen die Tiere. Sie stellen die dafür notwendige Energie aus den vor dem Winter angefressenen Fettreserven bereit.

Das Eichhörnchen zieht sich während des Winters in seinen Kobel zurück und fällt in einen tiefen, ruhigen Schlaf (Abb. 2). Beim Eichhörnchen verändert sich weder die Körpertemperatur noch die Atmung. Die Tiere stellen Energie aus zuvor angefressenen Fettreserven bereit oder sie erwachen für kurze Zeit, um sich von gesammelten Nahrungsvorräten zu ernähren (Abb. 2). Diese Form der Überwinterung nennt man **Winterruhe.** Andere gleichwarme Tierarten wie die Rehe sind im **Winter aktiv** (Abb. 3). Sie fressen sich im Herbst eine dicke Fettschicht an und bekommen ein dichtes Fell. Häufig fressen sie im Winter anderes Futter als im Sommer.

Wenn es im Herbst zunehmend kälter wird, können sich **wechselwarme Tiere** wie Eidechsen oder Frösche nur noch sehr langsam bewegen. Sie ziehen sich in frostsichere Verstecke im Boden zurück. Mit dem Sinken der Temperatur werden sie völlig bewegungsunfähig. Sie fallen in eine **Kältestarre** (Abb. 4). Während der Kältestarre im Winter gleicht ihre Körpertemperatur der Temperatur der Umgebung. Herzschlag, Atmung und Stoffwechsel sind stark herabgesetzt. Bei starkem Frost können die Tiere erfrieren. Die im Herbst aufgesuchten Verstecke müssen daher besonders geschützt sein.

1 Überwinterungsstrategien von Tieren. Ordne die Tiere in Abbildung 5 einer Überwinterungsstrategie zu. Begründe deine Entscheidung.

Murmeltier
Vor dem Winter legen sie sich dicke Fettpolster zu. Ab Oktober bleiben sie in ihrem etwa zwei Meter unter der Erde liegenden Bau. Er ist mit Gras isoliert und wird selten kühler als fünf Grad Celsius. Die Körpertemperatur fällt von 39 auf 7 bis 9 Grad Celsius. Die Atmung ist auf ein Minimum reduziert. Etwa alle zwölf Tage werden sie aktiv.

Saatgans
Sie brütet in der Tundra im hohen Norden. Von September bis März kann man sie in Norddeutschland finden.

Erdkröte
Wird es im Herbst kälter, bewegt sie sich langsamer. Sie verkriecht sich in der Erde oder im Schlamm der Laichgewässer. Hier überdauert sie die kalte Jahreszeit regungslos.

Fuchs
Er frisst sich im Herbst eine dicke Fettschicht an. Außerdem wächst ihm ein dickes Fell, das ihn gegen Kälte schützt.

Kohlmeise
Im Winter fressen sie Samen, Nüsse oder Beeren anstatt Würmer und Schnecken. Sie müssen morgens nach dem Aufwachen schnell Futter finden. Haben Meisen nur einen halben Tag nichts zu fressen, verhungern sie.

5 *Überwinterungsstrategien*

Temperatur in °C	Atemzüge pro Minute
0	0
5	0
10	1
15	5
20	11
25	31
30	88

6 *Atmung eines Grasfrosches bei verschiedenen Temperaturen*

2 Der Grasfrosch im Winter.
a) Übertrage die in Abbildung 6 angegebenen Werte in ein Säulendiagramm. Beschreibe das Diagramm in einem zusammenhängenden Text.
b) Was kannst du über den Energiebedarf des Grasfrosches bei verschiedenen Temperaturen aussagen?
c) Begründe, weshalb Frösche kein Fettgewebe benötigen wie die Winterschläfer. Verwende dazu den Grundwissentext.

3 Fledermaus und Eichhörnchen im Jahreslauf.
a) Vergleiche die Herzschläge und die Körpertemperatur von Eichhörnchen und Fledermaus innerhalb des Jahresverlaufes (Abb. 7). Ordne die beiden Tierarten einer Überwinterungsstrategie zu.
b) Die Fledermaus ernährt sich vor allem von Insekten, das Eichhörnchen frisst Kiefernsamen, Esskastanien, Walnüsse, Haselnüsse, Eicheln und außerdem Beeren, Knospen, Insekten, Eier, Jungvögel. Stelle einen Zusammenhang zwischen Nahrung und Überwinterungsstrategie her.

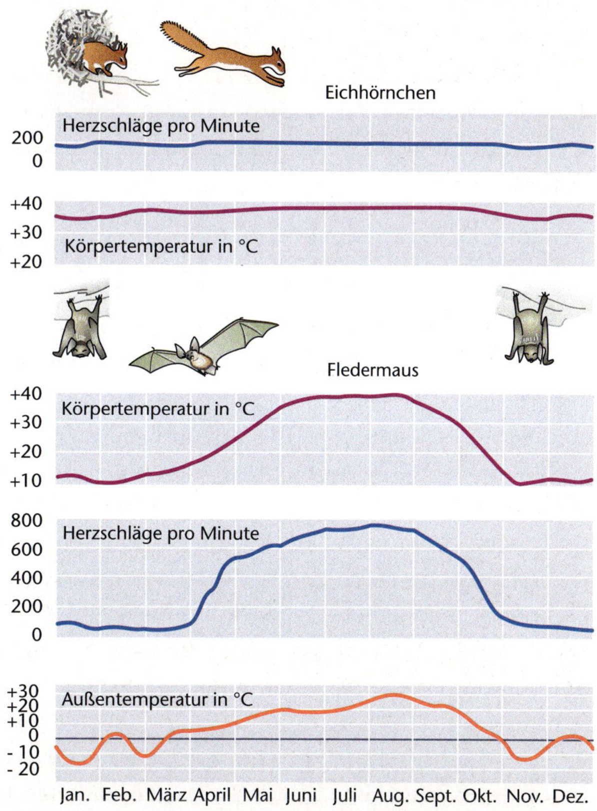

7 *Herzschläge und Körpertemperatur von Eichhörnchen und Fledermaus im Jahreslauf*

Zusammenfassung: Tiere in ihrem Lebensraum

Auf diesen Seiten sind noch einmal wesentliche Erkenntnisse der Biologie, die Basiskonzepte, dargestellt. Weitere Informationen über Basiskonzepte findest du auf der Methodenseite *„Nur nicht den Überblick verlieren – Basiskonzepte“* in diesem Buch.

1. Feldhasen besitzen Angepasstheiten, um rechtzeitig und schnell vor Feinden zu fliehen. Dazu gehört die seitliche Stellung der Augen, um auch nach hinten sehen zu können.

2. Maulwürfe besitzen für ihre unterirdische Lebensweise eine Reihe von Angepasstheiten. Dazu gehört, dass ein Maulwurf gut riechen und tasten kann. Die kräftigen Vorderbeine sind wie Schaufeln gebaut.

3. Kennzeichen der Wirbeltiere ist ein innen liegendes Skelett mit einer knöchernen Wirbelsäule. Dieses Merkmal unterscheidet Wirbeltiere von Wirbellosen. Fische, Amphibien, Reptilien, Vögel und Säugetiere heißen die fünf Klassen der Wirbeltiere. Sie haben Gemeinsamkeiten und Unterschiede.

4. Jedes Wirbeltier hat Organe, unter anderem Atmungsorgane, Blut, Bewegungsorgane, Sinnesorgane und Ausscheidungsorgane. Alle Organe eines Lebewesens arbeiten zusammen wie die Teile eines Systems.

5. Fische atmen mit Kiemen. Die Kiemen haben eine sehr große Oberfläche, so dass sie viel Sauerstoff aus dem Wasser aufnehmen können.

6. Bei den Fischen und bei den Amphibien erfolgt die Befruchtung außerhalb des Körpers im Wasser. Das nennt man äußere Befruchtung. Reptilien, Vögel und Säugetiere haben dagegen eine innere Befruchtung.

7. Grasfrösche gehören zu den Amphibien. Aus den befruchteten Eiern schlüpfen Larven, die man Kaulquappen nennt. Sie atmen mit Kiemen. Die Kaulquappen wandeln sich zum Grasfrosch um, der mit Lungen atmet.

8. Vögel und Säugetiere sind gleichwarme Tiere. Sie können ihre Körpertemperatur regeln. Wechselwarme Wirbeltiere sind Reptilien, Amphibien und Fische. Auch die Insekten und andere wirbellose Tiere sind wechselwarm.

9. Vögel besitzen Angepasstheiten, die für den Lebensraum Luft vorteilhaft sind. Dazu gehören leichte Knochen und die Federn.

10. Die Entwicklung eines Vogels findet im Ei statt. Vogeleier enthalten viel nährstoffreichen Dotter als Nahrung für das heranwachsende Küken.

11. Licht, Temperatur sowie die Tageslänge ändern sich im Jahreslauf. Das hat Auswirkungen auf Tiere und Pflanzen. Lebensräume verändern sich im Lauf der Jahreszeiten.

12. Tiere verfügen über Angepasstheiten, mit denen sie den Winter überstehen können. Manche ziehen in wärmere Gebiete (Zugvögel), manche finden noch genug Futter und bleiben im Winter aktiv (Rehe), andere halten Winterschlaf (Fledermaus) oder Winterruhe (Eichhörnchen). Wechselwarme Tiere ziehen sich in frostsichere Verstecke zurück und fallen in Kältestarre.

1 **Basiskonzepte zuordnen.** Ordnet jedem Sachverhalt auf dieser Seite (Nr. 1 bis 12) ein Basiskonzept oder mehrere Basiskonzepte (rechte Seite) zu.
Beispiel: siehe Nr. 1 (linke Seite) *„Feldhasen besitzen Angepasstheiten, um rechtzeitig und schnell vor Feinden zu fliehen. Zu diesen Angepasstheiten gehört die seitliche Stellung der Augen, die es ermöglicht, auch nach hinten zu sehen“*. Diese Aussagen passen zum Basiskonzept *„Vielfalt und Angepasstheit“*.

Basiskonzepte – grundlegende Erkenntnisse im Fach Biologie

System

■ **System**
Ein System besteht aus mehreren Teilen. Zwischen den Teilen eines Systems gibt es Beziehungen und Wechselwirkungen. Meistens arbeiten die Teile eines Systems zusammen.
Biologische Systeme können unterschiedlich groß sein: Die ganze Erde, ein bestimmter Lebensraum, ein Lebewesen mit seinen Organen oder ein Organ eines Lebewesens.

Entwicklung

■ **Fortpflanzung und Entwicklung**
Lebewesen haben eine begrenzte Lebensdauer. Durch Fortpflanzung vermehren sich Lebewesen und dadurch wird ihr Fortbestand gesichert.
Lebewesen entwickeln sich im Laufe ihres Lebens und verändern sich dabei

■ **Lebensräume verändern sich**
Die Lebensräume von Tieren und Pflanzen verändern sich im Laufe der Zeit, zum Beispiel in den Jahreszeiten.

■ **Stammesgeschichte und Verwandtschaft**
Jedes heutige Lebewesen hat Vorfahren, Vor-Vorfahren, Vor-Vor-Vorfahren und so weiter. Lebewesen sind im Laufe langer Zeiträume aus anderen Lebewesen hervorgegangen. Das nennt man stammesgeschichtliche Entwicklung oder kurz „Stammesgeschichte".

■ **Vielfalt und Angepasstheit**
Auf der Erde gibt es eine große Vielfalt der Arten. Selbst die Nachkommen von Eltern zeigen neben Gemeinsamkeiten Unterschiede in den Merkmalen. Alle Lebewesen besitzen Merkmale, mit denen sie an ihre Umwelt angepasst sind. Solche vorteilhaften Merkmale nennt man Angepasstheiten.

Struktur und Funktion

■ **Struktur und Funktion**
Unter Struktur versteht man in der Biologie den Bau von Lebewesen und ihrer Organe. Mit ihrem Bau sind sie an bestimmte Aufgaben (Funktionen) angepasst, zum Beispiel sich zu bewegen und zu ernähren. – Zwischen Struktur und Funktion gibt es Zusammenhänge.

■ **Oberflächenvergößerung**
Lebewesen nehmen Stoffe aus der Umgebung auf. Je größer die Oberfläche ist, an der die Stoffaufnahme stattfindet, desto größer kann die Menge an Stoffen sein, die über diese Oberfläche aufgenommen wird.

■ **Gemeinsamkeiten und Unterschiede von Lebewesen**
Wenn man Lebewesen miteinander vergleicht, erkennt man Gemeinsamkeiten und Unterschiede.

■ **Steuerung und Regelung**
Viele Zustände und Vorgänge im Körper eines Lebewesen werden gesteuert oder geregelt. Dadurch werden die Bedingungen im Körper beständig (stabil) gehalten.

■ **Stoff- und Energieumwandlung**
Lebewesen nehmen Stoffe aus der Umgebung auf, wandeln sie um und geben Stoffe an die Umgebung ab. Manche Stoffe enthalten viel nutzbare Energie. Energie ist für alle Lebensvorgänge notwendig.

Den eigenen Körper verstehen und gesund erhalten

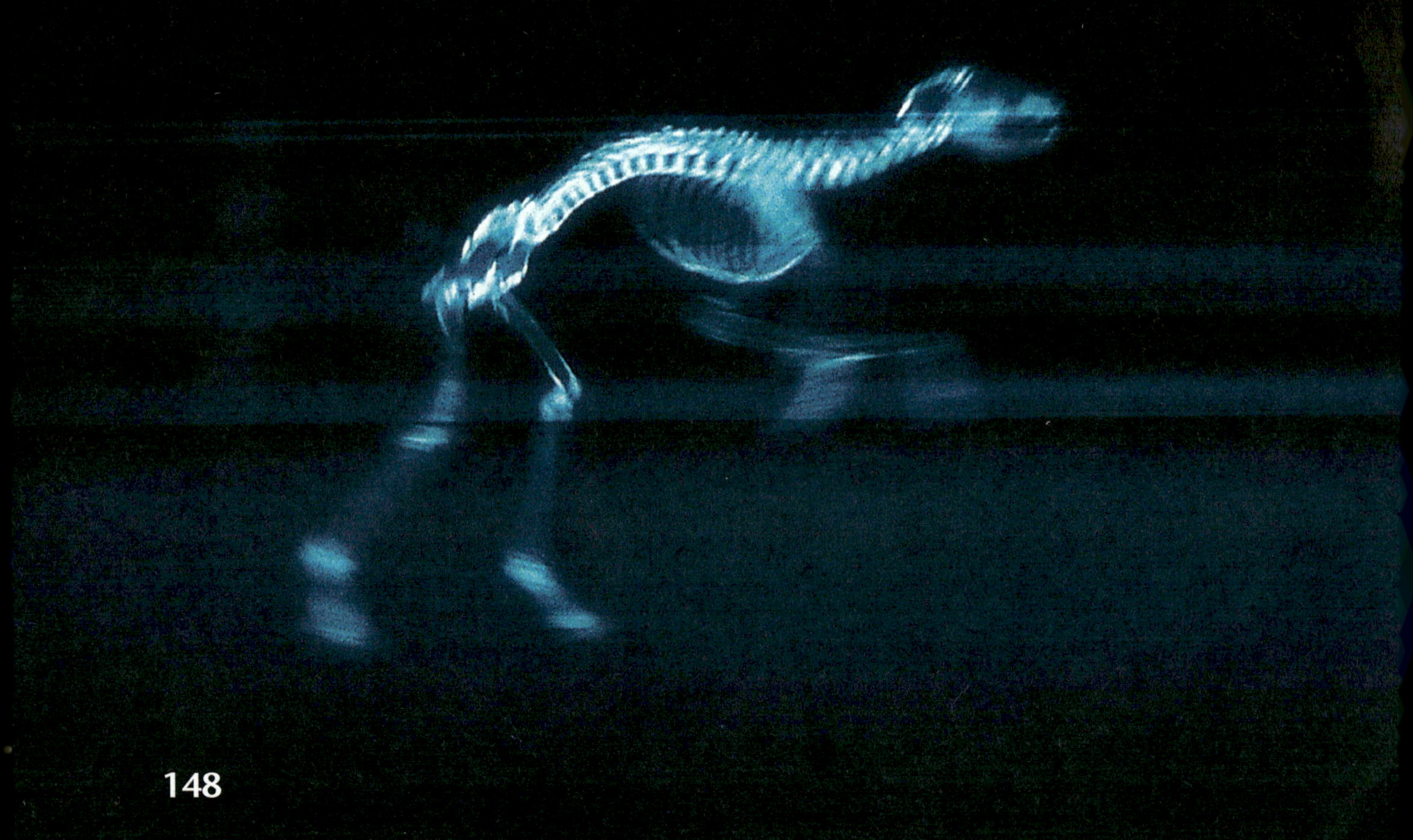

11 Ernährung

11.1 Bedeutung der Ernährung

1 *Auswahl von Worten, die etwas mit „Ernährung“ zu tun haben können*

Alle Lebewesen nehmen Stoffe aus ihrer Umgebung auf, wandeln sie im Körper um und geben Stoffe an ihre Umgebung ab. Aufnahme, Umwandlung und Abgabe von Stoffen nennt man **Stoffwechsel**. Neben der Atmung ist auch die Ernährung ein wichtiger Stoffwechselvorgang.

Für jeden Menschen ist es lebensnotwendig, Nahrung zu sich zu nehmen. Die Nahrung enthält Stoffe, die im Körper benötigt werden. **Nahrungsmittel** werden nach ihrer Herkunft in tierische und pflanzliche Nahrungsmittel unterteilt.

Manche Nahrungsmittel werden roh gegessen, zum Beispiel Obst, andere sind nur wenig verarbeitet. Stark verarbeitete Nahrungsmittel sind zum Beispiel Cornflakes.

Die Vielfalt an Nahrungsmitteln ist sehr groß. In verschiedenen Ländern der Erde gibt es unterschiedliche **Hauptnahrungsmittel**. So bezeichnet man die Nahrungsmittel, die den größten Teil zur Ernährung beitragen.

Menschen beschäftigen sich täglich mit Ernährung und geben dafür Geld aus. Was jemand gerade zu einem bestimmten Zeitpunkt isst, hängt von zahlreichen Einflüssen ab: zum Beispiel vom Hungergefühl, Verfügbarkeit des Nahrungsmittels, Preis, Verträglichkeit, Anspruch an den Geschmack und andere Eigenschaften, Genuss, Neugier sowie anderen Menschen. Essen und Trinken sind Tätigkeiten, die nicht nur der Sättigung dienen, sondern von Wahrnehmungen und Gefühlen begleitet werden. Wohlbefinden und Gesundheit eines Menschen hängen auch von seiner Ernährung ab.

2 Familie Caven, USA.
Hauptnahrungsmittel: *Weißbrot, Nudeln, Bagles, Brezeln, Tortillas, Waffeln, Brokkoli, Mischgemüse aus der Gefriertruhe, Karotten, Erbsen, Äpfel, Bananen, Weintrauben, Mandarinen, Eier, Hühnerbrust, Rindfleisch, Thunfisch, Käse, Milch, Apfelsaft, Cola, Kaffee, Orangensaft, Mineralwasser*
Ausgaben für Lebensmittel pro Familienmitglied und Woche: *35 Euro*
Durchschnittseinkommen in den USA pro arbeitende Person und Woche: 650 Euro
Lebenserwartung: *77 Jahre*

3 Familie Natomo, Mali.
Hauptnahrungsmittel: *Hirse, Reis, Mais, Okraschoten, Zwiebeln, Tomaten, Tamarinden, Mangos, Orangen, Trockenfisch, Wasser, Sauermilch*
Ausgaben für Lebensmittel pro Familienmitglied und Woche: *2 Euro*
Durchschnittseinkommen in Mali pro arbeitende Person und Woche: *6 Euro*
Lebenserwartung: *54 Jahre*

4 Familie Celik, Türkei.
Hauptnahrungsmittel: *Brot, Reis, Linsen, Kartoffeln, Spinat, Zucchini, Tomaten, Erbsen, Oliven, Kopfsalat, Kohl, Lauch, Bananen, Orangen, Granatäpfel, Eier, Rindfleisch, Fisch, Jogurt, Feta-Käse, Tee, Milch, Cola, Saft, Kaffee*
Ausgaben für Lebensmittel pro Familienmitglied und Woche: *21 Euro*
Durchschnittseinkommen in der Türkei pro arbeitende Person und Woche: *66 Euro*
Lebenserwartung: *69 Jahre*

1 Ernährungssätze. Schreibe untereinander verschiedene sinnvolle Sätze über das Thema Ernährung. Jeder Satz soll wenigstens ein Wort aus Abbildung 1 enthalten, zum Beispiel: „Ich freue mich auf das leckere Pausenfrühstück."

2 Zu Gast bei Familie Caven (USA), Familie Natomo (Mali) und Familie Celik (Türkei).
a) Fertige auf einer ganzen Seite in deinem Heft eine Tabelle mit vier Spalten (für jede Familie eine und eine für die Beschriftung) und sechs Zeilen an. Beschrifte die Zeilen von oben nach unten mit „Getreideprodukte", „Gemüse", „Früchte", „tierische Erzeugnisse", „Milchprodukte" und „Getränke". Fülle die Tabelle aus, indem du die schriftlichen Angaben aus Abbildung 2 bis 4 auswertest.
b) Vergleiche das durchschnittliche Einkommen pro Woche und die Ausgaben für Ernährung in den USA, in Mali und in der Türkei.

11.2 Nährstoffe sind wichtige Bestandteile der Nahrung

1 *Welches Brot würdest du dir zusammenstellen?*

In einem Nahrungsmittel sind Nährstoffe enthalten. Das sind lebensnotwendige Stoffe, die im Körper aus der Nahrung freigesetzt und verwertet werden. Sie machen einen großen Teil der verwertbaren Stoffe eines Nahrungsmittels aus. **Nährstoffe** werden in drei Gruppen unterteilt: Kohlenhydrate, Fette und Eiweiße.

Die **Kohlenhydrate** aus unserer Nahrung stammen vor allem aus Brot und anderen Getreideprodukten sowie aus Kartoffeln und Hülsenfrüchten. Es gibt verschiedene Kohlenhydrate. Dazu gehören Traubenzucker (Glucose) und Fruchtzucker. Der handelsübliche Haushaltszucker heißt in der Fachsprache Saccharose. Stärke ist ein sehr häufiges Kohlenhydrat, vor allem in Kartoffeln und in Getreide. **Fette** kommen in Ölen, Butter, Wurst und anderen Fleischprodukten in hohen Anteilen vor. Fette werden in der Fachsprache auch Lipide genannt. Der Begriff **Eiweiß** geht auf das Weiße in gekochten Hühnereiern zurück. Außer Eiern enthalten Hülsenfrüchte, Fleisch und Fisch viel Eiweiß. In der Fachsprache werden Eiweiße auch Proteine genannt.

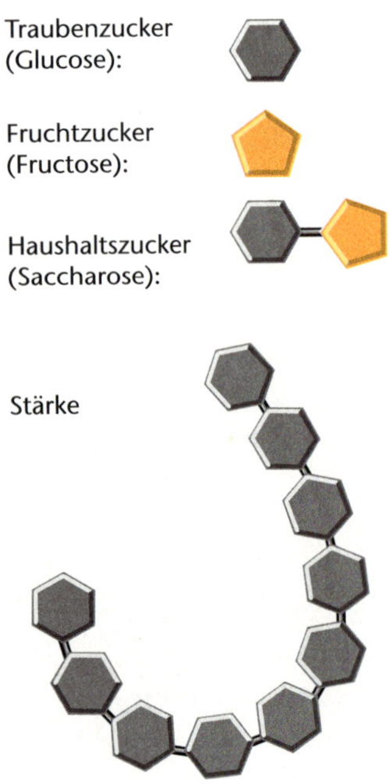

2 *Modelldarstellung von Kohlenhydraten*

Der Anteil von Kohlenhydraten, Eiweißen und Fetten in Nahrungsmitteln ist sehr unterschiedlich. Ob ein Nahrungsmittel einen Nährstoff enthält, kann man mit chemischen Nachweisverfahren untersuchen. Viele Nachweisverfahren in der Biologie, Chemie, Lebensmitteltechnik und Arzneimittelherstellung beruhen auf Farbveränderungen. Der Nachweis von Stärke durch Iod-Kaliumiodid-Lösung oder von Glucose mit Teststäbchen erfolgt durch Farbveränderungen.

Nährstoffe nachweisen

1 Nachweis von Eiweiß. Wenn Milch einige Tage im Warmen steht, kann sie sauer werden. In saurer Milch gerinnt das enthaltene Eiweiß zu weißen Flocken. Die Eiweißgerinnung kannst du bei frischer Milch auch durch Zugabe von Essig (enthält Essigsäure) oder durch Zitronensaft (enthält Zitronensäure) auslösen (Abb. 3). Prüfe Eiklar und verschiedene Getränke auf Eiweiß – z. B. Orangensaft, Mineralwasser – durch Zugabe von Zitronensaft oder Essig.

2 Nachweis von Stärke. Iod-Kaliumiodid-Lösung färbt Stärke blauviolett. Untersuche verschiedene Nahrungsmittel auf Stärke, zum Beispiel Brot, Bananen, Äpfel. Trockene Nahrungsmittel wie Nudeln oder Brot müssen erst eingeweicht werden.

3 *Eiweißnachweis*

4 *Fettnachweis*

3 Nachweis von Fett. Nimm ein Blatt Papier, streiche etwas Butter darauf und halte das Blatt gegen das Licht. Was beobachtest du? Untersuche mit diesem Nachweisverfahren auch andere Nahrungsmittel, zum Beispiel Wurst, Apfel, Käse, Brot.

4 Nachweis von Glucose. Glucose kann man mit Teststäbchen nachweisen. Sie enthalten ein kleines Feld, dessen Farbe sich je nach Gehalt an Glucose verfärbt. Prüfe verschiedene Flüssigkeiten und Säfte auf Glucose, zum Beispiel Orangensaft, Traubensaft, Mineralwasser, Cola-Getränke, Light-Getränke. Früchte und bestimmte Gemüse, zum Beispiel Zwiebeln, Möhren, Gurken, kannst du vorher auspressen oder zu einem Brei zerquetschen, bevor du das Teststäbchen einsetzt.

	K	F	E
Hühnerfleisch	0	12	22
Rindfleisch	0	14	20
Schweinefleisch	0	27	17
Gänsefleisch	0	44	13
Eier	1	10	13
Champignons	2	1	5
Spinat	2	0	2
Vollmilch	5	3	3
Nüsse	8	61	17

	K	F	E
Fruchtjogurt	10	2	3
Kartoffeln	19	1	2
Bananen	24	0	1
Schokolade	34	26	20
Vollkornbrot	48	1	8
Weißbrot	56	1	7
Reis	78	1	7
Honig	79	0	<1
Gurken	1	0	<1

5 *Nährstoffgehalt (***Kohlenhydrate***,* **Fette***,* **Eiweiße***) verschiedener Nahrungsmittel (g pro 100 g)*

5 Nahrungsmittel nach ihrem Nährstoffgehalt ordnen. Ordne die Nahrungsmittel in Abbildung 5 schriftlich in aufsteigender Folge nach ihrem Gehalt a) an Kohlenhydraten: **K**, b) an Fetten: **F** und c) an Eiweißen: **E**.

11.3 Vitamine, Mineralsalze, Zusatzstoffe

Vitamine sind Stoffe, die schon in kleinsten Mengen lebenswichtige Funktionen erfüllen. Viele Vitamine kann der menschliche Körper nicht selbst herstellen. Er ist deshalb auf eine regelmäßige Versorgung mit Vitaminen aus der Nahrung angewiesen. Fehlt ein Vitamin längere Zeit in der Nahrung, kann das zu Vitamin-Mangelerkrankungen führen. Bei uns sind solche Erkrankungen sehr selten. Eine abwechslungsreiche Ernährung verhindert Mangelerkrankungen. Man unterteilt Vitamine in Gruppen, die mit einem Großbuchstaben versehen sind. Nach der Art ihres Transportes im Körper unterscheidet man fettlösliche und wasserlösliche Vitamine.

Wasser ist ein sehr wichtiges Lebensmittel. Es muss in größerer Menge mit der Nahrung aufgenommen werden. Es sollten etwa zwei Liter Wasser, z.B. als Saft oder Früchtetee, täglich getrunken werden.

Mineralsalze sind ebenfalls Bestandteile der Nahrung, die im Körper für vielfältige Aufgaben benötigt werden. Wenn der tägliche Bedarf eines Mineralsalzes geringer als 100 Milligramm (mg) ist, spricht man auch von Spurenelementen.

Zusatzstoffe werden einem Nahrungsmittel bei der Herstellung bewusst zugesetzt. Dazu gehören unter anderem Konservierungsmittel, die ein Nahrungsmittel nicht so schnell verderben lassen, sowie Farbstoffe, Aromastoffe und Süßungsmittel. Zusatzstoffe werden häufig mit einer E-Nummer auf der Verpackung gekennzeichnet.

Julius Bernhard Rohr (1688–1742) behauptet, es bestünde eine Beziehung zwischen dem Vorkommen von Heilpflanzen und der Häufigkeit von Krankheiten. Als Beispiel führt er das Scharbockskraut (Skorbutkraut) an. … So gibt die göttliche Vorsehung den Seeleuten ein bequemes Mittel gegen den Skorbut in die Hand. (aus dem Text zur Zeichnung)

1 *Heilkräuter-Buch aus dem Jahre 1773, mit Zeichnung des Scharbockskraut*

2 *Vitamine – Vorkommen und Bedeutung*

1 Skorbut und Scharbockskraut. Die Krankheit Skorbut war früher bei Seefahrern berüchtigt. Erste Symptome zeigten sich in starker Müdigkeit, Zahnfleischblutungen und verstärkter Anfälligkeit gegenüber Infektionskrankheiten. Die Krankheit galt als unheilbar, bis der englische Schiffsarzt JAMES LIND im Jahre 1752 bewies, dass die vorbeugende Einnahme von Zitronensaft Skorbut verhinderte. LIND gab zwölf erkrankten Personen eine Basiskost, die mit verschiedenen Substanzen kombiniert wurde. Je zwei Personen erhielten Apfelwein, verdünnte Schwefelsäure, Essig, Meerwasser oder Zitrusfrüchte. LIND fiel auf, dass bei den Personen, die die Zitrusfrüchte erhalten hatten, die Symptome zurückgingen. Später erwiesen sich auch frische Kartoffeln und Sauerkraut sowie Kräuter wie Scharbockskraut und Löffelkraut als wirksam gegen Skorbut.

Beschreibe anhand des Textes die Untersuchungsergebnisse des Schiffsarztes LIND (1752). Erkläre, welche Bedeutung der Name Scharbockskraut hat (Abb. 1).

2 Vorkommen von Vitaminen. Fertige anhand der Abbildung 2 eine Tabelle an. Schreibe zu jedem Vitamin, in welchen Nahrungsmitteln es häufig vorkommt.

3 Vitamin-A-Mangel. Lies den Text in Abbildung 4. Schreibe in Stichworten die Ursachen, Folgen und Behandlungsmöglichkeiten der Erblindung in dein Heft.

4 Angaben auf Lebensmittel-Etiketten. Fertige eine Tabelle für drei Lebensmittel an. Beschrifte die Spalten mit: Kohlenhydrate, Fette, Eiweiße, Vitamine, Mineralsalze und Energiegehalt. Übertrage die Angaben von sechs verschiedenen Lebensmittel-Etiketten in die Tabelle und vergleiche.

5 Nachweis von Vitamin C. Vitamin-C-Teststäbchen zeigen durch eine Farbveränderung den Gehalt an Vitamin C an (Abb. 4). Prüfe mit solchen Teststäbchen den Vitamin-C-Gehalt verschiedener frisch gepresster Säfte. Erarbeite am Beispiel von Orangensaft, ob sich kurzzeitiges Kochen und mehrtägiges Aufbewahren im Kühlschrank auf den Vitamin-C-Gehalt auswirken.

3 *Nachweis von Vitamin C*

Jedes Jahr erblinden in den Entwicklungsländern über 200 000 Kinder. In vielen Regionen Afrikas können Babys und Kleinkinder in der Dämmerung kaum mehr sehen. In ihren Augen treten schaumig weiße Flecken auf. Die Kinder meiden das Licht und haben oft lange Zeit die Augen geschlossen. Schließlich vereitert die Hornhaut und löst sich binnen 3 bis 4 Stunden völlig auf. Die Kinder erblinden. Schuld daran ist eine einfache Tatsache: Sie bekommen zu wenig Vitamin A! Doch schwerer Vitamin-A-Mangel kann noch drastischere Folgen haben. Die Kinder sterben an Infektionskrankheiten, die ihr Körper nicht mehr bekämpfen kann.

Das Kinderhilfswerk der Vereinten Nationen (UNICEF) schützt das Augenlicht und das Leben der Kinder mit Hilfsprogrammen. Es gibt drei Wege zum Schutz vor Vitamin-A-Mangel:

1. Vitamin-A-Kapseln. Sie beseitigen Vitamin-A-Mangel. Drei Kapseln pro Jahr schützen die Kinder wirkungsvoll vor Erblindung und Tod.

2. Vitamin A in Lebensmitteln. In einigen Ländern unterstützt UNICEF Programme zur Anreicherung von Lebensmitteln mit Vitamin A.

3. Vitaminreiche Ernährung. Viele Mütter wissen zu wenig über vitaminreiche Ernährung. Hier informiert UNICEF die Mütter, wie wichtig gesunde Ernährung für die Entwicklung der Kinder ist. UNICEF hilft den Familien beim Anlegen von Gemüsegärten.

4 *Vitamin-A-Mangel in Entwicklungsländern*

Methode

Versuche durchführen

1 *Der Gehalt an Vitamin C in Orangensaft kann mit Teststreifen gemessen werden*

Biologen, Physiker und Chemiker sowie andere Naturwissenschaftler versuchen, die Gesetzmäßigkeiten der Natur zu erforschen und zu verstehen. Ein Weg, um Erkenntnisse über die Natur zu gewinnen, sind Versuche.

Versuche werden nach einem bestimmten Ablauf durchgeführt (Abb. 2). Hier geht es um die Frage, ob Kochen von Orangensaft den Gehalt an Vitamin C verändert?

Beobachtung	Mit Teststreifen kann man nachweisen, dass Gemüse und Obst Vitamin C enthält. Bei der Zubereitung von Essen werden Vitamin-C-haltige Nahrungsmittel oft erhitzt und gekocht.
Problemfrage	Wie beeinflusst drei Minuten langes Kochen den Gehalt an Vitamin C in frisch gepresstem Organsaft?
Hypothesen (Vermutungen)	Hypothese 1: Die Vitamin-C-Konzentration bleibt unverändert. Hypothese 2: Die Vitamin-C-Konzentration erhöht sich. Hypothese 3: Die Vitamin-C-Konzentration nimmt ab.
Versuch: Planung, Durchführung	Zwei Gläser werden mit frisch gepresstem Orangensaft je zur Hälfte gefüllt. Ein Glas wird nicht erhitzt (Kontrollversuch), die Flüssigkeit im anderen Glas wird erhitzt und drei Minuten gekocht, anschließend abgekühlt. Danach wird mit Teststäbchen in beiden Gläsern der Vitamin-C-Gehalt gemessen.
Ergebnis	Der Vitamin-C-Gehalt ist in drei Minuten lang gekochtem Orangensaft geringer als in ungekochtem Orangensaft.
Ergebnis-Auswertung in Bezug auf die Hypothesen	In diesem Versuch wurde die Hypothese 3 bestätigt, die beiden anderen Hypothesen nicht.
Fehlerdiskussion	Welche Fehlerquellen könnten dem Ergebnis zu Grunde liegen? Zum Beispiel: Teststreifen zu alt, nicht mehr brauchbar; Teststreifen nicht lange genug in die Flüssigkeit getaucht; durch das Kochen ging viel Flüssigkeit verloren, so dass Stoffe in der Flüssigkeit konzentrierter wurden, …
Übertragung	Es wird geprüft, ob das Ergebnis auf ähnliche Sachverhalte übertragen werden kann, zum Beispiel auf Gemüsesaft oder gekochte Kartoffeln. Unter Umständen ergeben sich neue Problemfragen, die weitere Versuche erfordern.

2 *Durchführung eines Versuchs*

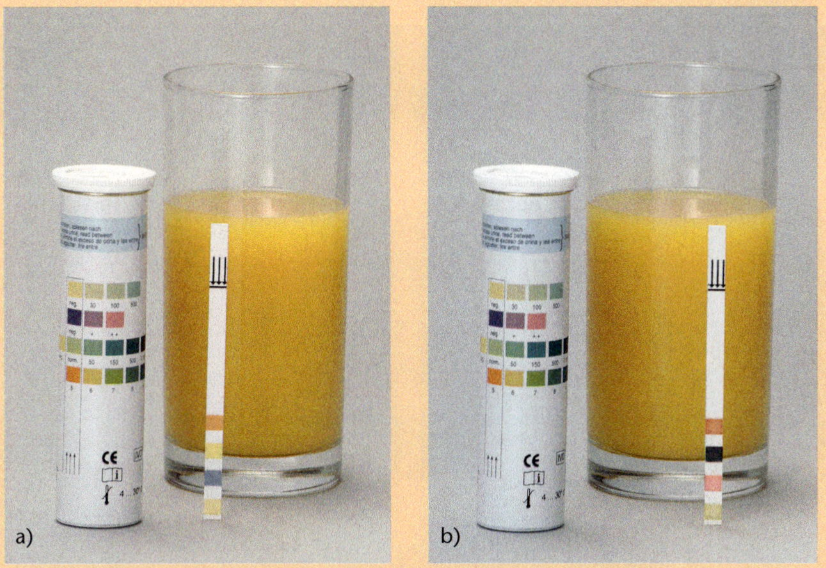

3 *Die Messergebnisse des Versuchs*

15. März 2007

Versuchsprotokoll

Beobachtung:	Gemüse und Früchte werden oftmals bei der Nahrungszubereitung gekocht.
Problemfrage:	Wird durch Kochen der Vitamin-C-Gehalt beeinflusst?
Hypothesen:	(1) Der Vitamin-C-Gehalt bleibt unverändert, (2) nimmt zu, (3) nimmt ab.
Versuch:	Vitamin-C-Teststäbchen; frisch gepresster Orangensaft; zwei Gläser etwa halb voll mit gleichem Volumen Orangensaft befüllt; der Inhalt des einen Glases wird erhitzt und drei Minuten gekocht; anschließend abkühlen lassen; dann messen; der Kontrollversuch wird nicht erhitzt.
Ergebnis:	Der Vitamin-C-Gehalt ist in drei Minuten lang gekochtem Orangensaft geringer als in ungekochtem Orangensaft. Hypothese 3 bestätigt, die beiden anderen Hypothesen konnten in diesem Versuch nicht bestätigt werden.
Fehlerdiskussion:	Die Teststreifen wurden unterschiedlich lang in die beiden Gläser eingetaucht; das könnte das Messergebnis beeinflusst haben.

4 *Beispiel für ein Versuchsprotokoll*

Um die Ergebnisse von Versuchen zu dokumentieren, werden Protokolle geschrieben. Darin werden die Schritte des Versuchs beschrieben (Abb. 4). Ein sorgfältiges Protokoll ermöglicht es anderen, die Ergebnisse nachzuvollziehen und zu überprüfen.

1 Vitamin-C-Gehalt und Dauer des Kochens. Entwirf eine Versuchsreihe, in der die Abhängigkeit des Vitamin-C-Gehalts von der Dauer der Kochzeit untersucht wird. Führe die Versuchsreihe durch und fertige ein Protokoll an.

11.4 Ausgewogene, gesunde Ernährung

1 *Schlaraffenland (PIETER BRUEGEL der Ältere, 1520–1569)*

Die aufgenommene Nahrung sollte genügend Energie enthalten und alle Stoffe für Wachstum und Erhalt des Körpers liefern. Außerdem ist wichtig, dass die Nahrung appetitlich aussieht, gut riecht, lecker schmeckt und mit Genuss verzehrt werden kann.

Man spricht von **ausgewogener Ernährung**, wenn die Nahrung alle Nährstoffe sowie Wasser, Vitamine, Mineralsalze und Ballaststoffe in der Mischung enthält, die ein Mensch braucht, um gesund und leistungsfähig zu bleiben. Weil kein Nahrungsmittel für sich allein ausgewogen zusammengesetzt ist, wird eine abwechslungsreiche, vielseitige Ernährung empfohlen. Unausgewogene Ernährung kann auf Dauer die Gesundheit gefährden. Sie bedeutet heutzutage bei uns meistens, dass zu fett, zu süß, zu salzig und zu viel gegessen wird.

Fehlernährung ist weltweit die häufigste Krankheitsursache. Dazu gehören Überernährung und Unternährung. Vielen hundert Millionen Kindern weltweit mangelt es an Nährstoffen, häufig an Eiweißen, bestimmten Vitaminen oder Mineralsalzen. Kinder, die bereits in ihren ersten Lebensjahren ständig Mangel leiden, bekommen sehr häufig ansteckende Krankheiten und lebensbedrohliche Durchfallerkrankungen. Ihre körperliche und geistige Entwicklung bleibt zurück.

Übergewicht entsteht dann, wenn dem Körper mehr Nährstoffe zugeführt werden, als er benötigt. Überschüssige Kohlenhydrate können im Körper in Fett umgewandelt und gespeichert werden. Andauernder Bewegungsmangel kann Übergewicht fördern.

1 Schlaraffenland. Fertige zu Abbildung 1 eine schriftliche Bildbeschreibung an. Was drückt das Bild aus? Welche Vorstellungen hast du vom Schlaraffenland? Wie steht es mit der Gesundheit im Schlaraffenland?

2 Ausgewogene Ernährung. Erläutere anhand des Ernährungskreises, was du unter einer ausgewogenen Ernährung verstehst (Abb. 2).

3 Fehlernährung. Beschreibe verschiedene Formen von Fehlernährung und ihre Ursachen.

4 Der Ernährungskreis. Man kann Nahrungsmittel in sieben Gruppen einteilen (Abb. 2). Die Empfehlung lautet: Wähle täglich und reichlich aus den Gruppen 1 bis 5, weniger und seltener Nahrungsmittel aus den Gruppen 6 und 7.
Stelle mithilfe des Ernährungskreises und den Empfehlungen dazu die Mahlzeiten für einen Tag zusammen. Wähle dabei besonders solche Lebensmittel, die du gerne magst.

2 *Ernährungskreis*

5 Ernährung in der Steinzeit und heute. Viele Hunderttausend Jahre haben die Vorfahren der Menschen als Jäger und Sammler in Gruppen gelebt. Dieser lange Zeitraum hat die Ernährungsweise der Menschen mehr beeinflusst als die ungefähr 50 Jahre, in denen es Supermärkte gibt.

a) Beschreibt die Lebensweise der Sammler und Jäger.
b) Vergleicht die Ernährung der Jäger und Sammler mit der heutiger Mitteleuropäer (Abb. 2). Sammelt zunächst Stichworte für den Vergleich. Führt dann den Vergleich durch. Diskutiert über das Ergebnis.

3 *In der Steinzeit*

11.5 Zähne und Gebiss

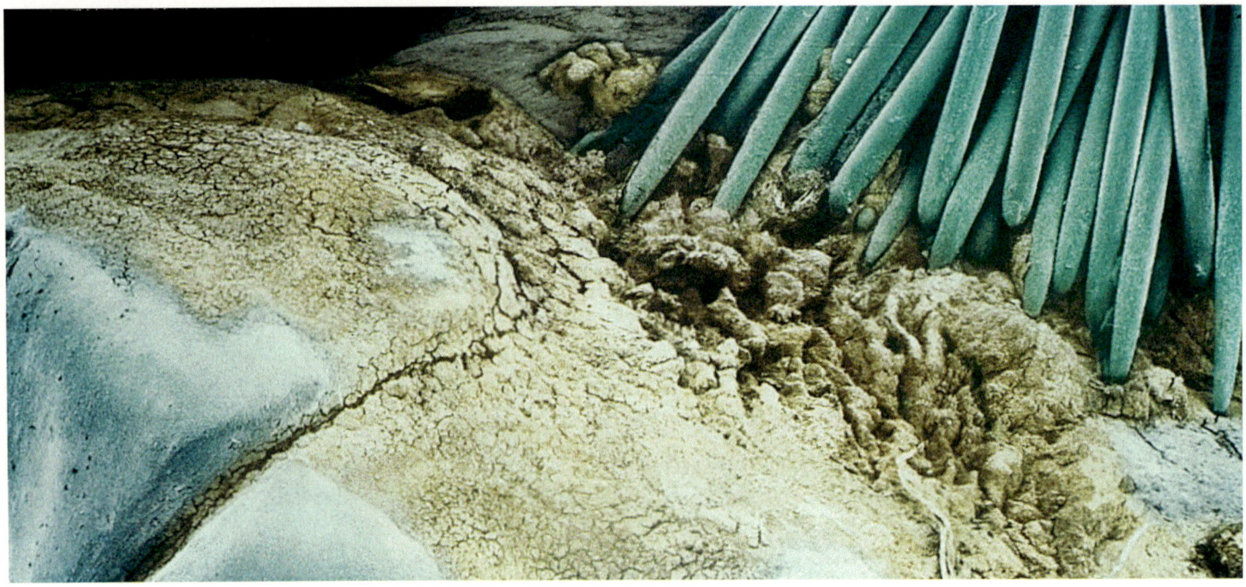

1 *Borsten einer Zahnbürste an einem Zahn mit Zahnbelag*

Im Laufe eines Lebens zerkleinert ein Mensch mit seinen Zähnen mehrere Tonnen Nahrung – weiche und harte, süße, saure, heiße und kalte. Beim kräftigen Zubeißen tritt ein Druck auf, der über hundert Kilogramm pro Quadratzentimeter entspricht.

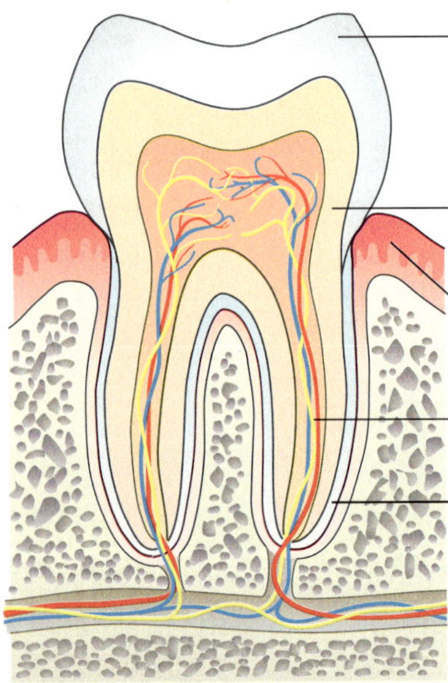

2 *Aufbau eines Backenzahns*

Der **Zahnschmelz** ist die härteste Substanz des Körpers und zum größten Teil aus Calciumsalzen aufgebaut. Der Teil des Zahnes, der in die Mundhöhle hineinragt, die Zahnkrone, ist vollständig davon überzogen.

Das **Zahnbein** (Dentin) macht den größten Teil eines Zahns aus. Es ist ähnlich hart wie ein Knochen. Winzige Kanäle durchziehen das Dentin.

Das **Zahnfleisch** umschließt den Zahnhals wie eine dicht anliegende Manschette.

Das **Zahnmark** enthält Blutgefäße und Nerven, die durch den Wurzelkanal in den Zahn eintreten.

Der **Zahnzement** befindet sich zwischen Zahnfleisch und Zahnwurzel. Im Zahnzement sind winzige Fasern verankert, die den Zahn mit dem Kieferknochen verbinden. Diese Fasern halten den Zahn fest in seinem „Bett“, dem **Zahnhalteapparat** (Parodont), und wirken bei kräftigem Kauen wie Stoßdämpfer.

Häufige **Zahnerkrankungen** sind Karies und Zahnfleischentzündung. Zahnfleischentzündungen können zur Lockerung und zum Ausfall von Zähnen führen. Regelmäßige und sorgfältige Zahnpflege sind sehr wirksame Möglichkeiten, um Zahnerkrankungen vorzubeugen. Karies ist die häufigste Erkrankung der Menschheit.

In der Mundhöhle leben **Bakterien.** Bakterien sind Kleinstlebewesen, so genannte Mikroorganismen. Viele Millionen von ihnen würden in den Rauminhalt eines Stecknadelkopfes passen. Bakterien können sich sehr schnell vermehren. Mithilfe eines klebrigen, zuckerhaltigen Stoffes heften sich bestimmte Bakterien an die Zahnoberfläche. Vor allem, wenn sie **Zucker** und andere Kohlenhydrate als Nahrung bekommen, vermehren sich die Bakterien stark. Überschüssiger Zucker wird in den klebrigen Haftstoff verwandelt. Der klebrige Haftstoff, die Bakterien selbst und Nahrungsreste bilden den **Zahnbelag** (Abb.1), auch Plaque (sprich:plak) genannt. Wenn die Bakterien Zucker aufnehmen und seine Energie für sich nutzen, fällt ein Abfallstoff an. Es ist eine **Säure**, die Milchsäure. Diese Säure kann den Zahnschmelz angreifen und Mineralsalze herauslösen. Wird der Zahnbelag nicht regelmäßig und gründlich entfernt, können Vertiefungen und schließlich kleine Löcher im Zahnschmelz entstehen. Bestimmte Stellen in den **Zähnen** werden von der Zahnbürste nur schwer erreicht. Bekommen die Bakterien weiterhin genug Zucker, bilden sie entsprechend viel Säure, die weiter Löcher in den Zahnschmelz und schließlich in das Zahnbein ätzt. Der Zahn fault. **Karies** heißt übersetzt „Zahnfäule".

3 *Entstehung von Karies*

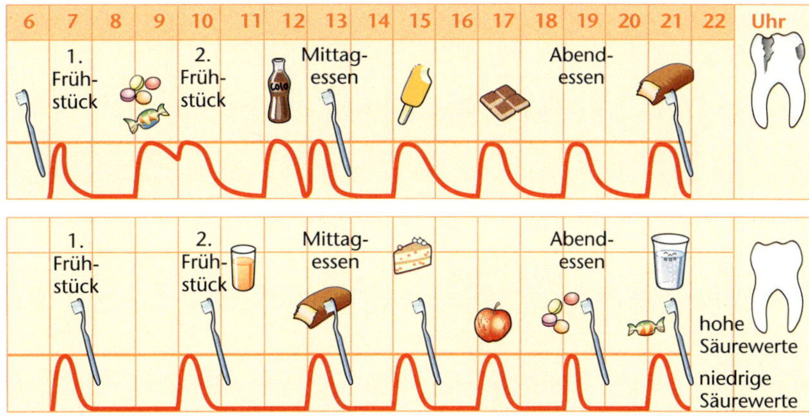

4 *Säurewerte im Tagesverlauf*

1 Säurewerte im Tagesverlauf. Werte die Abbildung 4 aus und notiere wichtige Ergebnisse in ganzen Sätzen.

2 Fließdiagramm: Entstehung von Karies. Betrachte Abbildungen 1 und 3. Erstelle aus dem Text ein Fließdiagramm zur Entstehung von Karies.
Du könntest so beginnen:

Bakterien besiedeln die Zahnoberfläche ...
↓
Wenn diese Bakterien Zucker ...

3 Vier Faktoren bei der Kariesentstehung. Erläutere in zusammenhängenden Sätzen die Abbildung 5.

4 Harte Materialien. Ordne wenistens zehn verschiedene Materialien auf einer Skala von „weich wie Butter" bis „hart wie Stahl" ein. Wo würdest du Zahnschmelz in die Skala einordnen?

5 Versuch zur Wirkung von Fluoriden. Reibe eine Hälfte eines Eies mit einem Fluoridgelee ein und lass es zehn Minuten wirken. Spüle nun das Gel unter dem Wasserhahn ab. Lege es anschließend in Essig (enthält Essigsäure). Beschreibe deine Beobachtungen. Viele Zahnpasten enthalten Fluoride. Welche Bedeutung haben Fluoride in Zahnpasta vermutlich?

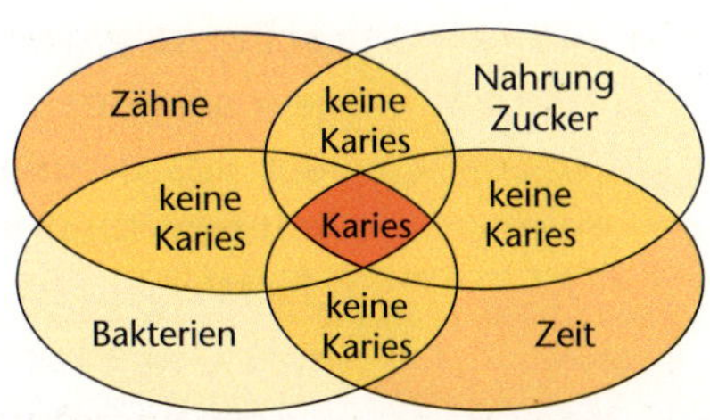

5 *Vier Faktoren wirken bei der Entstehung von Karies zusammen*

6 *Eine Eihälfte wurde mit Fluoridgel eingerieben*

12 Körperhaltung und Bewegung

12.1 Das Skelett des Menschen

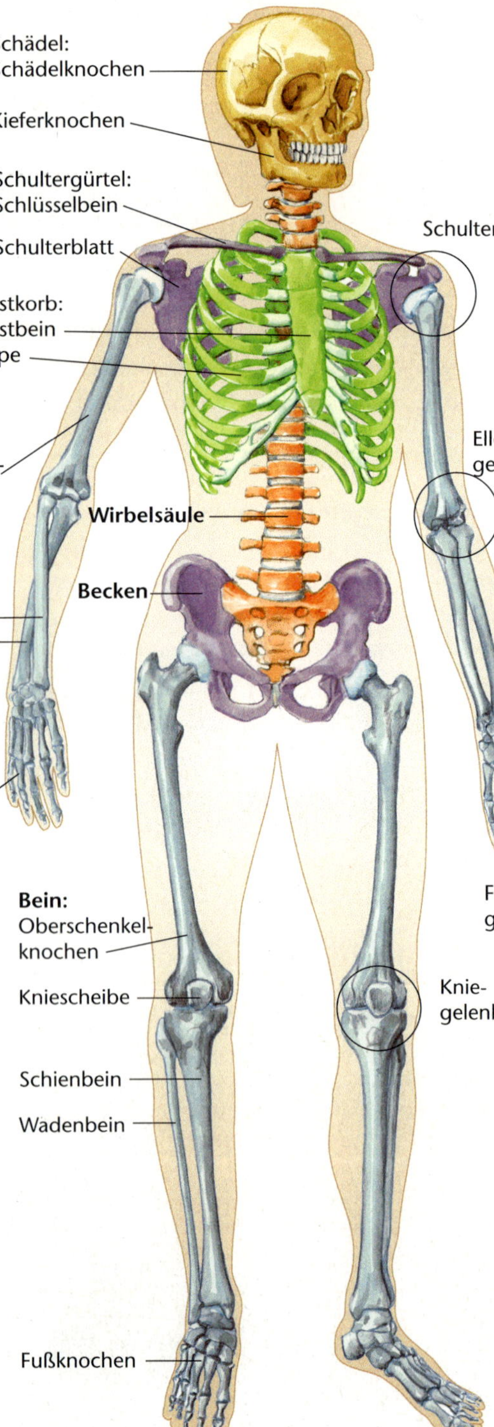

1 *Skelett des Menschen*

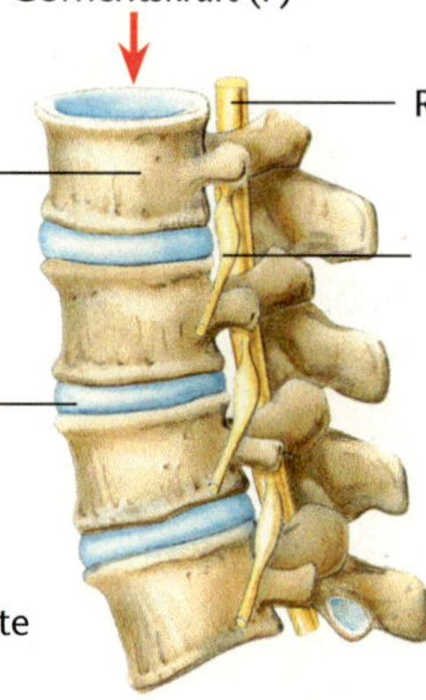

2 *Ausschnitt aus der Wirbelsäule (F ist das Zeichen für Kraft, abgeleitet aus dem Englischen „force")*

Das **Skelett** des Menschen besteht aus mehr als 200 Knochen. Das Skelett stützt und trägt den Körper, schützt die inneren Organe und ermöglicht die Bewegungen (Abb. 1).

Die Schädelknochen sind miteinander verwachsen und schützen das Gehirn. Die **Wirbelsäule** ist das zentrale Stützorgan des menschlichen Körpers (Abb. 2). Sie trägt den Kopf und stützt den Rumpf. Die Kräfte, die auf die Wirbelkörper wirken, werden durch die elastischen Bandscheiben gedämpft. Gleichzeitig umschließt die Wirbelsäule das Rückenmark, welches die Befehle des Gehirns weiterleitet. Im Brustbereich setzen zwölf Rippenpaare seitlich an der Wirbelsäule an. Zusammen mit dem Brustbein bilden sie den Brustkorb. Der Brustkorb schützt das Herz und die Lungen.

Der Mensch hat eine **aufrechte Körperhaltung**. So können die Arme und Hände viele unterschiedliche Aufgaben erfüllen und vielfältige Bewegungen ausführen. Sie sind durch den Schultergürtel, der aus Schulterblatt und Schlüsselbein besteht, mit dem Rumpf verbunden. Im unteren Bereich ist die Wirbelsäule mit den Beckenknochen verwachsen. Das Becken stellt die Verbindungsstelle zwischen Rumpf und Beinen dar. Es trägt die Organe des Bauches wie eine Schale. Die Beine und Füße tragen bei aufrechter Haltung den ganzen Körper und ermöglichen die Fortbewegung.

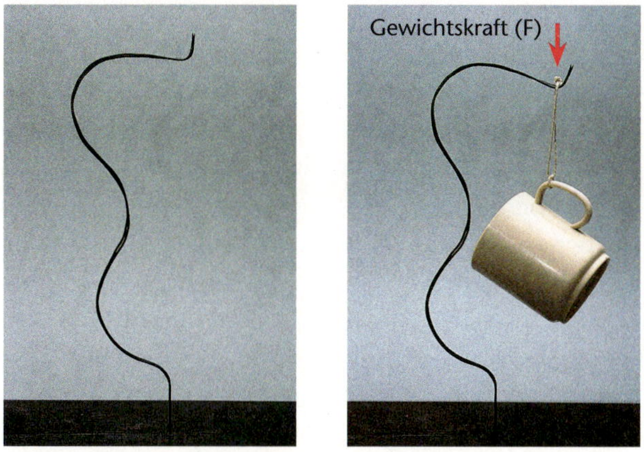

3 *Wirbelsäulenmodell mit S-Form*

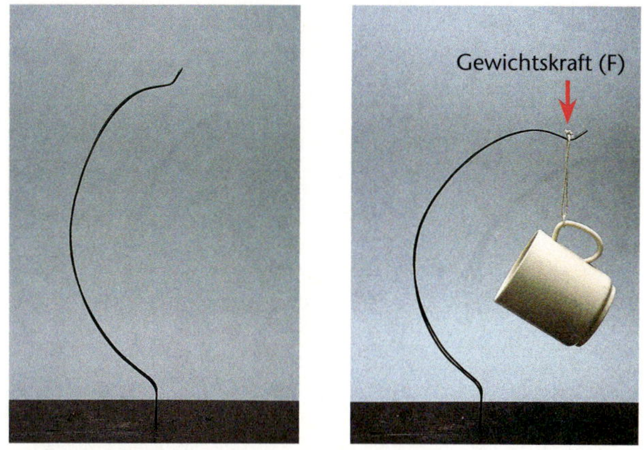

4 *Wirbelsäulenmodell als Bogen*

1 Bau der Wirbelsäule.
a) Beschreibe mithilfe der Abbildung 2 den Aufbau der Wirbelsäule.
b) Überlege, welche Aufgabe die Bandscheiben haben könnten.

2 Die Wirbelsäule eines Hundes. Vergleiche den Aufbau der Wirbelsäule bei Mensch und Hund. Entwickle einen Modellversuch, ähnlich wie in Abbildung 3 und 4, für einen Hund und zeichne ein mögliches Ergebnis auf.

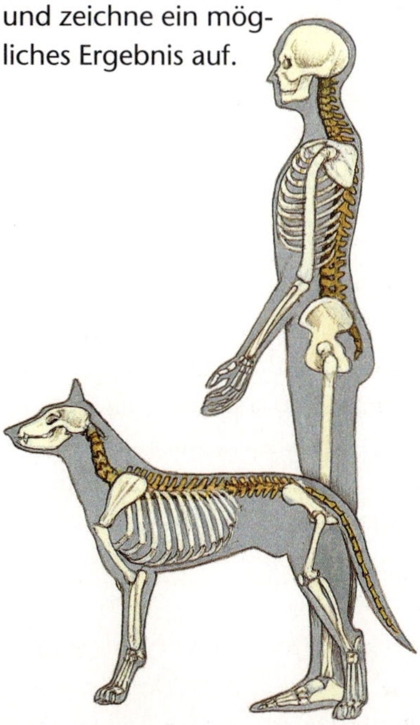

6 *Wirbelsäulen-Vergleich*

3 Welches Wirbelsäulenmodell hält Belastungen besser aus? Vergleiche die unterschiedlichen Formen der Wirbelsäulenmodelle aus Draht und beschreibe die Unterschiede (Abb. 3,4). Welches Modell ähnelt deiner Wirbelsäule? Formuliere aus diesen Ergebnissen Rückschlüsse über die Belastbarkeit der menschlichen Wirbelsäule.

4 Skelettfund aus der Steinzeit. Ordne den mit Ziffern gekennzeichneten Skelettteilen mithilfe der Abbildung 1 die entsprechenden Fachbegriffe zu.

5 *Skelettfund aus der Steinzeit*

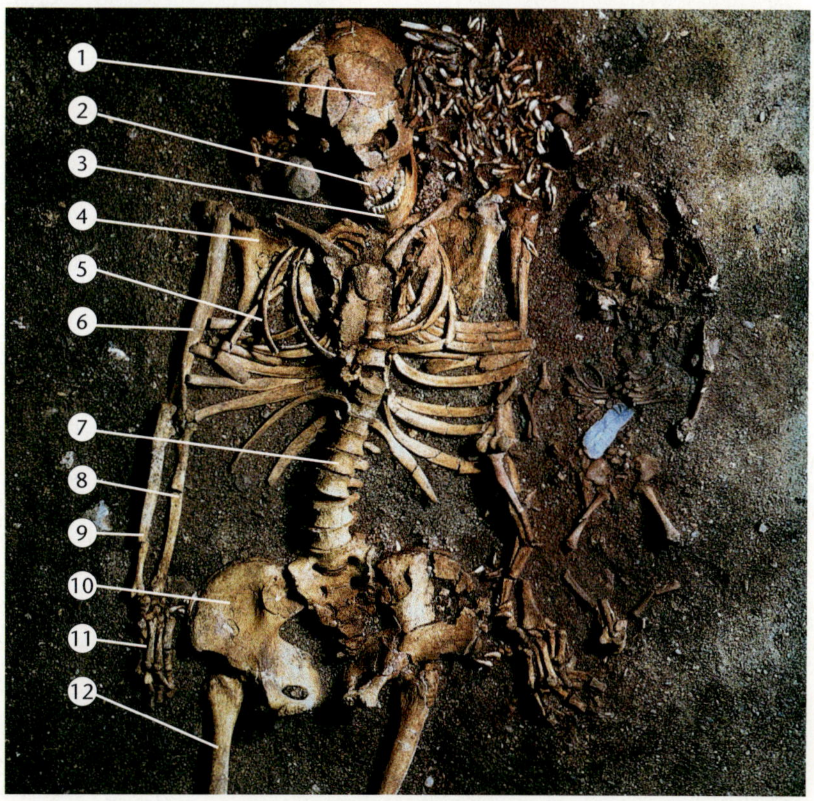

12.2 Knochen und Gelenke

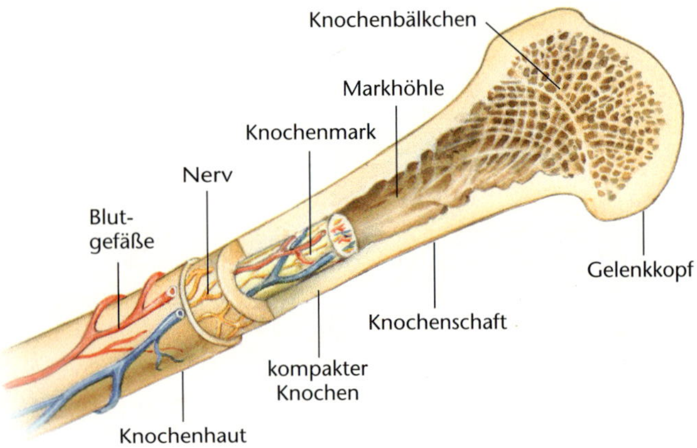

1 *Aufbau eines Röhrenknochens*

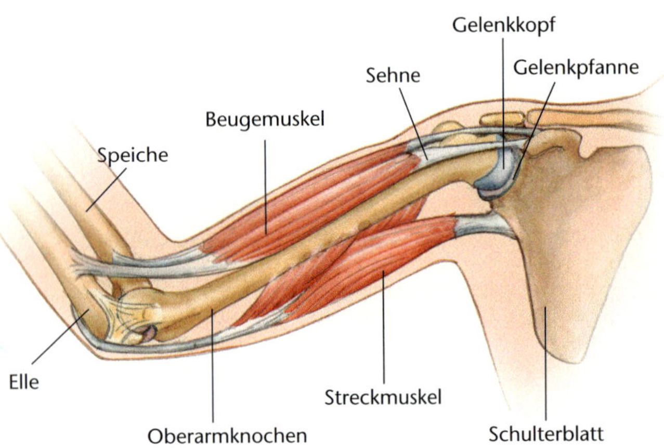

2 *Knochen, Muskeln und Gelenke im Oberarm*

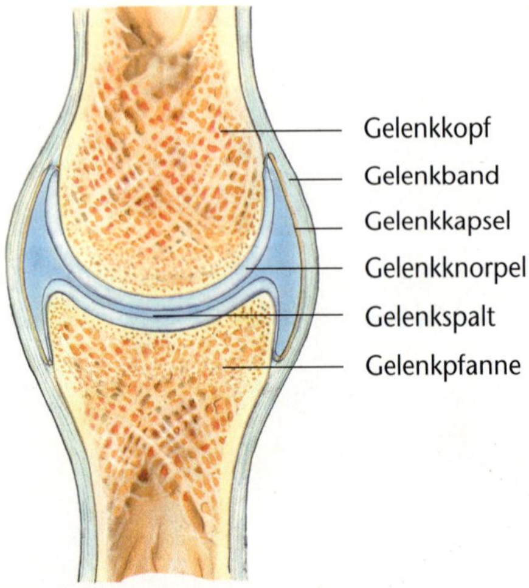

3 *Aufbau eines Gelenks*

Die Knochen des Skeletts gehören zu den härtesten Teilen des menschlichen Körpers. Der Oberarmknochen ist ein Beispiel für einen **Röhrenknochen** (Abb.1). Er ist von einer durchbluteten Knochenhaut umgeben. Die äußere kompakte Knochenschicht ist sehr hart und stabil. Das Innere des Knochens ist besonders an den Enden von vielen **Knochenbälkchen** netzartig durchzogen. Diese funktionieren wie die Verstrebungen bei einem Kran und verleihen dem Knochen zusätzliche Stabilität. Der Knochen ist durchsetzt von lebenden Zellen, die versorgt werden müssen. Aus diesem Grund sind die Knochenhaut und der Knochen selbst von Blutgefäßen und Nerven durchzogen. Beim Oberarmknochen ist der hohle Knochenschaft mit **Knochenmark** gefüllt. Im Knochenmark werden die Blutzellen gebildet (Abb. 1).

Das **Schultergelenk** verbindet den Oberarmknochen mit dem Schulterblatt (Abb. 2). Das runde, kugelförmige Ende wird als Gelenkkopf bezeichnet. Dieser ragt in die Vertiefung des anderen Knochens, die Gelenkpfanne, hinein (Abb. 3). Beide sind sie von einer sehr glatten und sehr festen Knorpelschicht überzogen. Zwischen den beiden Knochen gibt es den **Gelenkspalt**. Darin befindet sich eine schleimige Flüssigkeit, die Gelenkschmiere. Knorpel und Gelenkschmiere verhindern, dass die Knochen aufeinanderreiben. Der Knorpel wirkt außerdem wie ein Stoßdämpfer.

Nach außen wird das Gelenk durch die **Gelenkkapsel** abgeschlossen. Diese besteht aus einer sehr festen Haut und den Gelenkbändern. Beide sind fest mit den Knochen verwachsen. Die Gelenkkapsel hält das Gelenk zusammen und verhindert bei normaler Belastung, dass der Gelenkkopf aus der Gelenkpfanne herausspringt. Alle Gelenke des menschlichen Körpers sind ähnlich aufgebaut. Im Gelenk sind die Knochenenden so geformt, dass das eine genau in das andere hineinpasst (Abb. 2).

1 Wie beweglich sind die Gelenke? Erprobe, welche Bewegungen die Fingergelenke, die Zehengelenke und das Hüftgelenk ermöglichen. Begründe, welcher Gelenktyp hier vorliegt.

2 Verschiedene Gelenktypen.
a) Betrachte in Abbildung 4 die Schemazeichnungen der Gelenktypen und erkläre, welche Bewegungen sie ermöglichen. Ordne den abgebildeten Gelenken die passenden Gelenktypen zu.
b) Überprüfe deine Zuordnungen, indem du an deinem eigenen Körper erprobst, welche Bewegungen diese Gelenke ermöglichen. Notiere deine Erfahrungen.

3 Gelenkige Verbindungen in deiner Umgebung. Suche in der Schule und zu Hause verschiedene Gegenstände mit gelenkigen Verbindungen (z.B. Klappstuhl, Tafelzirkel, Schreibtischlampe) und ordne diese dem passenden Gelenktyp zu (Abb. 4).

4 Warum lässt sich der Knochenabbau im Alter verlangsamen? Sportmediziner empfehlen, sich auch im Alter regelmäßig zu bewegen. Der altersbedingte Knochenabbau kann dadurch verlangsamt werden. Stelle begründete Vermutungen über die Ursache hierfür an.

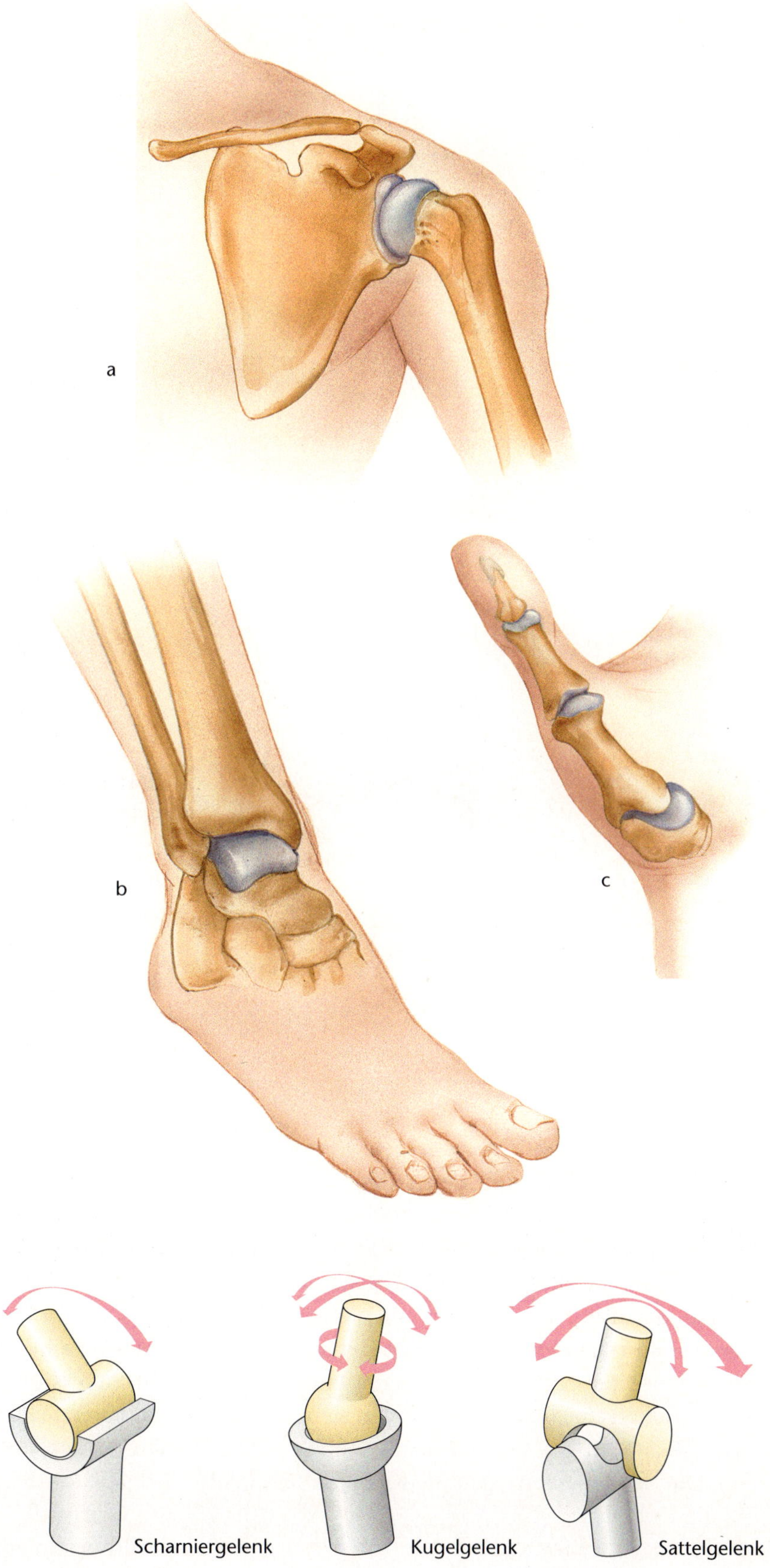

4 *Verschiedene Gelenke und Gelenktypen*

12.3 Muskeln bewegen den Körper

1 *Hochspringerin*

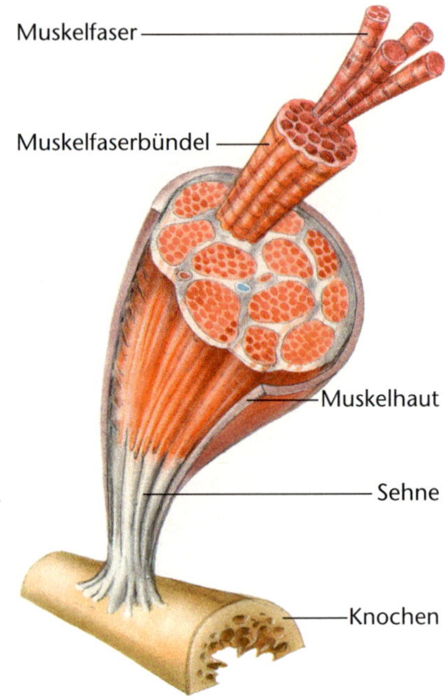

2 *Aufbau eines Muskels*

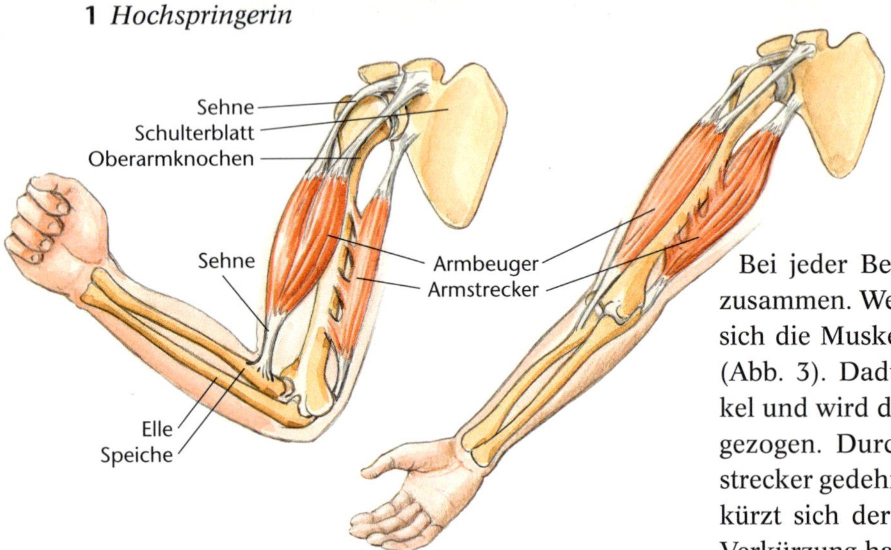

3 *Armbeuger und Armstrecker arbeiten zusammen*

Der Mensch ist in der Lage, sehr viele unterschiedliche Bewegungen auszuführen (Abb. 1). Dies geschieht mithilfe seiner mehr als 600 verschiedenen Muskeln. Sie bestehen aus vielen einzelnen **Muskelfasern**. Mehrere Muskelfasern lagern sich zu einem **Muskelfaserbündel** zusammen und mehrere dieser Bündel bilden den Muskel (Abb. 2). Der ganze Muskel ist von einer sehr festen Haut umschlossen. An beiden Enden eines Muskels befinden sich die **Sehnen**, die den Muskel fest mit den Knochen verbinden. Die Sehnen übertragen die Kraft der Muskeln auf die Knochen.

Bei jeder Bewegung arbeiten mehrere Muskeln zusammen. Wenn man z. B. den Arm beugt, ziehen sich die Muskelfasern des Armbeugers zusammen (Abb. 3). Dadurch verkürzt sich der ganze Muskel und wird dicker, der Unterarm wird nach oben gezogen. Durch diese Bewegung wird der Armstrecker gedehnt. Bei der Streckung des Armes verkürzt sich der Armstrecker und wird dicker. Die Verkürzung hat zur Folge, dass der Unterarm nach unten gezogen wird, der Arm wird gestreckt. Dabei wird gleichzeitig der Armbeuger in die Länge gezogen und gedehnt. Beuge- und Streckmuskeln arbeiten paarweise zusammen. Wenn sich der eine Muskel zusammenzieht, wird der andere gedehnt. Deshalb werden Beuge- und Streckmuskeln als Gegenspieler bezeichnet.

Muskeln sind gut durchblutet. Mit dem Blut gelangen Sauerstoff und Nährstoffe, vor allem Glucose (Traubenzucker), zu den Muskeln. In den Muskeln wird Glucose unter Beteiligung von Sauerstoff zu Kohlenstoffdioxid und Wasser abgebaut. Die dabei frei werdende Energie wird zum Teil für die Arbeit der Muskeln genutzt.

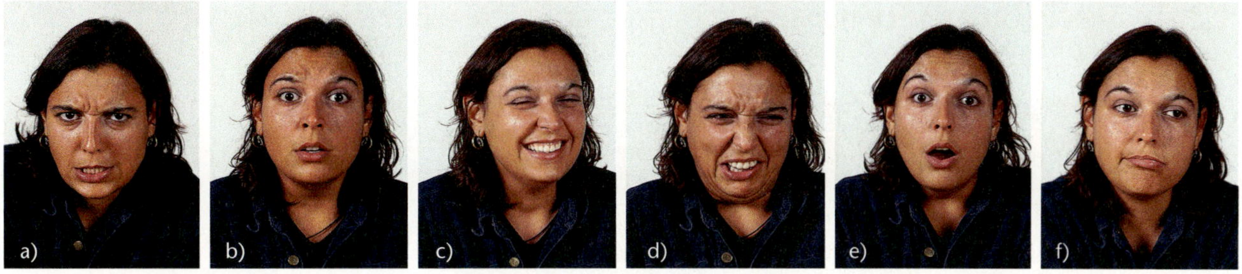

4 *Mimik und Gefühle*

1 Gegenspielerprinzip bei der Beinbeugung und Beinstreckung. Setze dich auf den Tisch, so dass der Unterschenkel hin- und herpendeln kann. Hebe anschließend dein Bein so weit an, bis es völlig gestreckt ist. Ertaste dabei mit beiden Händen abwechselnd deine Oberschenkelvorderseite und -rückseite, so dass du die Muskeltätigkeiten fühlen kannst. Ordne den Oberschenkelmuskeln die Begriffe Beinstrecker und Beinbeuger zu und erkläre deren Zusammenarbeit bei den Bewegungen.

2 Hebel – mit kleiner Muskelkraft eine große Wirkung erzielen. Mithilfe eines Hebels kann man Kraft sparen. Man unterscheidet bei einem Hebel Drehachse, langen und kurzen Hebelarm (Abb. 6). Mit einer kleinen Kraft an einem langen Hebelarm kann man eine große Kraft an einem kurzen Hebelarm bewirken. Dadurch kann man mit wenig Muskelkraft eine große Kraft ausüben und z. B. einen schweren Schrank heben. Beschreibe genau die Wirkung des Hebels in Abbildung 6. In Abbildung 5 sind verschiedene Werkzeuge gezeichnet, bei denen ein Hebel wirkt. Zeichne sie schematisch ab und kennzeichne jeweils Drehachse und Hebelarme. Zeichne die Kraftpfeile ein.

3 Gesichtsmuskeln.
a) Ordne den Bildern folgende Gefühle oder Stimmungen zu: Freude, Erstaunen, Ekel, Angst, Zorn, Ratlosigkeit (Abb. 4). Vergleiche deine Einordnung mit der deiner Mitschüler.
b) Erkläre anhand dieser Beispiele, welche Aufgaben die Gesichtsmuskeln haben.

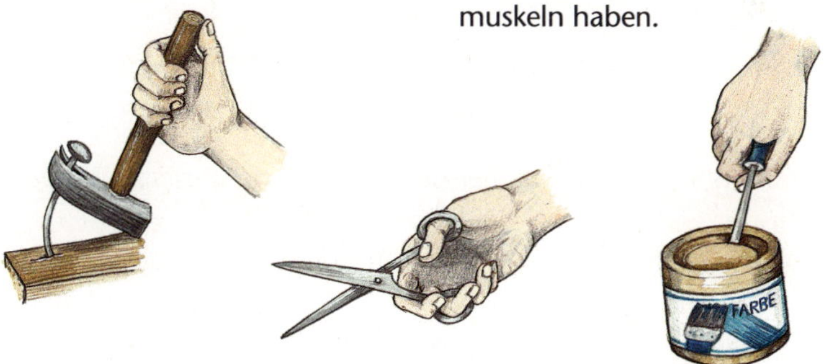

5 *Hebel im Alltag*

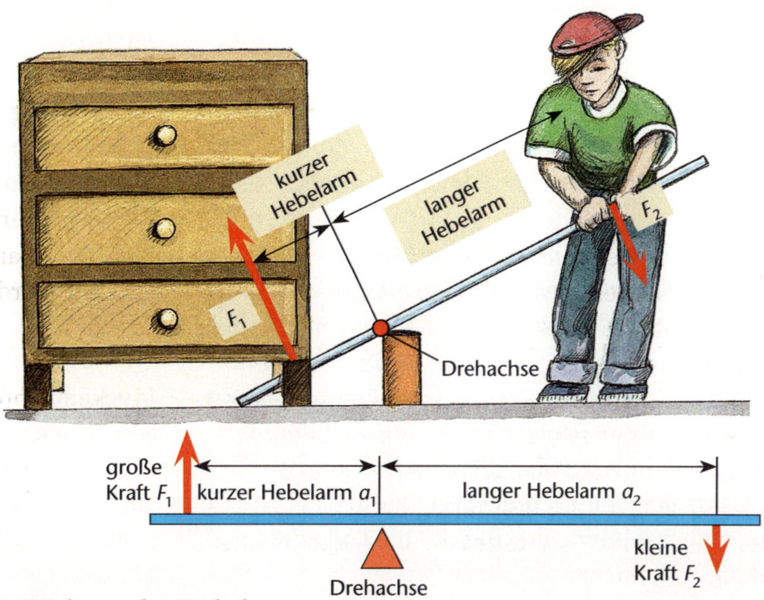

6 *Wirkung des Hebels*

12.4 Verletzungen und Erkrankungen der Bewegungsorgane

1 *Inlineskaten ist gesund – aber auch gefährlich: Verletzte Körperregionen beim Inlineskaten*

Zu den **Muskelverletzungen** gehört unter anderem die Prellung (auch Quetschung genannt). Sie entsteht durch eine äußere Gewalteinwirkung, zum Beispiel durch einen Schlag, Tritt oder Sturz. Durch die Quetschung des Gewebes werden kleine Blutgefäße verletzt, es kommt zu einem Bluterguss. Die Muskelzerrung entsteht durch Überdehnung eines Muskels. Es können einzelne Muskelfasern oder der ganze Muskel reißen, dann spricht man von Muskelfaserriss oder Muskelriss.

Überlastung und Überdehnung können auch zu **Gelenkverletzungen** führen. Eine Bänderdehnung liegt vor, wenn die Gelenkbänder stark überdehnt werden. Das kommt meistens daher, dass durch plötzliche Überbelastung der Gelenkkopf aus der Gelenkpfanne rutscht und dabei die Bänder übermäßig gedehnt werden. Meistens kehrt der Gelenkkopf in seine normale Lage zurück. Wird bei dieser Überdehnung der Bänder die Gelenkkapsel verletzt, spricht man von einer Verstauchung. Kehrt der Gelenkkopf nicht in die Gelenkpfanne zurück, spricht man von einer Ausrenkung. Ist die Überdehnung der Bänder sehr groß, können sie reißen. Dann handelt es sich um einen **Bänderriss**. Wenn der Gelenkknorpel einreißt oder allmählich abgerieben wird, liegt ein Knorpelschaden vor. Häufig ist das Kniegelenk betroffen. Ein zusätzlicher Gelenkknorpel des Kniegelenks heißt Meniskus.

Die Art eines **Knochenbruches** lässt sich im Röntgenbild feststellen. Bei einfachen Knochenbrüchen bleibt das umliegende Gewebe intakt. Bei komplizierten Knochenbrüchen werden Muskeln, Nerven und größere Blutgefäße mit beschädigt.

Haltungsschwächen oder schwerwiegendere Haltungsfehler betreffen die Körperhaltung eines Menschen. Meistens wird die Wirbelsäule allmählich und oftmals unbemerkt in Mitleidenschaft gezogen. Bewegungsmangel und dauerhaft falsche Belastungen können Ursachen für einen Rundrücken, Hohlrücken oder für seitliche Verkrümmungen der Wirbelsäule sein.

1 Sicheres Inlineskaten. Stellt euch vor, ihr sollt auf der Sportseite einer Tageszeitung den Lesern Empfehlungen für sicheres Inlineskaten geben. Besprecht gemeinsam, was in den Zeitungsartikel hineinsoll. Wählt auch eine Titelzeile und eine Unterüberschrift. Beachtet bei der Lösung dieser Aufgabe auch die Abbildung 1.

2 Richtiges Heben. Die Bandscheiben befinden sich zwischen den Wirbelkörpern (Abb. 2). Sie bestehen aus einem gallertigen Gewebe. Die Bandscheiben haben die Funktion, Belastungen und Stöße abzufedern. Vergleiche die Belastung der Wirbelsäule beim Heben mit geradem und gekrümmtem Rücken. Demonstriere deinen Mitschülerinnen und Mitschülern, wie man schwere Lasten richtig hebt.

4 Bedeutung der Rücken- und Bauchmuskulatur für die Körperhaltung.

a) Beschreibe anhand der Abbildung 3 die Bedeutung der Rücken- und Bauchmuskulatur für die Form der Wirbelsäule und die Körperhaltung. Was geschieht, wenn die Rückenmuskulatur aufgrund von Bewegungsmangel und Verspannungen dauerhaft verkrampft und verkürzt ist?

b) Begründe, warum regelmäßiges und vielseitiges Bewegungstraining und das Vermeiden von Übergewicht empfehlenswert sind.

2 *Wirbel und Bandscheiben beim Heben schwerer Lasten*

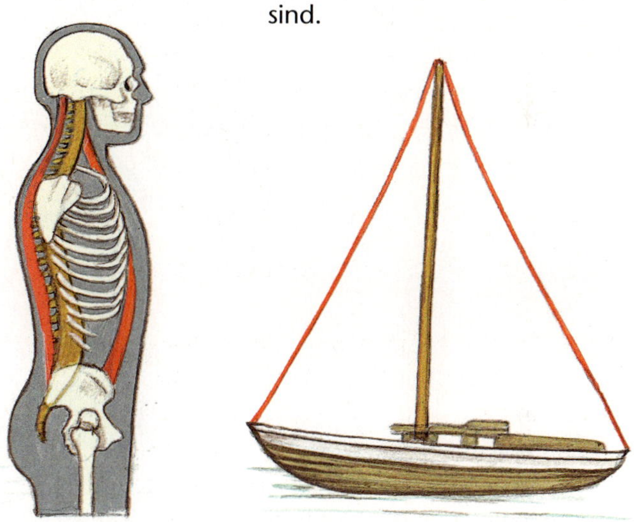

3 *Rücken- und Bauchmuskulatur im Vergleich mit einem Segelboot als Modell*

3 Modelle. Modelle dienen häufig dazu, bestimmte Sachverhalte oder Abläufe in der Wirklichkeit zu vereinfachen und zu veranschaulichen. In Abbildung 2 und 3 findest du zwei Modelle. Gib für jedes der beiden Modelle an, in welchen Eigenschaften es mit dem wirklichen Sachverhalt übereinstimmt und in welchen Eigenschaften es davon abweicht.

5 Verletzungen der Bewegungsorgane. Stellt in einer zweispaltigen Tabelle Verletzungen und Erkrankungen der Bewegungsorgane zusammen. In der zweiten Spalte beschreibt die entsprechende Verletzung bzw. Erkrankung genauer.

12.5 Fit durch Bewegung

1 *Sport und Spiel*

Menschen haben verschiedene Gründe, sich bei Spiel und Sport zu bewegen (Abb. 1). Die meisten fühlen sich wohl, wenn sie bei körperlichen Anstrengungen ihren Körper spüren. Außerdem finden sie es gut, etwas für ihre **Gesundheit und Fitness** zu tun. Manche Menschen mögen lieber gemeinsam mit anderen Menschen Sport treiben, andere lieber für sich alleine. Bei Wettbewerben spielt es eine wichtige Rolle, sich mit anderen zu vergleichen.

Durch regelmäßiges **Bewegungstraining** werden Muskeln, Bänder und Sehnen kräftiger und die Durchblutung wird gefördert. Das Skelett wird gelenkiger, die Knochen werden fester und Gelenkverletzungen werden vermieden. Eine kräftige Rückenmuskulatur wirkt bestimmten Haltungsschäden und Erkrankungen der Wirbelsäule entgegen. Regelmäßige körperliche Anstrengungen fördern auch die Leistungsfähigkeit der Lungen, des Herzens und des Blutkreislaufs.

Mangel an Bewegung kann eine wichtige Ursache für Übergewicht sein. Wer längere Zeit mit der Nahrung mehr Energie aufnimmt, als der Körper benötigt, fördert Übergewicht. Viele Menschen leiden heute an Bewegungsmangel. Manche von ihnen bevorzugen auch in ihrer Freizeit Tätigkeiten, die keine oder nur geringe körperliche Aktivität verlangen.

Ausdauer, Kraft, Schnelligkeit und Beweglichkeit sind körperliche Fähigkeiten des Menschen. In der Geschichte der Menschheit spielten diese Fähigkeiten für das Überleben eine große Rolle.

1 Gründe für sportliche Betätigung. Nenne möglichst viele Vermutungen, warum sich die in Abbildung 1 dargestellten Personen körperlich und sportlich betätigen.

2 Was machst du in deiner Freizeit am liebsten? Die Abbildung 2 zeigt das Ergebnis einer Befragung unter Schülern und Schülerinnen unterschiedlichen Alters aus den Jahren 2002 und 2006. Die Befragten konnten mehrere Antworten geben.

a) Werte die Abbildung 2 nach Jahren getrennt aus und dann im Vergleich 2002 und 2006. Formuliere schließlich fünf Ergebnissätze zu deiner Auswertung.
b) Beschreibe die Bedeutung von Bewegung, Spiel und Sport in deinen Freizeitaktivitäten. Vergleicht eure Ergebnisse untereinander.

3 Körperliche Fähigkeiten bei verschiedenen Sportarten. Schreibe die Namen folgender Sportarten untereinander auf: Aerobic, Basketball, Bergwandern, Eislaufen, Fußball, Gymnastik, Jogging, Radfahren, Schwimmen, Skilanglauf, Squash, Tanzen, Tennis, Tischtennis, Wandern. Welche Sportarten fördern besonders a) die Ausdauer, b) die Kraft, c) die Schnelligkeit, d) die Beweglichkeit ? (Mehrfachnennungen möglich.) Vergleicht die Ergebnisse eurer Einschätzung.

4 Körperliche Fähigkeiten in der Steinzeit. Mehr als eine Million Jahre lang lebten Menschen als Sammler und Jäger. Wurzeln, Knollen, Früchte, schmackhafte Blätter und junge Triebe wurden auf den Nahrungsstreifzügen gesammelt und kleine und größere Tiere gejagt oder gefischt. In dieser Zeit mussten sich Menschen ausschließlich mithilfe ihrer eigenen Muskeln fortbewegen. Auch beim Tragen von Lasten, beim Herstellen von Werkzeugen und bei der Abwehr von Raubtieren waren sie auf ihre eigenen körperlichen Fähigkeiten und die ihrer Mitmenschen angewiesen. Erst seit ungefähr zehntausend Jahren betreiben Menschen Ackerbau. Das Pferd als Lastenträger und als Reittier kennt man erst seit einigen tausend Jahren. Eisenbahn, Fahrräder und Autos gab es für breite Bevölkerungsschichten erst im 19. und 20. Jahrhundert. Versetze dich in Gedanken in den Alltag von Jägern und Sammlern aus der Steinzeit. Beschreibe dann Situationen, die die Bedeutung von Ausdauer, Kraft, Schnelligkeit und Beweglichkeit aufzeigen.

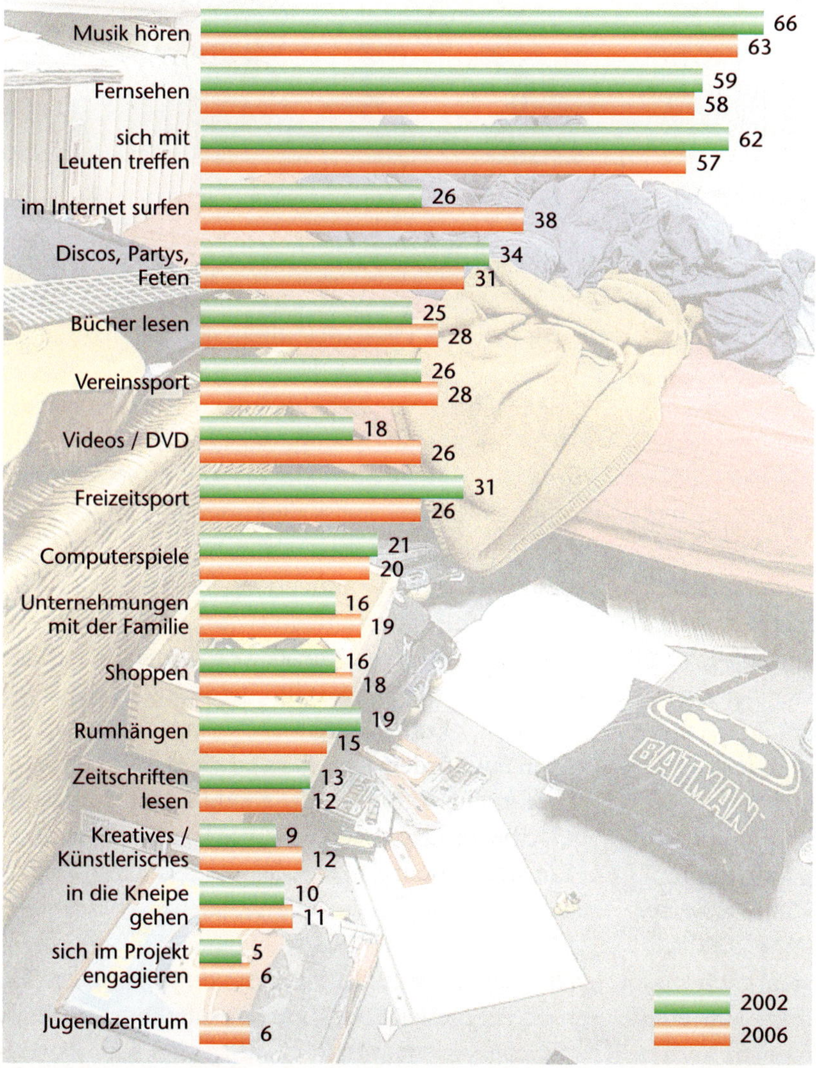

2 *Befragung zum Freizeitverhalten (Mehrfachnennungen möglich)*

13 Mit Sexualität umgehen

13.1 Jeder Mensch ist einmalig

1 *Neben vielen Gemeinsamkeiten sind Menschen auch unterschiedlich*

Auf der Erde leben über sechs Milliarden Menschen. Sie haben sehr viele Gemeinsamkeiten. Doch gleicht kein Mensch einem anderen vollständig. Zwischen allen Menschen gibt es Unterschiede. Jeder Mensch besitzt bestimmte Merkmale, Eigenschaften, Verhaltensweisen und Fähigkeiten. Als Ganzes genommen, machen sie jeden Menschen einmalig und einzigartig. Man spricht in diesem Zusammenhang von „Individuum" und „Individualität". Das Wort **Individuum** kommt aus dem Lateinischen und heißt wörtlich übersetzt „das Unteilbare". Damit ist das einzelne Lebewesen, zum Beispiel der einzelne Mensch gemeint. Die Eigenarten und Eigentümlichkeiten eines einzelnen Menschen machen seine **Individualität** aus.

Zwei Menschen können sich unter anderem in ihrem **Geschlecht** unterscheiden. Ob man ein Junge oder ein Mädchen, ein Mann oder eine Frau ist, hat für jeden Menschen große Bedeutung. Auch bei vielen anderen Lebewesen gibt es männlich und weiblich. Das spielt bei der Fortpflanzung eine wichtige Rolle. Wenn die Nachkommen durch Geschlechter gezeugt werden, spricht man von **geschlechtlicher Fortpflanzung.** Der Mensch und die meisten Tiere und Pflanzen erzeugen Nachkommen durch geschlechtliche Fortpflanzung.

Bei tausenden von Lebewesen mit geschlechtlicher Fortpflanzung wurden die Eigenschaften der Nachkommen untersucht. Dabei stellte man immer wieder fest, dass die Nachkommen bei jeder Art von Lebewesen neben vielen Gemeinsamkeiten auch Unterschiede aufweisen. Bei Menschen fällt es uns leicht, Unterschiede zwischen den Individuen wahrzunehmen (Abb. 1). Auch bei Haustieren wie Katzen und Hunden können wir Unterschiede zwischen den einzelnen Lebewesen feststellen. Bei vielen anderen Arten von Lebewesen sieht man dagegen nicht sofort Unterschiede. Auch wenn uns auf den ersten Blick zum Beispiel alle kleinen Hunde, alle Stiefmütterchen oder alle Bänderschnecken gleich erscheinen, so weisen sie doch Unterschiede auf (Abb. 4). Nicht nur für den Menschen, sondern für alle Arten von Lebewesen mit geschlechtlicher Fortpflanzung gilt, dass kein Einzelwesen einem anderen Individuum der Art vollkommen gleicht.

1 **Kleine und große Unterschiede.** Beschreibe anhand der Abbildung 1 Gemeinsamkeiten und Unterschiede zwischen den Jugendlichen der Klasse. Suche auch bei den Lebewesen, die jeweils auf einem Foto der Abbildung 4 abgebildet sind, nach Gemeinsamkeiten und Unterschieden.

2 **Du bist einmalig!** Übertrage die Tabelle in Abbildung 3 in dein Heft und gib für die Merkmale 2 bis 19 an, ob das Merkmal zutrifft oder nicht. Hat jemand in der Klasse die gleiche Kombination von Merkmalen wie du?

Du bist ...

Du bist ein Kind
Du hast einen Namen
Du bist einmalig
Du bist verletzbar und unbesiegbar
Du bist fröhlich und traurig
Du bist zurückhaltend und aufgeschlossen
Du bist hungrig und satt

2 *Ein Gedicht*

3 **Du bist ... .** Setze das in Abbildung 2 angefangene Gedicht durch weitere Zeilen mit gegensätzlichen Adjektiven fort, so dass die Vielfalt der Eigenschaften von Menschen deutlich wird.

1. Körpergröße in cm
2. glatte Haare
3. gewellte / lockige Haare
4. krause Haare
5. Geschlecht männlich
6. Geschlecht weiblich
7. gerader Haaransatz an der Stirn
8. Haaransatz an der Stirn mit Spitze oder Bogen
9. Hautfarbe hell (im ungebräunten Zustand)
10. Hautfarbe leicht braun
11. Hautfarbe dunkel
12. Augenfarbe blau
13. Augenfarbe grün
14. Augenfarbe braun
15. Augenfarbe (fast) schwarz
16. Zungenrollen: Die Zunge kann zu einer „Tüte" gerollt werden
17. kein Zungenrollen
18. unteres Ohrläppchen frei
19. unteres Ohrläppchen angewachsen

3 *Einige Merkmale*

4 *Lebewesen haben Gemeinsamkeiten und Unterschiede*

13.2 Veränderungen in der Pubertät

1 *Aus Babys werden Jugendliche*

Entwicklung ist ein Kennzeichen aller Lebewesen. Auch der Mensch entwickelt sich: vor der Geburt im Körper der Mutter und nach der Geburt innerhalb seiner Familie. Beim Menschen geht die Entwicklung vom Embryo und Fetus über Säugling, Kind, Jugendlicher, Erwachsener und altem Menschen bis zum Tod.

Mit **Pubertät** bezeichnet man einen Entwicklungszeitraum von ungefähr vier bis sechs Jahren, in dem aus einem Mädchen eine junge Frau und aus einem Jungen ein junger Mann wird. Meistens beginnt die Pubertät zwischen neun und vierzehn Jahren. Die Pubertät ist eine Zeit allmählicher seelischer und **körperlicher Veränderungen.** Im Verlauf der Pubertät werden Jungen und Mädchen geschlechtsreif. Darunter versteht man, dass im Körper regelmäßig Geschlechtszellen gebildet werden. Im Hoden eines jungen Mannes werden männliche Geschlechtszellen, die Spermazellen, gebildet. In den Eierstöcken einer jungen Frau reifen regelmäßig weibliche Geschlechtszellen, die Eizellen, heran. Außerdem entwickeln sich äußerliche Merkmale, die typisch für einen Mann oder eine Frau sind. Zu diesen Geschlechtsmerkmalen gehören unter anderem der Bartwuchs beim Jungen und das Wachstum der Brust bei Mädchen. Beide Geschlechter zeigen in der Pubertät einen Wachstumsschub.

Mit **seelischen Veränderungen** während der Pubertät meint man Veränderungen im Fühlen, Denken und Verhalten. Betroffen davon sind viele Bereiche eines jungen Menschen. Es geht um seine Gefühle, seine Interessen, seine Selbstwahrnehmung, das Verhältnis zum anderen Geschlecht, das Leben mit Eltern und Geschwistern in der Familie, die Bedeutung der Gruppe oder der Clique und häufig auch der Schulklasse. Bei vielen Jugendlichen treten in der Pubertät starke Stimmungsschwankungen auf, von „himmelhoch jauchzend" bis „zu Tode betrübt". Auf dem Weg zu einer größeren Selbstständigkeit fühlen sich Jugendliche manchmal sehr unsicher und falsch verstanden. Im Elternhaus und in der Schule können Auseinandersetzungen, Verstimmungen, Streit und Konflikte häufiger auftreten. Das legt sich bei den meisten Jugendlichen im Laufe der Jahre. Die Jugendlichen werden selbstsicherer und ausgeglichener.

1 Hast du dich verändert?

a) Beschreibe die körperlichen Veränderungen der Personen in Abbildung 1.

b) Auch du hast eine Entwicklung hinter dir und vor dir. Wie hast du dich seit der Einschulung in die erste Klasse verändert?

Gliedere deine Antwort

- in deine Meinung über Schule;
- deine Ansichten über Mädchen (Jungen);
- deine Freizeitbeschäftigung.

2 Zeitlicher Verlauf der Entwicklung in der Pubertät. Fertige auf einer ganzen Seite in deinem Heft ein Diagramm nach dem Muster von Abbildung 2 an. Trage dann die schriftlichen Angaben aus Abbildung 3 in das Diagramm ein.

3 Richtig streiten.

a) Elisabeth betritt das Zimmer ihrer Tochter Isabelle und ist angesichts der Unordnung entsetzt (Abb 4): „Wenn du dein Zimmer bis heute Abend nicht aufgeräumt hast, werfe ich dir alle Sachen vor die Tür!" – Setze das Streitgespräch zwischen Mutter und Tochter schriftlich fort. Berücksichtige dabei Abbildung 5.

b) Spielt im Rollenspiel das „richtige" Streiten zu einem von euch selbst gewähltem Streitthema zum Beispiel „Laute Musik" oder „Spät nach Hause kommen". Beachtet dabei die Angaben in Abbildung 5.

Der zeitliche Verlauf der Entwicklung bei Mädchen	
Alter (Jahre)	8 9 10 11 12 13 14 15 16 17 18 19
Wachstum von Scheide und Gebärmutter	
Beginn der Schambehaarung	
...	...

2 *Diagramm als Vorlage*

bei Mädchen:

- *Beginn des Wachstums von Scheide und Gebärmutter:* $8\frac{1}{2}$ bis $12\frac{1}{2}$ Jahre (bereits eingetragen, siehe Abb. 2);
- *Beginn der Schambehaarung*: $8\frac{1}{2}$ bis $12\frac{1}{2}$ Jahre (siehe Abb. 2);
- *Beginn der Brustentwicklung:* 9 bis 14 Jahre;
- *Erste Menstruation*: 9 bis 16 Jahre;
- *Beginn des Wachstumsschubs (Körperlänge):* 10 bis $14\frac{1}{2}$ Jahre:

bei Jungen:

- *Beginn des Hodenwachstums:* $9\frac{1}{2}$ bis $14\frac{1}{2}$ Jahre;
- *Beginn des Peniswachstums:* $9\frac{1}{2}$ bis $15\frac{1}{2}$ Jahre;
- *Beginn der Geschlechtsbehaarung:* $9\frac{1}{2}$ bis 15 Jahre;
- *Erster Samenerguss:* 10 bis 15 Jahre;
- *Beginn des Wachstumsschubs (Körperlänge):* 11 bis 16 Jahre;
- *Einsetzen des Stimmbruchs:* 12 bis 17 Jahre;
- *Beginn des Bartwuchses:* 13 bis 19 Jahre

3 *Körperliche Entwicklung in der Pubertät bei Jungen und Mädchen*

4 *Isabells Zimmer*

Bei Kindern und Jugendlichen in der Pubertät kann es häufiger als sonst zu Streit mit den Eltern kommen. Wenn man einige Gesichtspunkte beachtet, muss ein Streit nicht in gegenseitigen Vorwürfen, Beleidigungen und Ärger enden:

- Vorwürfe, Anschuldigungen und Beleidigungen an den Streitpartner vermeiden;
- die eigenen Gefühle dem Streitpartner mittteilen;
- Beim Streiten nicht vergessen, dass der Streitpartner auch gute Seiten hat;
- Versuchen, sich in den Streitpartner hineinzuversetzen und seine Sichtweise *zu verstehen*;
- Nicht versuchen, Maximalforderungen durchzusetzen, sondern nach Kompromissen suchen, die für beide Streitpartner annehmbar sind

5 *Richtig streiten*

13.3 Weibliche Geschlechtsorgane

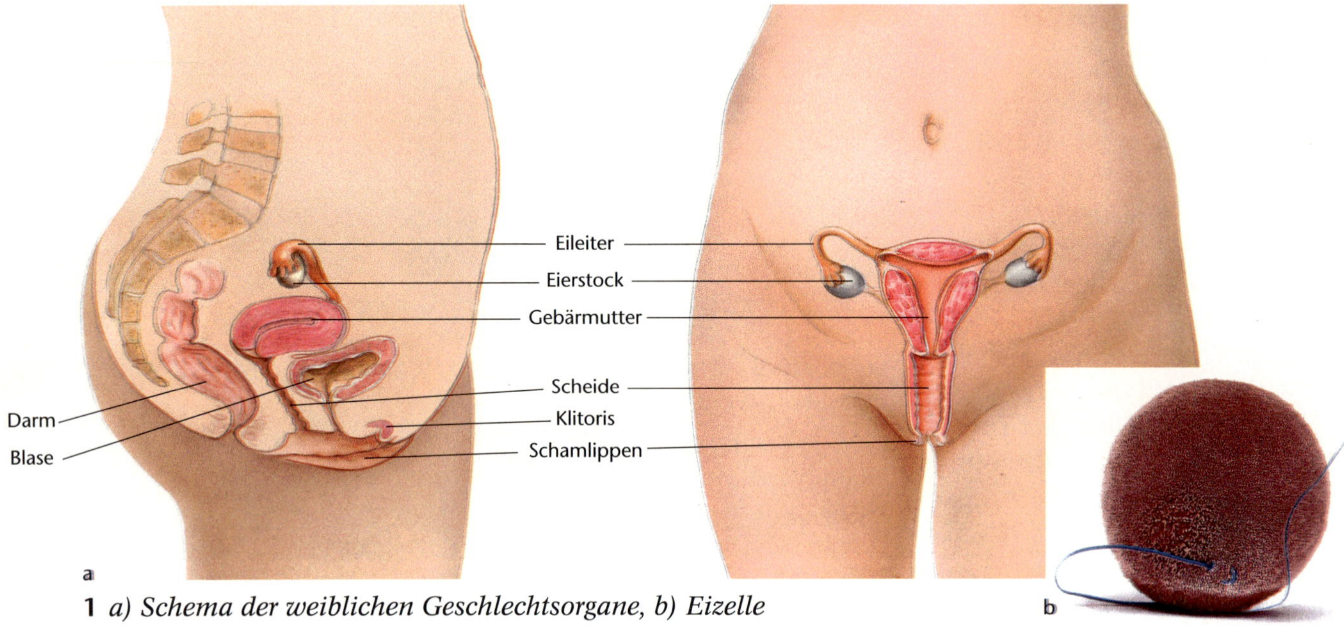

1 *a) Schema der weiblichen Geschlechtsorgane, b) Eizelle*

Während der Pubertät reifen die Geschlechtsorgane heran. In den beiden **Eierstöcken** einer Frau werden weibliche Geschlechtszellen, die Eizellen, gebildet. Sie gehören mit etwa 0,1 Millimeter Durchmesser zu den größten Zellen des Menschen. Durchschnittlich reift alle 28 Tage in einem der beiden Eierstöcke eine Eizelle in einem flüssigkeitsgefüllten Bläschen heran. Wenn dieses Bläschen platzt, wird die Eizelle aus dem Eierstock in den Eileiter freigesetzt. Man nennt diesen Vorgang **Eisprung** oder mit dem Fachbegriff **Ovulation.** Im Eileiter wird die Eizelle in einigen Tagen zur Gebärmutter transportiert. Dort stirbt sie ab, wenn sie nicht befruchtet wird.

Die **Gebärmutter** hat eine muskulöse Wand und ist innen von einer gut durchbluteten Schleimhaut ausgekleidet. Die Scheide wird auch Vagina genannt. Die Schamlippen umgeben den Scheideneingang und die Klitoris. Die Klitoris ist eine sehr empfindsame Stelle für sexuelle Erregung.

Für jedes Mädchen ist die erste **Menstruation** ein wichtiges und manchmal aufregendes Ereignis. Andere Begriffe für Menstruation sind unter anderem Regel, Periode oder „die Tage". Während der Menstruation tritt blutige Flüssigkeit aus der Scheide. Die gut durchblutete Schleimhaut löst sich von der Wand der Gebärmutter und gelangt durch die Scheide nach außen. Die Menstruation dauert meistens zwischen drei und sieben Tagen. Sie ist Teil des natürlichen und normalen Lebens einer Frau und ein Zeichen dafür, dass sich der Körper auf die Möglichkeit einstellt, Kinder zu bekommen. Die Menstruation wiederholt sich durchschnittlich alle 28 Tage (Abb. 2). Dabei wird vom ersten Tag der Menstruation bis zum Beginn der nächsten Menstruation gezählt. Menstruationszyklen von drei bis fünf Wochen Dauer sind jedoch normal. Am Anfang sind die Menstruationszyklen bei den meisten Mädchen noch sehr unregelmäßig. Manchmal ist die Menstruation schmerzhaft. Gegen leichte Schmerzen hilft eine Wärmflasche.

Für die Menstruation gibt es Binden und Tampons. Während Binden die Menstruationsflüssigkeit vor der Scheide aufnehmen, saugen Tampons die Flüssigkeit in der Scheide auf. Zur **Intimhygiene** von Mädchen und Frauen gehört auch, sich immer von der Scheide in Richtung After zu waschen und nicht umgekehrt.

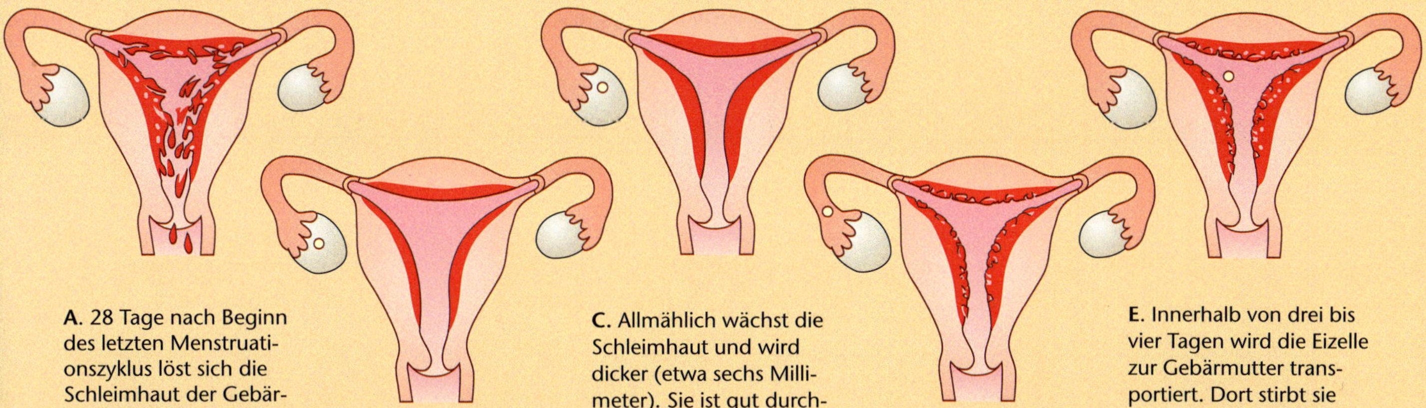

A. 28 Tage nach Beginn des letzten Menstruationszyklus löst sich die Schleimhaut der Gebärmutter abermals und ein wenig blutige Flüssigkeit gelangt durch die Scheide nach außen. Dies ist der 1. Tag des neuen Menstruationszyklus.

B. Die Menstruation dauert wenige Tage. In einem der Eierstöcke reift bereits eine Eizelle heran.

C. Allmählich wächst die Schleimhaut und wird dicker (etwa sechs Millimeter). Sie ist gut durchblutet.

D. Ungefähr am 14. Tag, in der Mitte des Menstruationszyklus, gelangt die herangereifte Eizelle vom Eierstock in den Eileiter („Eisprung").

E. Innerhalb von drei bis vier Tagen wird die Eizelle zur Gebärmutter transportiert. Dort stirbt sie ab. – Am 28. Tag beginnt ein neuer Menstruationszyklus (siehe A).

2 *Menstruationszyklus (A – E)*

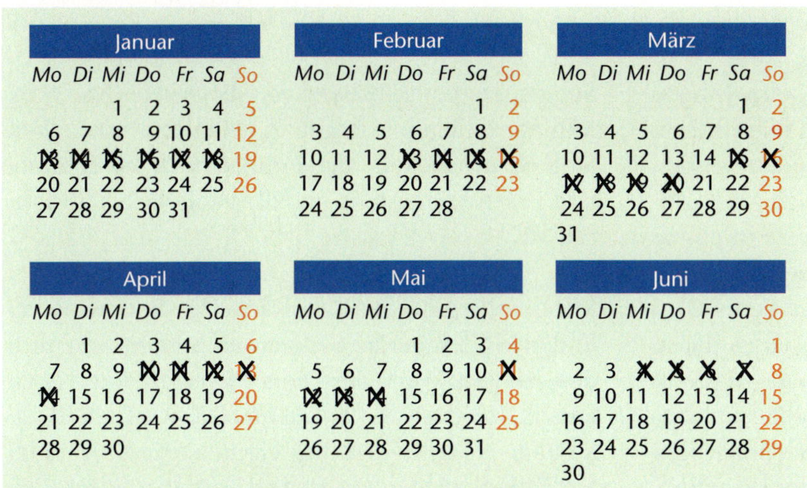

3 *Kalender mit eingetragenen Menstruationen*

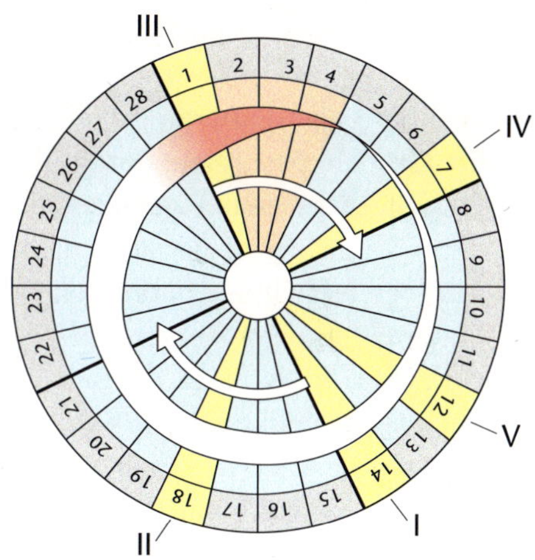

4 *Menstruationszyklus in Kreisdarstellung*

1 Bau der weiblichen Geschlechtsorgane. Beschreibe anhand der Abbildung 1 den Bau der weiblichen Geschlechtsorgane.

2 Menstruationszyklus in Kreisdarstellung. Ordne den Ziffern I bis V der Abbildung 4 die Abschnitte A bis E der Abbildung 2 zu und begründe deine Zuordnung.

3 Menstruationskalender. Frau G., 19 Jahre alt, hat die Tage der Menstruation mit Kreuzen in einen Kalender eingetragen (Abb. 3).

a) Berechne die durchschnittliche Dauer der Menstruationszyklen von Frau G. in dem angegebenen Zeitraum.

b) Gib für den dargestellten Zeitraum in Abbildung 3 die Tage an, an denen wahrscheinlich ein Eisprung stattfand.

c) Wann ist die nächste Menstruation zu erwarten, wann der nächste Eisprung? Begründe deine Antworten.

13.4 Männliche Geschlechtsorgane

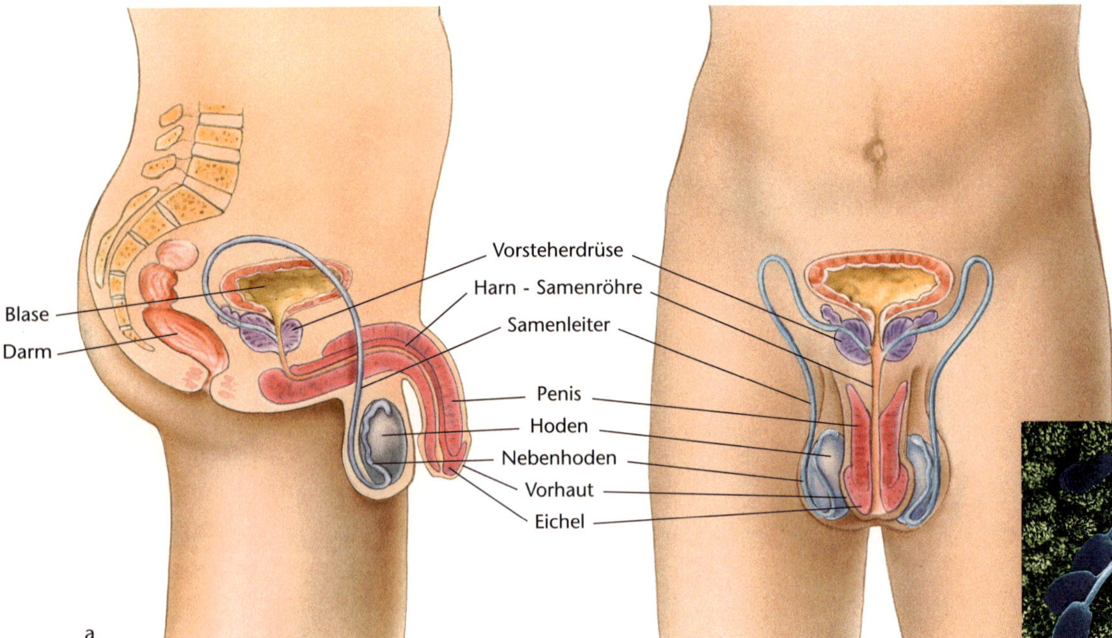

a

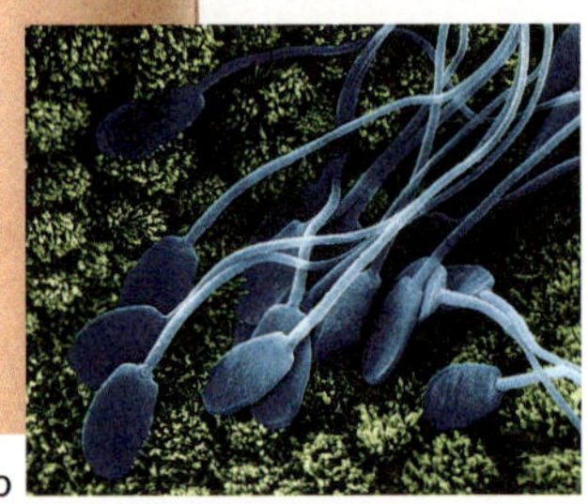

b

1 *a) Schema der männlichen Geschlechtsorgane, b) Spermazellen*

Während der Pubertät reifen auch beim Jungen die Geschlechtsorgane heran. Zu den männlichen Geschlechtsorganen gehören die beiden Hoden (Abb. 1a). Sie sind meistens nicht gleich groß. Zusammen mit den Nebenhoden liegen sie in einem Hautbeutel, dem Hodensack. Die Vorsteherdrüse (Prostata) bildet eine Flüssigkeit. Der Penis wird auch Glied genannt. Sein vorderster Teil ist die so genannte Eichel. Die Eichel wird von der Vorhaut bedeckt. Sie kann zurückgezogen werden, so dass die Eichel freiliegt. Der Penis kann sich aufrichten und steif werden. Das nennt man eine Erektion. Mitunter findet sie im Schlaf statt.

In den Hoden eines Mannes werden ständig die männlichen Geschlechtszellen gebildet (Abb. 1b). Sie heißen auch **Spermazellen** oder Spermien. Verbreitet ist auch der Begriff Samenzelle. Das ist jedoch eine unzutreffende Bezeichnung, weil in einem pflanzlichen Samen bereits ein winziges, vollständiges neues Lebewesen enthalten ist.

Im Vergleich zu Eizellen sind Spermazellen viel kleiner und sie können sich mit dem langen Schwanzfaden selbst vorwärtsbewegen (Abb. 1b). Männer bilden mit Beginn der Pubertät ein Leben lang Spermazellen. Bei Frauen hört die Bildung von Eizellen meistens im Alter von 45 bis 50 Jahren auf.

Mit dem Beginn der Pubertät reifen Spermazellen in den Hoden heran. Sie werden in den Nebenhoden gelagert. Wenn der Penis erigiert ist, kann es zu einem Samenerguss kommen. Dann tritt Flüssigkeit aus Nebenhoden und Vorsteherdrüse mit vielen Millionen von Spermazellen darin durch den Samenleiter und die Harnröhre nach außen. Die meisten Jungen haben zwischen 10 und 15 Jahren ihren ersten Samenerguss.

Bei Jungen und Männern können sich unter der Vorhaut des Penis Bakterien und Pilze ansiedeln. Deshalb gehört es zur **Intimhygiene** von Jungen und Männern, dass die Vorhaut beim Reinigen ganz zurückgezogen wird. Unter Beschneidung versteht man die Entfernung der Vorhaut durch einen Arzt. Dafür werden neben medizinischen und hygienischen häufig auch religiöse Gründe angeführt.

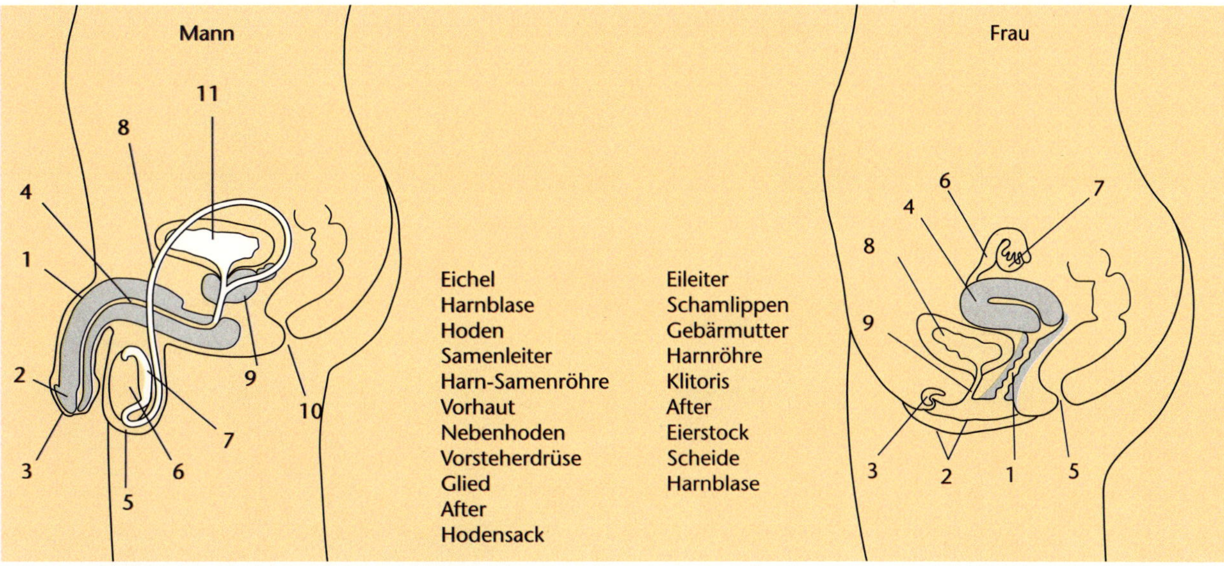

2 *Geschlechtsorgane von Mann und Frau*

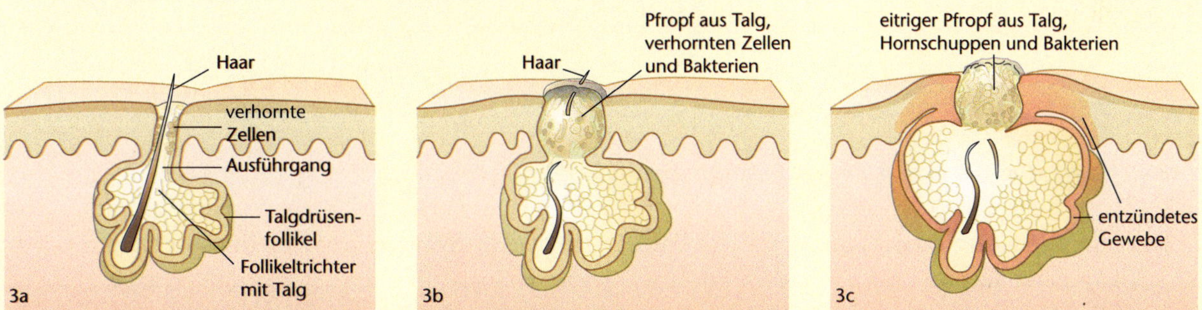

Vor allem Jugendliche in der Pubertät leiden unter Akne: Gerötete, große Pickel bilden sich im Gesicht, im Brust- und oberen Rückenbereich und an den Seiten der Oberarme. Diese Pickel entstehen durch eine Veränderung der Talgdrüsenfollikel (Abb. 3a). Normalerweise sondern die Talgdrüsen Talg in den Follikeltrichter ab. Der Talg schwemmt verhornte Zellen durch den Ausführgang des Follikels aus. Bei Akne kleben die verhornten Zellen zusammen und verstopfen den Ausführgang. Es entsteht ein sogenannter Mitesser – eine Ansammlung von Talg vermischt mit verhornten Zellen (Abb. 3b). Wenn in den Mitesser Bakterien einwandern, kann es zur Entzündung des Talgdrüsenfollikels kommen. Es entstehen oberflächlich mit Eiter gefüllte Bläschen (Abb. 3c). In tieferen Hautschichten können sich sehr schmerzhafte Knoten bilden. Akne entsteht vor allem bei Menschen mit entsprechender genetischer Veranlagung. Werden dann in der Pubertät von den männlichen Keimdrüsen vermehrt männliche Geschlechtshormone ins Blut abgegeben, regen diese die Talgdrüsen zu einer vermehrten Talgbildung an. Bei Frauen hemmen weibliche Geschlechtshormone die Entstehung von Akne. Kurz vor der Menstruation bilden sich jedoch auch bei ihnen vermehrt Pickel. Akne ist nicht ansteckend. Für die Betroffenen ist Akne oft eine große seelische Belastung. In den meisten Fällen kann der Hautarzt oder die Hautärztin helfen.

3 *Entstehung von Akne*

1 Männliche Geschlechtsorgane. Beschreibe Bau und Funktion der männlichen Geschlechtsorgane (Abb. 1).

2 Männliche und weibliche Geschlechtsorgane. Schreibe in deinem Heft zu den Ziffern in Abbildung 2 für Mann und Frau getrennt die richtigen Begriffe.

3 Akne.

a) Fertige zur Entstehung von Akne ein Fließdiagramm. Erläutere das Fließdiagramm in einem Kurzreferat.

b) Leite aus dem Text zu Abbildung 3 eine begründete Vermutung ab, warum besonders häufig Jungen von Akne betroffen sind.

13.5 Befruchtung, Schwangerschaft und Geburt

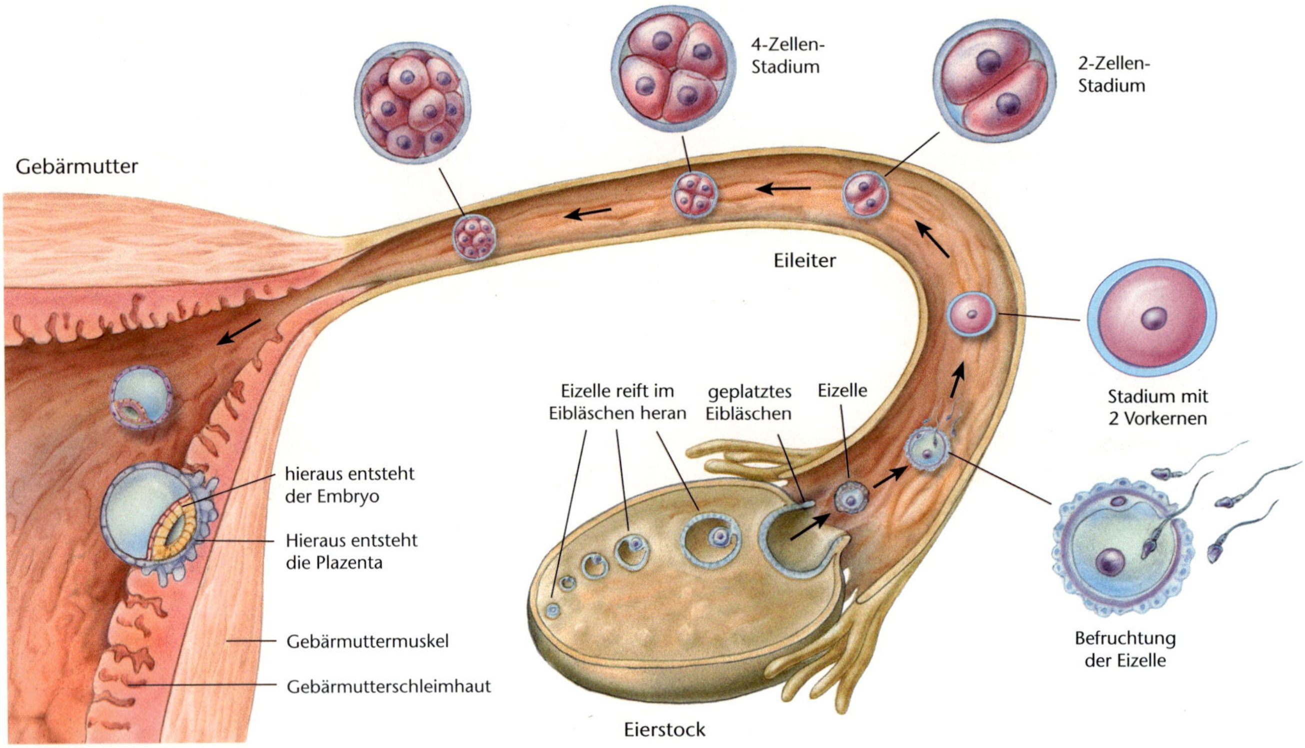

1 *Befruchtung und die ersten Lebenstage des Embryos*

Die Bindung zwischen zwei Menschen wird auch durch Zärtlichkeiten und durch sexuelle Partnerschaft gestärkt. Zur Verantwortung in einer Partnerschaft gehört auch, dass Geschlechtsverkehr zu einer Schwangerschaft führen kann. Nach dem Eisprung wird die Eizelle durch den Eileiter in Richtung Gebärmutter bewegt. Wenn beim Geschlechtsverkehr Spermazellen in die Scheide gelangt sind, wandern sie in Richtung Eileiter. Trifft dort eine Spermazelle auf eine Eizelle, kommt es zur **Befruchtung.** Aus der Verschmelzung von Eizelle und Spermazelle geht die befruchtete Eizelle, die **Zygote,** hervor. Damit beginnt die Entwicklung eines neuen Menschen.

Die befruchtete Eizelle teilt sich und wandert dabei im Eileiter zur Gebärmutter. Etwa sechs bis sieben Tage nach der Befruchtung nistet sich der **Embryo** in die Gebärmutterschleimhaut ein. Diese **Einnistung** ist der Beginn einer Schwangerschaft. Während der Schwangerschaft bleiben die Menstruationszyklen aus. Der Embryo entwickelt sich in der Fruchtblase. Das Fruchtwasser in der Fruchtblase sorgt für eine konstante Temperatur und schützt vor Stößen und Erschütterungen. Den drei Monate alten Embryo nennt man bis zur Geburt **Fetus.** Nach der Einnistung entwickelt sich ein Teil des Embryos zu einer schwammartigen, gut durchbluteten Schicht, die Mutterkuchen oder Plazenta genannt wird. In der Plazenta treten Sauerstoff und Nährstoffe aus dem Blutkreislauf der Mutter in den Blutkreislauf des Embryos über. Von dort werden sie über die Nabelschnur zum Embryo transportiert. Auch andere Stoffe wie Alkohol oder Medikamente gelangen über die Plazenta von der Mutter zum Fetus.

Durchschnittlich 266 Tage nach der Befruchtung wird das Baby geboren. Die Geburt kündigt sich durch das Zusammenziehen der muskulösen Gebärmutterwand an. Das nennt man Wehen. Dadurch wird das Kind mit dem Kopf voran durch die Scheide gepresst. Unmittelbar nach der Geburt beginnt es, selbstständig zu atmen.

1 Entwicklung.
a) Beschreibe anhand von Abbildung 1 die Vorgänge vom Eisprung bis zur Einnistung.
b) Erläutere die Abbildung 4. Fertige für die Zeit ab der vierten Schwangerschaftswoche ein Balkendiagramm für die Körpergröße des Embryos/Fetus an.

2 Kein Alkohol, Nikotin oder andere Drogen in der Schwangerschaft. Begründe die dringende Empfehlung, während der Schwangerschaft nicht zu rauchen und auch keinen Alkohol zu trinken.

3 Modellversuch zum Schutz des Fetus im Mutterleib. Lege ein rohes Ei in einen mit Wasser gefüllten Plastikbeutel. Gib den Beutel in ein Becherglas. Verschließe dann den Beutel fest mit einem Gummiband, so dass er prall gefüllt ist. Schüttele das Becherglas kräftig. Beschreibe deine Beobachtungen. Lass von deiner Lehrerin oder deinem Lehrer den Kontrollversuch durchführen. Dabei wird ein rohes Ei ohne Plastikbeutel und ohne Wasser in einem Becherglas geschüttelt. Vergleiche mit dem ersten Versuch. Ordne Glaswand, Plastiktüte, Wasser und Ei im Modell den Begriffen in der Zeichnung zu (Abb. 2). Schreibe auf, wodurch der Fetus im Mutterleib geschützt wird.

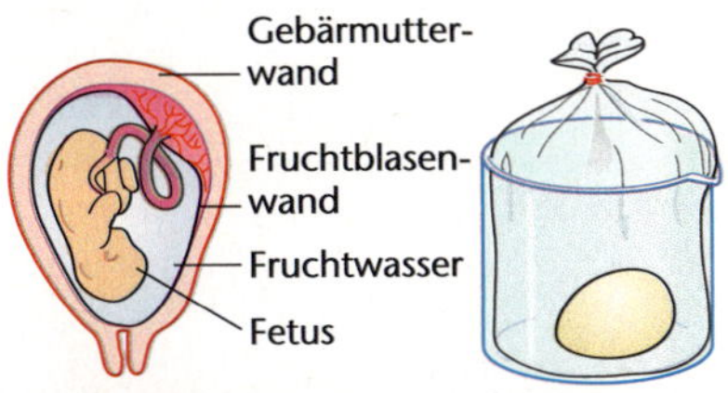

2 *Modellversuch zum Schutz des Fetus*

4 Basiskonzepte. Erläutere und begründe, welche Basiskonzepte zum Thema dieser Doppelseite passen. Ziehe zur Beantwortung die Methodenseite über Basiskonzepte in diesem Buch heran.

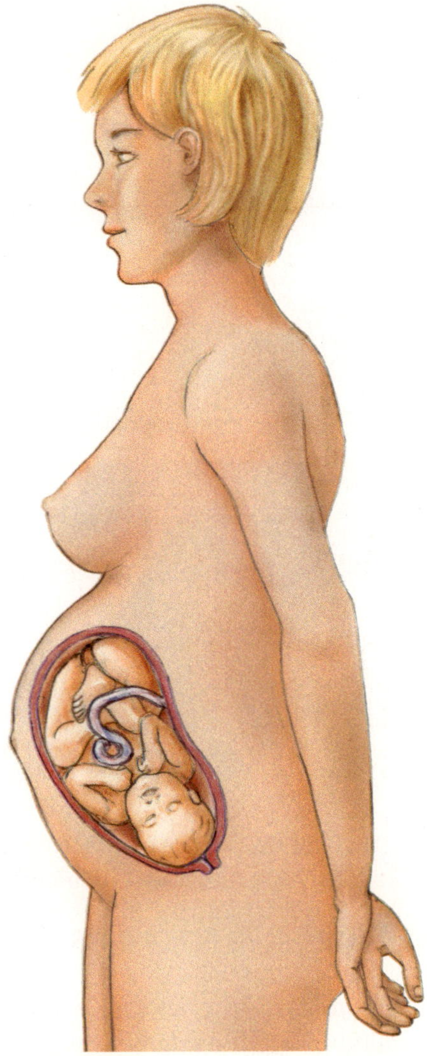

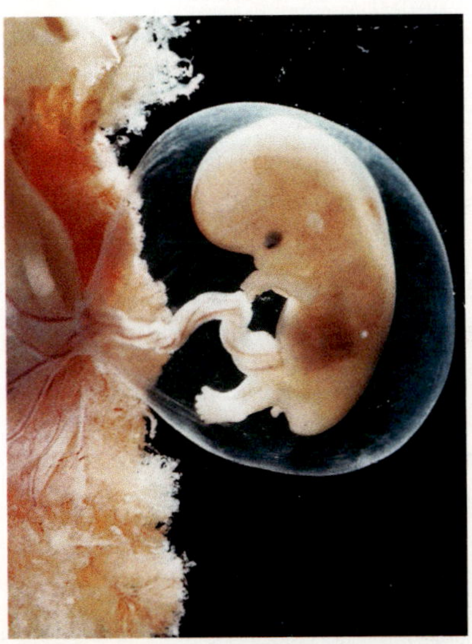

3 *Embryo, acht Wochen alt, 40 mm groß*

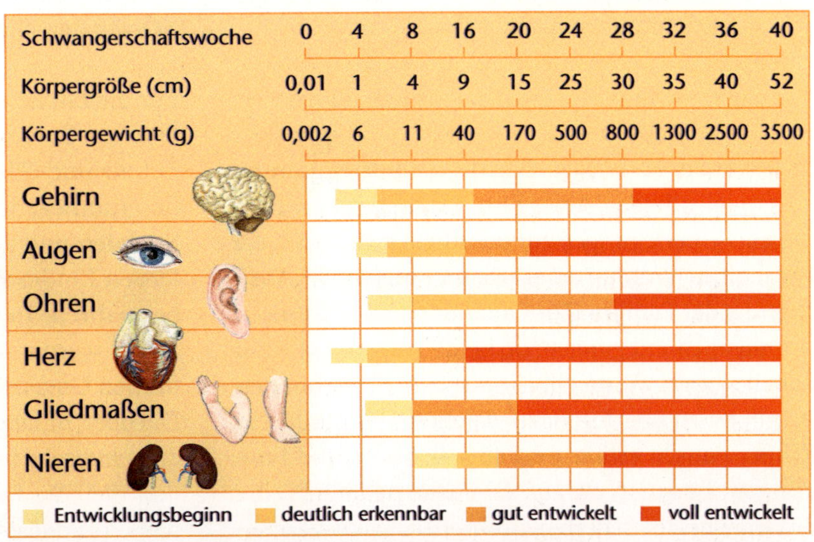

4 *Entwicklung der Organe von Embryo und Fetus*

13.6 Familienplanung und Empfängnisverhütung

„Du sollst die Gefühle eines Menschen nicht ausnutzen und ihn nicht mutwillig enttäuschenden Erfahrungen aussetzen." (A. COMFORT)

1 *Beispiele für Beziehungen zwischen Menschen*

Vertrauen, Ehrlichkeit, gegenseitige Achtung, Verständnis und Verantwortung füreinander und gemeinsame Freude sind in jeder partnerschaftlichen Beziehung von großer Bedeutung.

Die meisten Menschen wollen in ihrem Leben eine Familie gründen, meistens im Alter von ungefähr 20 bis etwa 40 Jahren. Bei der **Familienplanung** muss vieles bedacht werden. Dazu gehören zum Beispiel Überlegungen zur beruflichen Zukunft, die Wahl eines Wohnortes sowie die finanzielle Absicherung der Familie. Zur Familienplanung gehören vor allem Überlegungen, ob beide Partner ein Kind haben wollen. Wenn ein Kinderwunsch vorhanden ist, gilt es, zu überlegen, zu welchem Zeitpunkt der Kinderwunsch erfüllt werden soll. Mann und Frau können bewusst darauf Einfluss nehmen, eine Schwangerschaft herbeizuführen oder zu vermeiden. Diese Empfängnisregelung ist ein wichtiger Teil der Familienplanung.

Eine Reihe verschiedener Mittel und Methoden fasst man unter dem Begriff **Empfängnisverhütung** zusammen. Ihnen ist gemeinsam, dass sie eine Schwangerschaft verhindern helfen.

Für die **Entwicklung** eines Kindes spielt die Familie eine große Rolle. Kinder finden in der Familie Schutz und Geborgenheit. Sie können in der Familie grundlegende Bedürfnisse wie Essen, Trinken, Schlafen und sich erholen erfüllen. In der Familie lernen Kinder sehr viel, vor allem in den ersten Lebensjahren. In der Familie findet Erziehung statt. Dabei werden den Kindern auch wichtige Regeln für den Umgang mit anderen Menschen vermittelt. Darüber hinaus tragen Eltern **Verantwortung** für die schulische und berufliche Entwicklung ihrer Kinder. Weil die Familie so wichtig ist, wird sie durch das Grundgesetz geschützt. Es heißt dort (Artikel 6, Absatz 1): Ehe und Familie stehen unter dem besonderen Schutz der staatlichen Ordnung.

1 Verantwortung in Beziehungen.
a) Beschreibe anhand von Abbildung 1 die Beziehungen zwischen den dargestellten Menschen. Auf welche Weise könnten die Menschen in der jeweiligen Beziehung Verantwortung füreinander übernehmen?
b) Beschreibe, was das Zitat in Abbildung 1 für Beziehungen zwischen Menschen bedeuten kann.

2 Bedeutung der Familie. Beschreibe die Bedeutung der Familie für die Entwicklung eines Kindes anhand des Grundwissentextes.

3 Familienplanung – Empfängnisregelung – Empfängnisverhütung. Formuliere zu jedem dieser Begriffe einen Merksatz.

4 Fruchtbare Tage einer Frau. Als „fruchtbare Tage" einer Frau bezeichnet man den Zeitraum innerhalb des Menstruationszyklus, an dem es zur Befruchtung einer Eizelle kommen kann. Berechne für folgende Bedingungen die maximale Dauer der fruchtbaren Tage einer Frau: Die Lebenszeit einer Eizelle beträgt einen Tag nach dem Eisprung; Spermazellen sind fünf Tage befruchtungsfähig; der Eisprung kann am 13., 14., 15. oder 16.Tag eines 28-tägigen Zyklus stattfinden.

5 Empfängnisverhütung. Gib unter Bezug auf Abbildung 2 an, welche Möglichkeiten der Empfängnisverhütung a) den Eisprung verhindern, b) das Zusammentreffen von Ei- und Spermazellen verhindern.

„Aufpassen"
Der Geschlechtsverkehr wird vor dem Samenerguss abgebrochen. Sehr unzuverlässige Methode; schon vor dem eigentlichen Samenerguss werden Spermazellen abgegeben.

Kalendermethode
Kein Geschlechtsverkehr an den „fruchtbaren" Tagen im Zyklus. *Gesundheitlich unbedenklich, ohne besondere Hilfsmittel.* Sehr unzuverlässig, da sich viele Faktoren auf den Zeitpunkt des Eisprungs auswirken können.

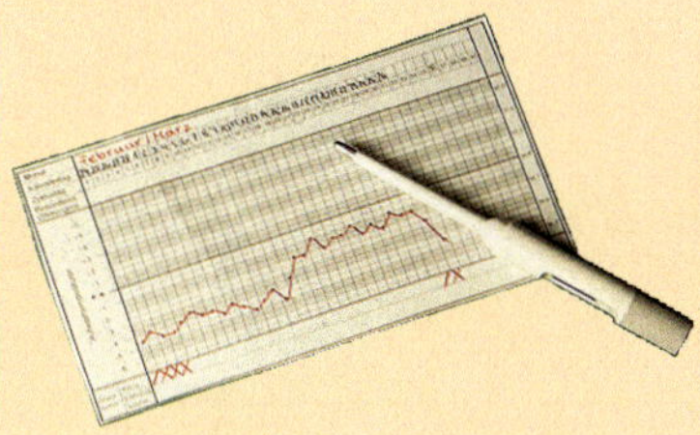

Temperaturmethode
Die Körpertemperatur einer Frau steigt nach dem Eisprung ein wenig an. *Ohne besondere Hilfsmittel, gesundheitlich unbedenklich.* Nur bei sehr sorgfältiger Anwendung sicher; Krankheiten und Stress haben Einfluss auf die Temperatur.

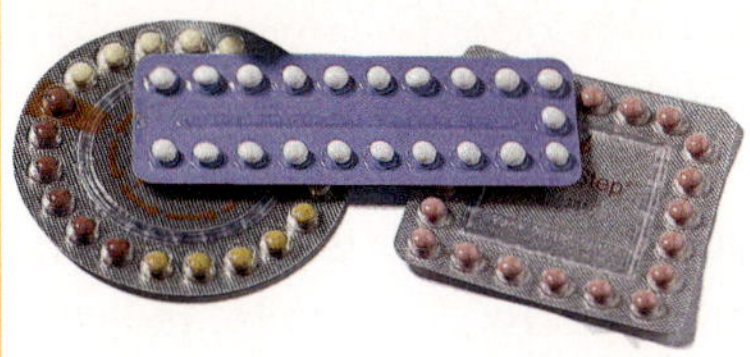

Pille
Hormone in der Pille verhindern den Eisprung. Rezeptpflichtiges Medikament, ärztliche Beratung. *Bei sorgfältiger Anwendung sehr sicher;* Eingriff in den natürlichen Hormonhaushalt; evtl. Nebenwirkungen.

Kondom („Präservativ")
Verhütungsmittel für den Mann. Fängt bei richtiger Anwendung die Spermaflüssigkeit auf. *Leicht zu beschaffen, Schutz vor sexuell übertragbaren Krankheiten wie z. B. Aids; gesundheitlich unbedenklich.* Anwendungsfehler möglich.

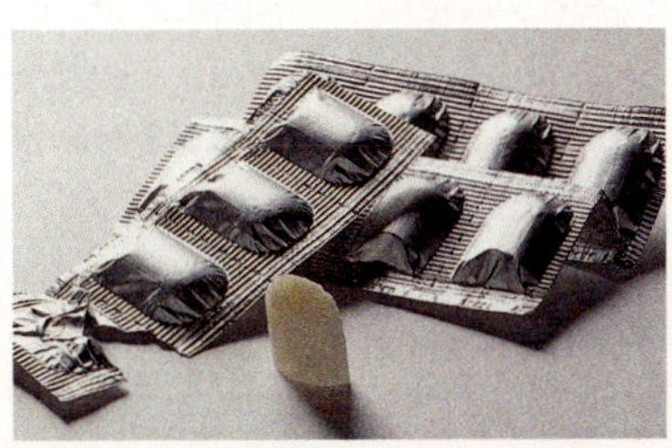

Chemische Mittel
Werden vor dem Geschlechtsverkehr in die Scheide eingeführt; Wirkstoffe töten Spermazellen ab oder machen sie unbeweglich; in Apotheken erhältlich. Unsicher; Reizung der Schleimhäute möglich.

2 *Einige Methoden und Mittel zur Empfängnisverhütung*

13.7 Sexuelle Belästigung

1 *Jeder Mensch hat persönliche Grenzen, die respektiert werden müssen*

Sexuelle Belästigungen richten sich meistens – wenn auch nicht immer – gegen Mädchen oder Frauen. Es handelt sich oftmals um Verhaltensweisen von Jungen oder Männern,

- die von Frauen oder Mädchen unerwünscht sind,
- die Frauen oder Mädchen beleidigen, abwerten, erniedrigen oder einschüchtern,
- die persönliche Grenze einer Frau oder eines Mädchens verletzen.

Entsprechendes gilt, wenn Jungen oder Männer sexuell belästigt werden.

Sexuelle Belästigungen können sein:

- anzügliche Witze und schamverletzende Worte,
- sexuelle „Anmache",
- anzügliche Bemerkungen über die Figur oder Geschlechtsmerkmale,
- unangebrachte Körperberührungen und „Grabscherei",
- Anspielungen auf das sexuelle Privatleben;
- auch das Herumzeigen pornografischer Bilder gehört dazu.

Wenn Bemerkungen und Verhalten eines anderen unter „die Gürtellinie" gehen und die persönliche Grenze nicht respektiert wird, sollte man sich wehren. Es ist für jeden Menschen sehr wichtig zu wissen, was andere mit ihm machen dürfen und was nicht. Jeder Mensch hat das Recht zu sagen: „Nein! Lass das! Ich will das nicht!"

Man muss sexuelle Belästigung nicht ertragen. Man kann handeln und sich wehren. Hilfreich ist es, wenn man offen und vor allen Leuten sagen kann, dass man das Verhalten als Belästigung empfindet.

Jeder Mensch hat persönliche Grenzen (Abb. 1). Wo eine Grenze verläuft, kann bei verschiedenen Menschen unterschiedlich sein. Das hängt auch damit zusammen, wie wichtig und wertvoll jemand eine bestimmte Grenze findet. Wenn sich eine Person darüber klar ist, wie wichtig ihm eine bestimmte Grenze ist, kann er sie auch besser gegenüber anderen Menschen durchsetzen. Durch „Nein-Sagen" kann man gegenüber einer anderen Personen eine Grenze deutlich machen und sie verteidigen.

1 Grenzverletzungen. „Mein Körper gehört mir!", „Durch persönliche Grenzen schützt sich ein Mensch", „Sexuelle Belästigungen sind Grenzverletzungen". Erläutere diese Aussagen und stelle zwischen ihnen Zusammenhänge her.

2 Das darf nicht jeder! Zeige an den folgenden Beispielen persönliche Grenzen und Grenzverletzungen auf. Das darf nicht jeder: a) mich küssen, b) mir auf die Schulter klopfen, c) mit mir in der Stadt bummeln, d) mich mit Streicheln trösten, e) mir ein Pflaster aufkleben, f) mit mir ein Geheimnis teilen, g) mich umarmen, h) mich kitzeln, i) mich im Auto mitnehmen, k) mir ein schönes Geschenk machen, l) mich zu einem Eis einladen.

3 Angenehme und unangenehme Berührungen. Nenne Beispiele für angenehme und für unangenehme Berührungen. Wie kann man sich vor unangenehmen Berührungen schützen?

Erwachsene nutzen manchmal ihren Einfluss und ihre Macht, um Kinder zu sexuellen Handlungen zu zwingen. Die Erwachsenen überschreiten damit Grenzen eines anderen Menschen, der jünger, schwächer oder von ihm abhängig ist. Wenn Erwachsene das Vertrauen, die Hilflosigkeit oder Abhängigkeit von Kindern für sexuelle Handlungen ausnutzen, nennt man das sexuellen Missbrauch. Der sexuelle Missbrauch ist strafbar.

Sexueller Missbrauch wird oft unter dem Vorwand ausgeübt, liebevoll und zärtlich sein zu wollen. Die Handelnden können fremde Personen sein, aber häufig sind es Väter, Onkel, Großväter und Freunde der Familie. Oft wird von den Kindern verlangt, den Missbrauch geheim zu halten.

Wenn dir einmal etwas passiert, was sexueller Missbrauch sein könnte, denke daran, dass du ein Recht auf Hilfe hast. Auch wenn es sehr schwerfällt, solltest du mit einer Person sprechen, der du vertraust. Das kann deine Mutter oder dein Vater sein, jemand aus der Verwandschaft, eine Lehrerin oder ein Lehrer, eine Freundin, ein Freund oder eine Mitarbeiterin einer Beratungsstelle.

2 *Sexueller Missbrauch*

4 Fallbeispiel. Claudia beklagt sich bei ihrer Freundin, dass Felix, ein Mitschüler, ihr häufiger an den Po fasst. Claudia hat Felix schon gesagt, dass er das lassen soll, doch es ist schon wieder passiert. ... Welche Aussagen über sexuelle Belästigungen könnten hier zutreffen? Was kann getan werden, damit Felix seine Belästigungen unterlässt? Welche Hilfen könnte Claudia sich holen?

3 *Dumme Sprüche*

„Wenn eine Frau ‚Nein' sagt, dann meint sie ‚Vielleicht'. Wenn eine Frau ‚Vielleicht' sagt, dann meint sie eigentlich ‚Ja'." – Dieser Spruch ist nicht nur dumm, sondern sehr mies, weil er Frauen nicht ernst nimmt. Jeder Junge oder Mann sollte wissen, dass das „Nein" einer Frau genauso unmissverständlich „Nein" bedeutet wie das „Nein" eines Mannes.

„Männer wollen doch immer nur das eine" ist ein Vorurteil, das Männern unterstellt, in einer Beziehung nur körperlichen Sex zu wollen. Die meisten Männer wünschen sich, ebenso wie Frauen, eine vertrauensvolle Beziehung, in der gegenseitige Achtung, Verständnis füreinander und Zärtlichkeiten sehr wichtig sind.

Zusammenfassung: Den eigenen Körper verstehen und gesund erhalten

Auf diesen Seiten sind noch einmal wesentliche Erkenntnisse der Biologie, die Basiskonzepte, dargestellt. Weitere Informationen über Basiskonzepte findest du auf der Methodenseite *„Nur nicht den Überblick verlieren – Basiskonzepte“* in diesem Buch.

1. Menschen müssen Nahrung aufnehmen. Nahrung enthält (meistens) Stoffe, die der Körper benötigt. Die Nahrungsaufnahme dient der Aufrechterhaltung der Lebensvorgänge.

2. Nahrungsmittel enthalten unter anderem Nährstoffe. Dazu zählen Kohlenhydrate, Eiweiße und Fette.

3. Man spricht von ausgewogener Ernährung, wenn mit der Nahrung Nährstoffe sowie Wasser, Vitamine, Mineralsalze und Ballaststoffe in der Menge aufgenommen werden, bei der ein Mensch gesund und leistungsfähig bleibt.

4. Zähne sind von Zahnschmelz überzogen. Das ist die härteste Substanz im Körper. Der Bau der Zähne entspricht der Aufgabe, Nahrung zu zerkleinern.

5. Zum Bewegungssystem eines Menschen gehören unter anderem Knochen, Gelenke und Muskeln. Wie bei jedem System, arbeiten auch beim Bewegungssystem die Teile zusammen.

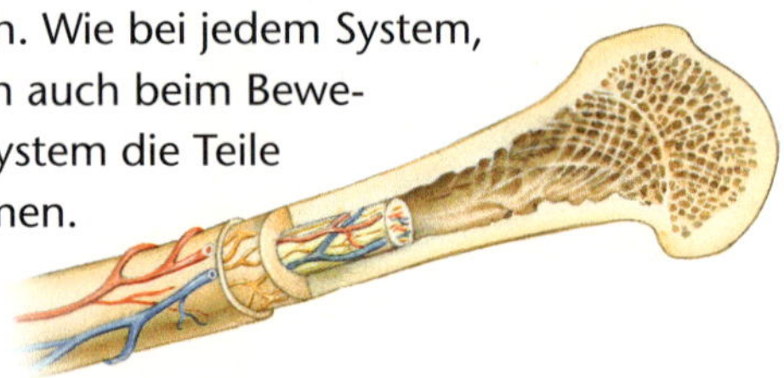

6. Gelenke haben die Aufgabe, eine bewegliche Verbindung zwischen verschiedenen Knochen zu ermöglichen. Gelenke sind so gebaut, dass Bewegungen in bestimmte Richtungen ausgeführt werden können.

7. Wenn man Bau und Aufgaben der Teile des Bewegungssystems kennt, kann man daraus Maßnahmen zur Gesunderhaltung folgern. Durch regelmäßiges Bewegungstraining werden Muskeln und Sehnen kräftiger und die Knochen fester. Eine kräftige Rückenmuskulatur wirkt bestimmten Haltungsschwächen entgegen.

8. Wie bei allen Lebewesen mit geschlechtlicher Fortpflanzung, zeigen auch die Nachkommen von Menschen-Eltern neben Gemeinsamkeiten vielfältige Merkmalsunterschiede. (Eine Ausnahme sind eineiige Zwillinge).

9. Mit Pubertät bezeichnet man einen Entwicklungsabschnitt mit allmählichen seelischen und körperlichen Veränderungen. Im Verlauf der Pubertät werden Jungen und Mädchen geschlechtsreif.

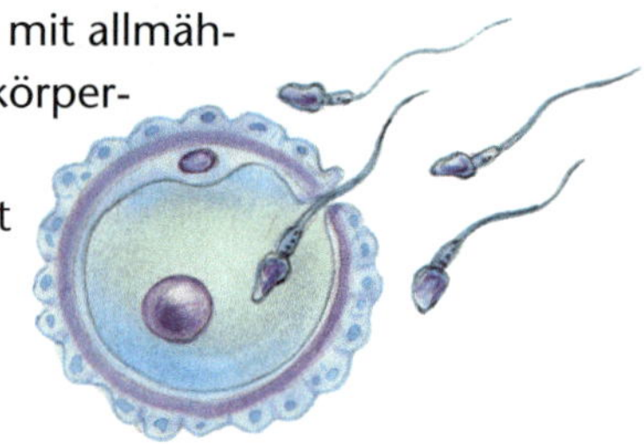

10. Nach der Befruchtung und der Einnistung entwickelt sich der menschliche Embryo in der Fruchtblase. Das Fruchtwasser in der Fruchtblase sorgt für eine konstante Temperatur und schützt vor Stößen und Erschütterungen.

1 Basiskonzepte zuordnen. Ordnet jedem Sachverhalt auf dieser Seite (Nr. 1 bis 10) ein Basiskonzept oder mehrere Basiskonzepte (rechte Seite) zu.
Beispiel: siehe Nr. 4 (linke Seite) *„Zähne sind von Zahnschmelz überzogen. Das ist die härteste Substanz im Körper. Der Bau der Zähne entspricht der Aufgabe, Nahrung zu zerkleinern“*. Diese Aussagen passen zum Basiskonzept *„Struktur und Funktion“* (rechte Seite).

Basiskonzepte – grundlegende Erkenntnisse im Fach Biologie

System

System
Ein System besteht aus mehreren Teilen. Zwischen den Teilen eines Systems gibt es Beziehungen und Wechselwirkungen. Meistens arbeiten die Teile eines Systems zusammen.
Biologische Systeme können unterschiedlich groß sein: Die ganze Erde, ein bestimmter Lebensraum, ein Lebewesen mit seinen Organen oder ein Organ eines Lebewesens.

Entwicklung

Fortpflanzung und Entwicklung
Lebewesen haben eine begrenzte Lebensdauer. Durch Fortpflanzung vermehren sich Lebewesen und dadurch wird ihr Fortbestand gesichert.
Lebewesen entwickeln sich im Laufe ihres Lebens und verändern sich dabei

Lebensräume verändern sich
Die Lebensräume von Tieren und Pflanzen verändern sich im Laufe der Zeit, zum Beispiel in den Jahreszeiten.

Stammesgeschichte und Verwandtschaft
Jedes heutige Lebewesen hat Vorfahren, Vor-Vorfahren, Vor-Vor-Vorfahren und so weiter. Lebewesen sind im Laufe langer Zeiträume aus anderen Lebewesen hervorgegangen. Das nennt man stammesgeschichtliche Entwicklung oder kurz „Stammesgeschichte".

Vielfalt und Angepasstheit
Auf der Erde gibt es eine große Vielfalt der Arten. Selbst die Nachkommen von Eltern zeigen neben Gemeinsamkeiten Unterschiede in den Merkmalen. Alle Lebewesen besitzen Merkmale, mit denen sie an ihre Umwelt angepasst sind. Solche vorteilhaften Merkmale nennt man Angepasstheiten.

Struktur und Funktion

Struktur und Funktion
Unter Struktur versteht man in der Biologie den Bau von Lebewesen und ihrer Organe. Mit ihrem Bau sind sie an bestimmte Aufgaben (Funktionen) angepasst, zum Beispiel sich zu bewegen und zu ernähren. – Zwischen Struktur und Funktion gibt es Zusammenhänge.

Oberflächenvergößerung
Lebewesen nehmen Stoffe aus der Umgebung auf. Je größer die Oberfläche ist, an der die Stoffaufnahme stattfindet, desto größer kann die Menge an Stoffen sein, die über diese Oberfläche aufgenommen wird.

Gemeinsamkeiten und Unterschiede von Lebewesen
Wenn man Lebewesen miteinander vergleicht, erkennt man Gemeinsamkeiten und Unterschiede.

Steuerung und Regelung
Viele Zustände und Vorgänge im Körper eines Lebewesen werden gesteuert oder geregelt. Dadurch werden die Bedingungen im Körper beständig (stabil) gehalten.

Stoff- und Energieumwandlung
Lebewesen nehmen Stoffe aus der Umgebung auf, wandeln sie um und geben Stoffe an die Umgebung ab. Manche Stoffe enthalten viel nutzbare Energie. Energie ist für alle Lebensvorgänge notwendig.

Blütenpflanzen in ihrem Lebensraum

14 Aufbau der Blütenpflanzen

14.1 Bau einer Blütenpflanze

Blütenpflanzen gibt es in großer Vielfalt. Dabei weisen alle Blütenpflanzen Gemeinsamkeiten auf. Ihr Körper lässt sich in Wurzel, Sprossachse, Laubblätter und Blüte unterteilen. Das sind die Organe einer Blütenpflanze (Abb. 1).

Die **Wurzeln** verankern die Pflanze im Boden. Mit den Wurzeln werden Wasser und darin gelöste Mineralsalze aus dem Boden aufgenommen. Die feste **Sprossachse** wird bei Kräutern und Stauden auch Stängel genannt. Der Stängel trägt die Laubblätter und Blüten der Weißen Taubnessel (Abb. 1). Im Inneren des Stängels befinden sich Leitungsbahnen, in denen Wasser nach oben in alle Teile des Pflanzenkörpers gelangt. Auch in den **Laubblättern** befinden sich Leitungsbahnen. Man bezeichnet sie als Blattadern. Laubblätter sind meistens grün. Sie nehmen Licht auf. Die Blätter einer Weißen Taubnessel sind so angeordnet, dass jedes Laubblatt Licht erhält. Mithilfe des Lichtes können Blütenpflanzen in ihren Laubblättern Traubenzucker selbst für Ernährung und Wachstum herstellen. Die **Blüten** dienen der geschlechtlichen Fortpflanzung. Aus Blüten gehen Früchte hervor. In ihrem Inneren befinden sich Samen. Mit Früchten und Samen vermehrt und verbreitet sich eine Blütenpflanze.

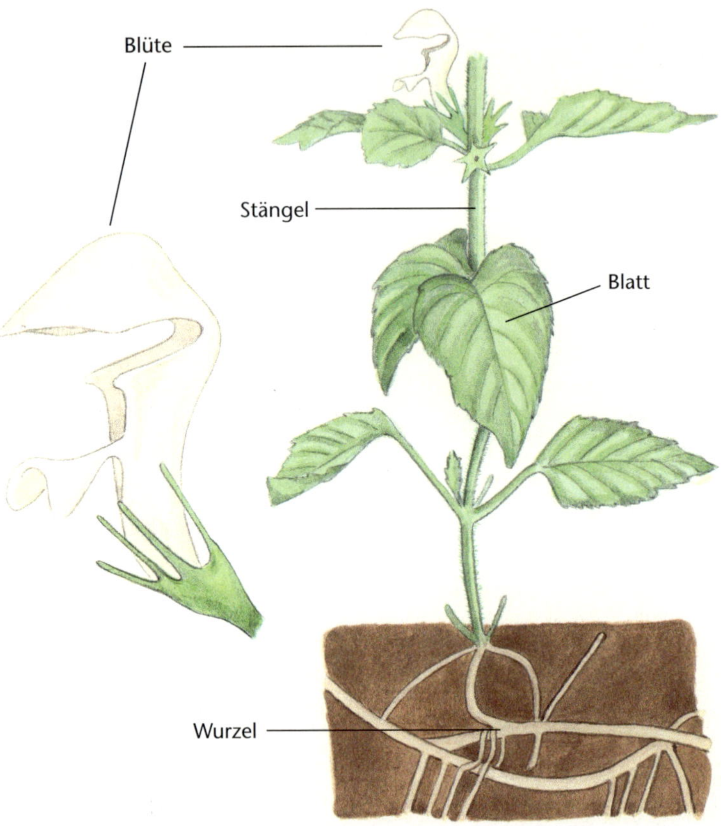

1 *Organe einer Blütenpflanze (Weiße Taubnessel)*

Bäume und Sträucher gehören zu den **Holzpflanzen**. Bei ihnen ist die Sprossachse ein dicker Stamm mit Ästen. Stamm und Äste sind verholzt. Bäume lassen sich in Stamm und Baumkrone unterteilen. Bei Sträuchern ist diese Unterteilung nicht vorhanden. Holzpflanzen können sehr alt werden.

Manche Pflanzen leben nur von Frühjahr bis Herbst. Man bezeichnet sie als einjährige Pflanzen oder Kräuter. Ihre Samen keimen im nächsten Frühjahr aus. Pflanzen, die mithilfe unterirdischer Speicherorgane überwintern und zwei oder mehr Jahre alt werden können, heißen **Stauden**. Kräuter und Stauden sind nicht verholzt.

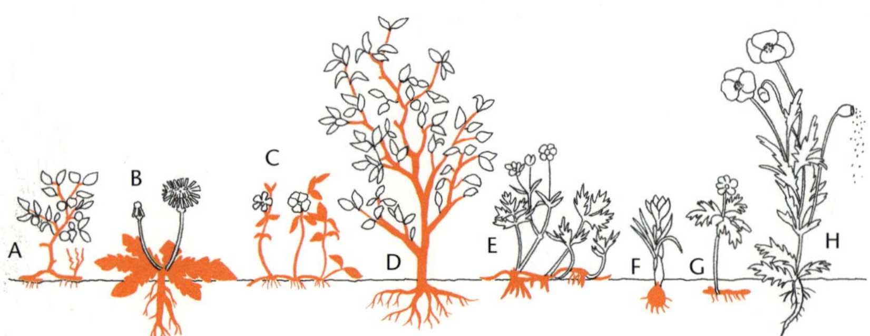

2 *Überwinterung bei Blütenpflanzen; die farbigen Pflanzenteile überwintern*
A: Heidelbeere; B: Löwenzahn; C: Immergrün; D: Junge Buche; E: Kriechender Hahnenfuß; F: Krokus; G: Buschwindröschen; H: Klatsch-Mohn

1 Organe einer Blütenpflanze. Gib in Form einer tabellarischen Übersicht die Organe einer Blütenpflanze und deren Aufgaben an.

2 Überwinterung von Blütenpflanzen. a) Ordne die Blütenpflanzen, die in Abbildung 2 dargestellt sind, in Kräuter, Stauden und Holzpflanzen. Begründe deine Zuordnung.

b) Erstelle eine Tabelle, in der du beschreibst, wie die einzelnen Pflanzen (Abb. 2) überwintern. Ergänze die Tabelle durch fünf weitere dir bekannte Blütenpflanzen.

Arbeiten mit Lupe und Binokular

Mithilfe einer Lupe oder eines Binokulars kann man ein scharfes, vergrößertes Bild sehen. Beim Binokular wird das Bild für jedes Auge gesondert vergrößert. Es entsteht ein räumliches Bild.

1 Unter die Lupe genommen.
a) Betrachte Millimeterpapier mit einer Handlupe (Abb. 3). Beschreibe, wie du die Lupe halten musst, damit du ein scharfes, vergrößertes Bild siehst.
b) Lege einen Abschnitt eines Stängels oder andere Pflanzenteile einer krautigen Pflanze auf Millimeterpapier und betrachte sie mit der Lupe. Beschreibe deine Beobachtungen und ergänze sie durch Größenangaben (z. B. Breite des Stängels).
c) Untersuche verschiedene Gegenstände und Materialien wie Federn, Zeitungspapier, Stofffetzen und Haare mit der Lupe. Beschreibe diese Beobachtungen.

2 Arbeiten mit dem Binokular.
a) Betrachte die unter 1 b und c angegebenen Materialien auf Millimeterpapier durch ein Binokular. Beachte dabei die Angaben in der Abbildung 4. Beschreibe an einem selbst gewählten Beispiel Unterschiede zum Bild, das du mit der Handlupe gewonnen hast.
b) Zeichne mit dem Bleistift Pflanzenteile, die du mit dem Binokular betrachtest. Benutze für deine Zeichnung ein DIN-A4-Blatt. Präsentiere deine Zeichnung deinen Mitschülern. Diskutiert darüber, was an der Zeichnung gut und was nicht so gelungen ist.

3 *Handlupe*

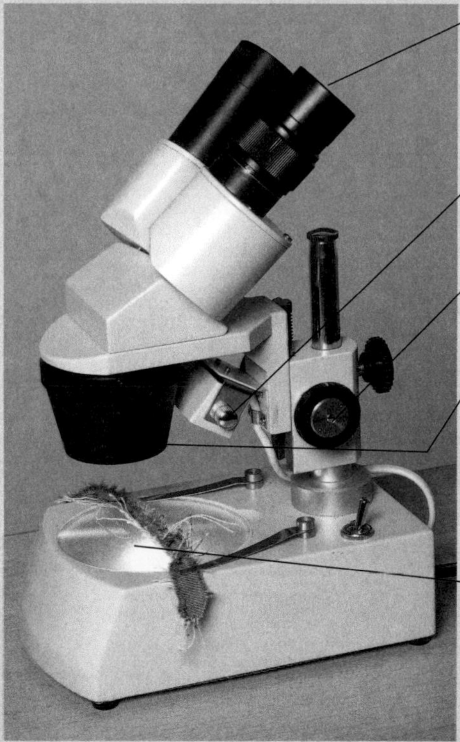

4 *Binokular*

14.2 Die Wurzel

Ein Grundorgan der Blütenpflanzen ist die Wurzel, mit der die Pflanze im Boden verankert ist. Außerdem nehmen die Wurzeln Wasser und darin gelöste Mineralsalze aus dem Boden auf.

Die Wurzel krümmt sich nach der Keimung nach unten, wobei sie beträchtliche Kräfte entwickeln kann. Hinter der Wurzelspitze findet sich ein Abschnitt mit Millionen winziger Ausstülpungen. Diese werden **Wurzelhaare** genannt (Abb. 1). Die feinen Wurzelhaare dringen in die Hohlräume zwischen den Bodenkörnern. In den Hohlräumen befindet sich Wasser, in dem Mineralsalze gelöst sind. Die Wurzelhaare nehmen das Wasser und die darin gelösten Mineralsalze auf. Von den Wurzelhaaren gelangen Wasser und Mineralsalze in das Innere der Wurzel. Dort befinden sich Leitungsbahnen, die lang gestreckten Röhren ähneln. In Leitungsbahnen gelangen Wasser und Mineralsalze in den Stängel und von dort bis in die Blätter.

Die dicht an dicht stehenden Wurzelhaare bilden eine **große Oberfläche**. Bei einer einzigen Roggenpflanze zum Beispiel entspricht die gesamte Oberfläche der Wurzelhaare ungefähr der Fläche von fünf bis sechs großen Klassenräumen. Durch die große Oberfläche wird die Aufnahme von Wasser und darin gelösten Mineralsalzen begünstigt.

Wenn starker Wind den Pflanzenkörper biegt, wirken auf die Wurzeln vor allem Zugkräfte. Durch Seitenwurzeln wird die Verankerung im Boden verbessert. So wird die Pflanze auch bei starkem Wind nicht umgeworfen. Manche Arten wurzeln flach und breit gefächert, andere Arten bilden tiefe Pfahlwurzeln (Abb. 4).

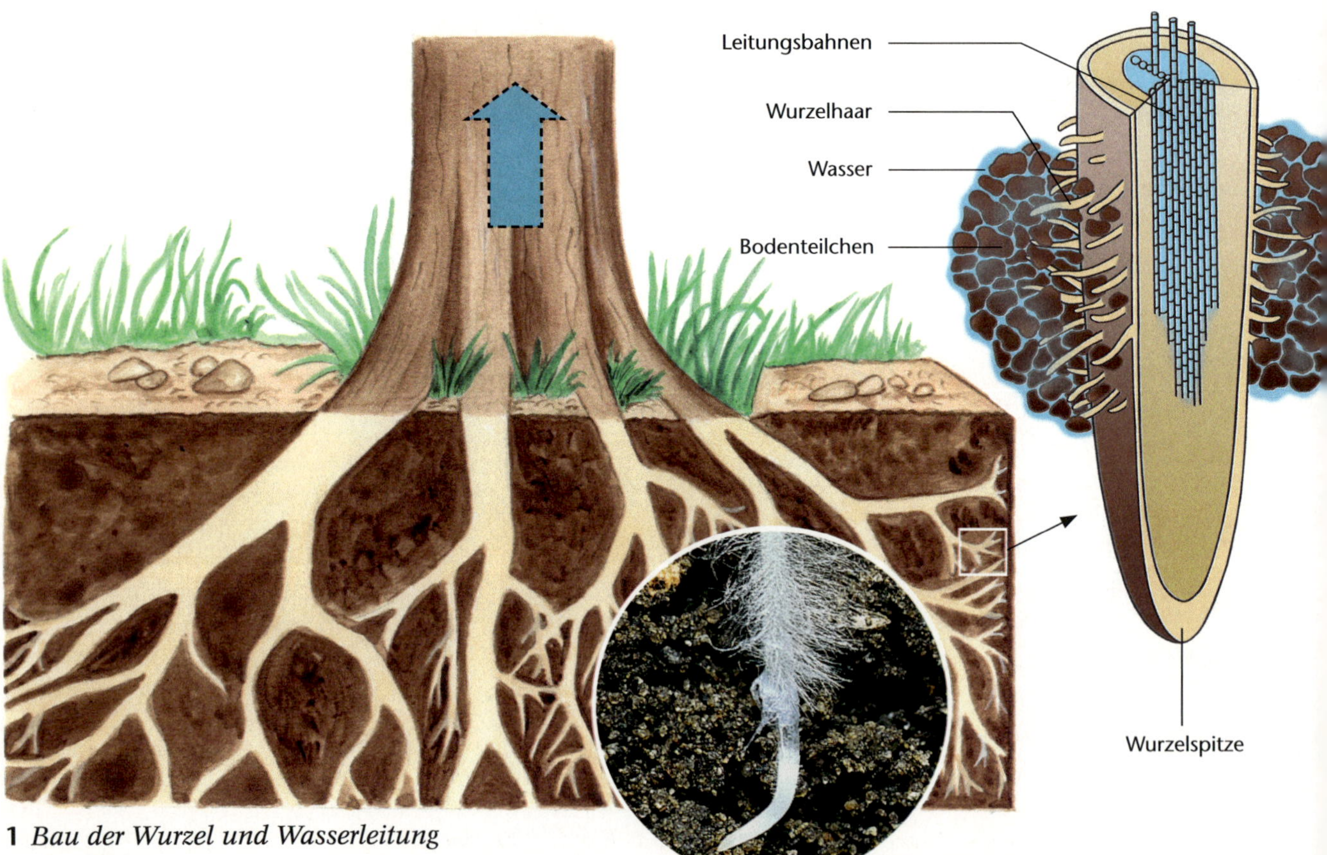

1 *Bau der Wurzel und Wasserleitung in der Wurzel.*

1 Modell zur Oberflächenvergrößerung. Abbildung 2 zeigt verschiedene Körper, die aus gleich vielen Würfeln zusammengesetzt sind. Die Kantenlänge der Würfel beträgt jeweils 1 cm.

a) Berechne die Oberfläche der verschiedenen Körper und vergleiche sie.

b) Erläutere Zusammenhänge zwischen Oberfläche und Ausmaß der Verzweigung eines Körpers.

c) Stelle einen Bezug zu den Informationen der Grundwissenseite her.

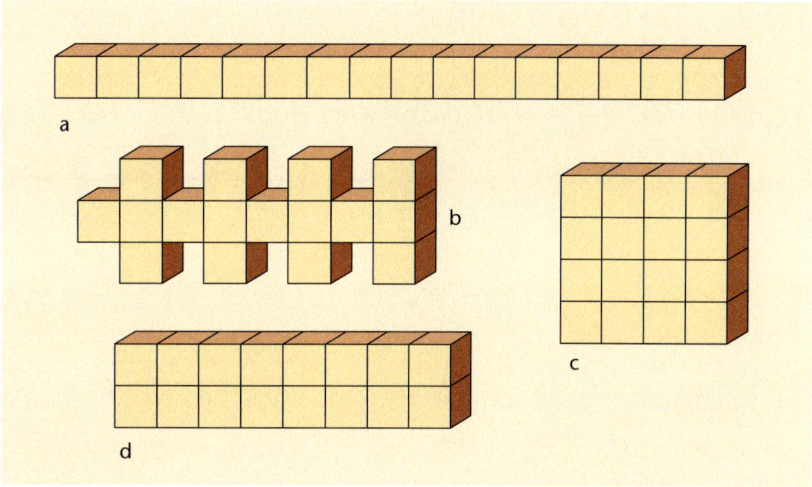

2 *Modell zur Oberflächengröße*

3 *Versuch mit Kressekeimlingen*

2 Versuch: Wurzelhaare der Gartenkresse. Nimm einen Objektträger und umwickle ihn mit Filterpapier. Lege wie in Abbildung 3 Kressesamen auf das angefeuchtete Filterpapier. Drücke die Samen leicht an. Stelle dann den Objektträger schräg in ein kleines Becherglas. Das Glas soll immer so viel Wasser enthalten, dass der untere Rand des Filterpapiers vom Wasser benetzt wird. Das Becherglas wird abgedeckt.

a) Beobachte die Entwicklung in den nächsten anderthalb bis zwei Wochen. Achte dabei besonders auf das Wachstum der Wurzeln.

b) Betrachte Wurzelhaare mit einer Lupe. Zeichne und beschreibe deine Beobachtungen.

3 Orientierung der Wurzel. Überlege, nach welchen äußeren Einflüssen sich Wurzeln beim Wachstum richten könnten. Plane einen Versuch, mit dem du deine Überlegung überprüfen kannst. Führe diesen Versuch mit Kressesamen durch.

4 Verankerung im Boden.

a) Beschreibe die Wurzeln von Kiefer und Fichte in Abbildung 4.

b) Nach einem Sturm findet man gebrochene Kiefernstämme, die Fichten hat es mit dem gesamten Wurzelwerk aus dem Boden gerissen. Erkläre diese Unterschiede.

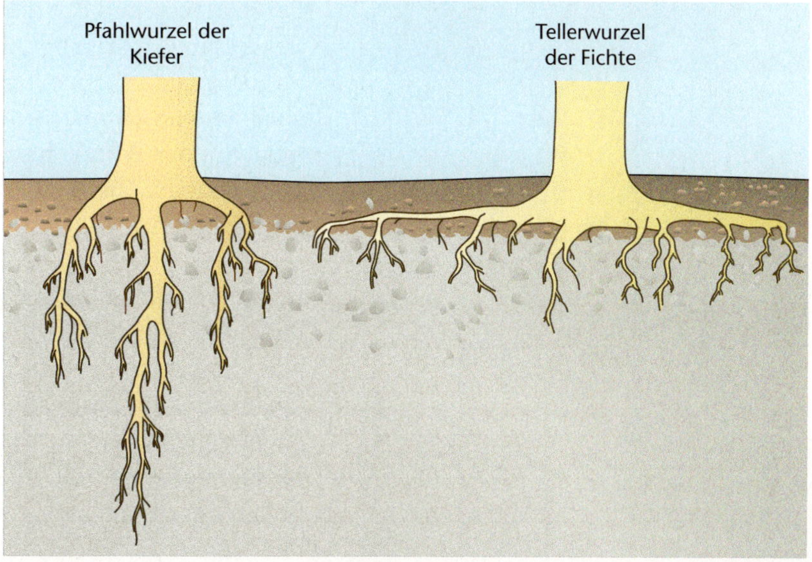

4 *Wurzeln von Kiefer und Fichte*

14.3 Die Sprossachse

1 *Versuch zur Wasserleitung in der Sprossachse des Fleißigen Lieschens. Das Wasser ist mit roter Tinte gefärbt.*

Die **Sprossachse** ist der Teil der Pflanze, der die Blätter und Blüten trägt. Die Sprossachse ist fest gebaut. Diese Stabilität ist notwendig, damit die Pflanze dem Druck des eigenen Gewichtes standhalten kann und bei Wind nicht gleich umknickt. Bei den meisten Pflanzen wächst die Sprossachse aufrecht, so dass die Blätter zum Licht empor gehoben werden. Licht spielt im Leben der Pflanzen eine große Rolle.

In der Sprossachse werden Wasser und Mineralsalze von der Wurzel zu den Blättern geleitet. Dort wird Wasser an die Umgebung abgegeben. Zucker wird in der Sprossachse aus den Blättern in andere Pflanzenteile abtransportiert.

Bei Kräutern und Stauden ist die Sprossachse nicht verholzt. Bei diesen Pflanzen nennt man die Sprossachse auch **Stängel**. Sträucher und Bäume haben verholzte Sprossachsen, die man auch **Stamm** nennt. Bei hohen Bäumen muss die Wasserleitung von der Wurzel bis zu den Blättern über große Strecken erfolgen (Abb. 2). Manche Bäume können über hundert Meter hoch werden.

An der Schnittstelle eines gefällten Baumstammes erkennt man Ringe, die sich jedes Jahr bilden (Abb. 4). An den **Jahresringen** kann man das Alter eines Baumes ablesen. Außerdem gibt die Breite der Jahresringe Auskunft darüber, ob die Lebensbedingungen günstig oder ungünstig waren. Bei günstigen Lebensbedingungen sind die Jahresringe breiter als bei ungünstigen Bedingungen (Abb. 4).

2 *In Bäumen erfolgt die Wasserleitung über große Strecken*

1 Versuch zur Wasserleitung in einer Pflanze. Wie musst du vorgehen, um die Wasserleitungsgeschwindigkeit im Stängel von Fleißigen Lieschen zu bestimmen? Beschreibe und begründe deine Vorgehensweise. Führe den Versuch durch und protolliere ihn (Abb. 1).

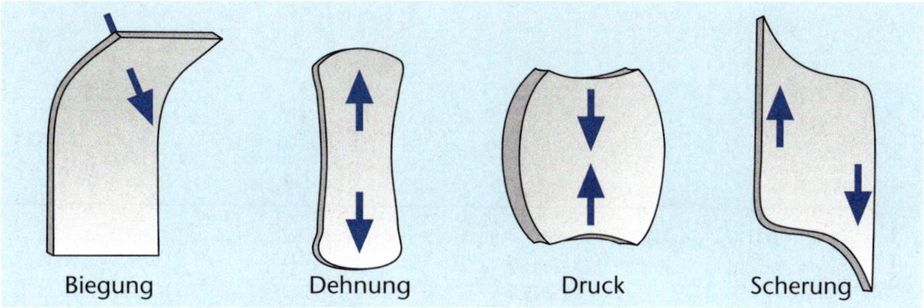

3 *Kräfte, die auf einen Pflanzenstängel wirken*

2 Festigkeit der Sprossachse.
a) Beschreibe anhand der Abbildung 4, was man unter Zug, Druck, Biegung und Scherung versteht. Die Pfeile geben die Richtung der Krafteinwirkung an.
b) Untersuche die Stängel verschiedener Pflanzen (z.B. Weiße Taubnessel, Grashalm) und Äste von Sträuchern (z.B. Weide, Hasel) daraufhin, wie gut sie Zug und Biegung vertragen.

3 Lebenslauf einer Fichte. Bestimme das Alter der Fichte, die in Abbildung 4 dargestellt ist. Gib begründet an, in welchen Lebensjahren die Lebensbedingungen der Fichte günstig und in welchen sie ungünstig waren.

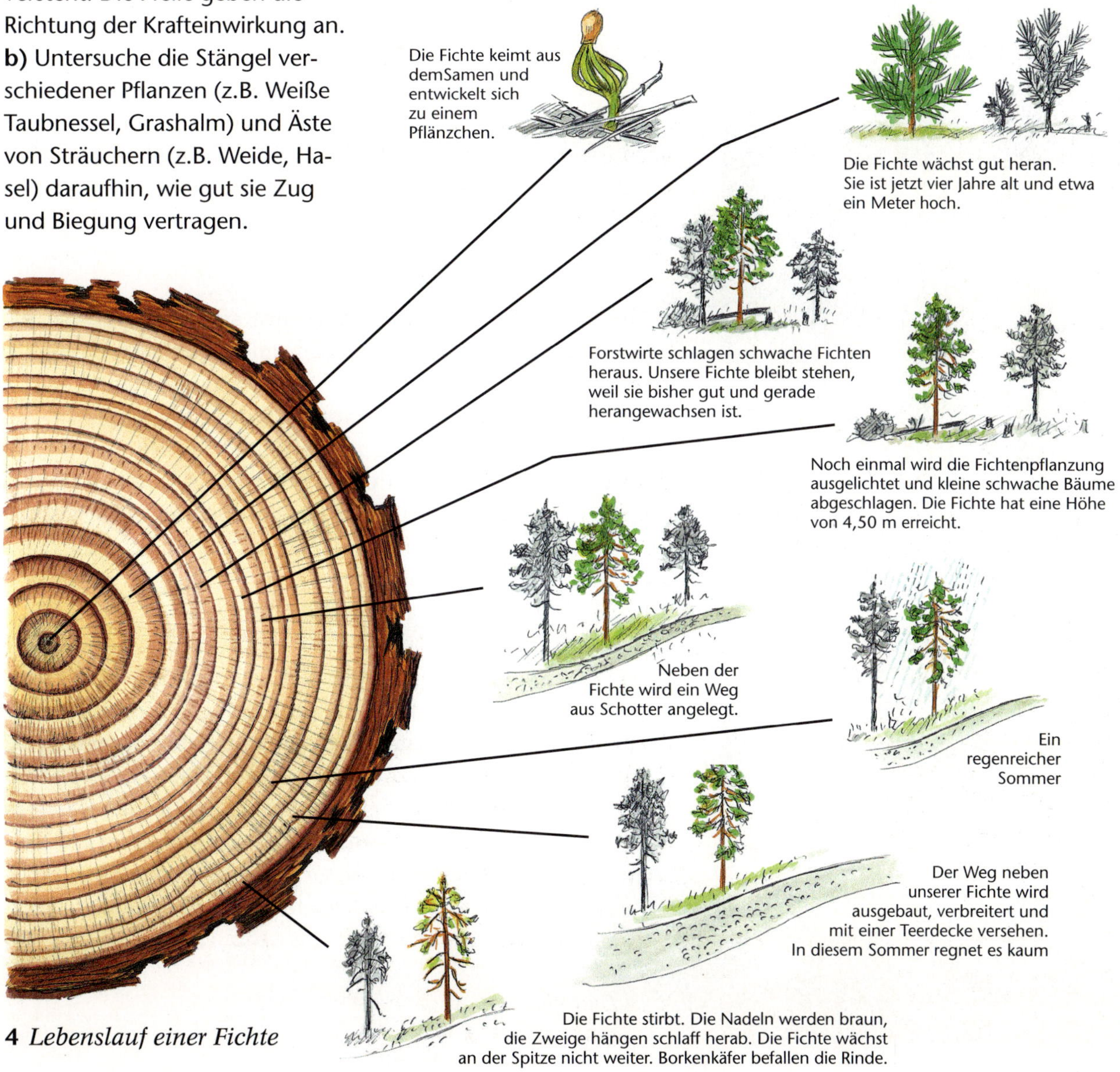

4 *Lebenslauf einer Fichte*

14.4 Der Grashalm als Modell: leicht, schlank, stabil

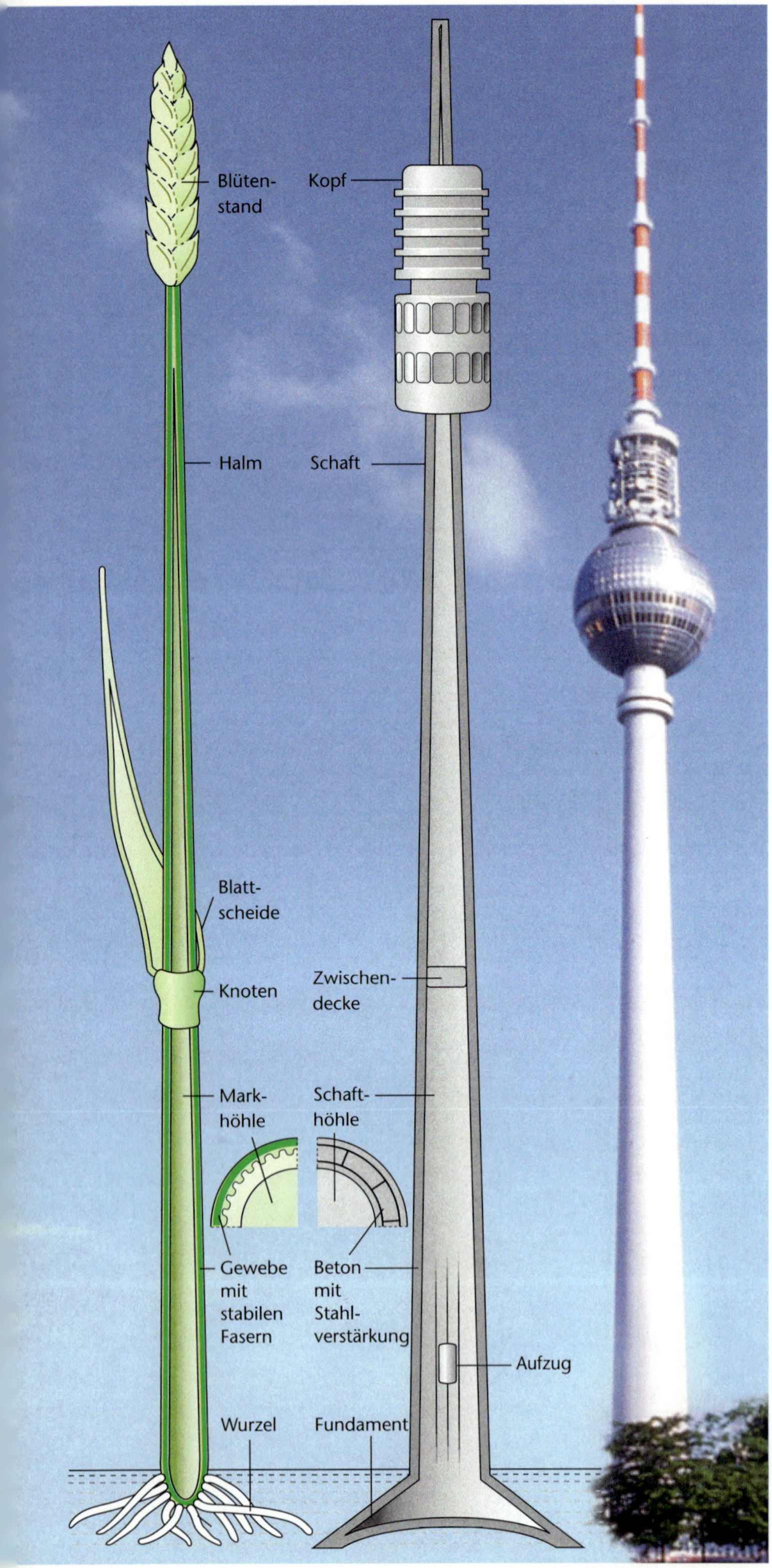

1 *Vergleich Grashalm – Fernsehturm*

Viele Bauwerke enthalten Elemente, die in ähnlicher Form in der Natur vorkommen (Abb. 1). Eine Graspflanze kann in Hinblick auf Stabilität und Materialeinsparung Anregungen für technische Lösungen bieten. Die Wissenschaft, die sich mit der technischen Umsetzung und der Anwendung von Strukturen aus der Biologie befasst, ist die **Bionik.** Der Name Bionik ist eine Kombination aus den Begriffen Biologie und Technik.

Seit langem interessieren sich Bioniker für Grashalme. Sie sehen in Gräsern natürliche Modelle für materialsparende Konstruktionen von Bauwerken, z. B. von Hochhäusern und Fernsehtürmen. Wie ist es möglich, dass die leichten und dünnen Grashalme Wind und Wetter trotzen, obwohl sie schwere Ähren tragen?

Grashalme sind röhrenartig aufgebaut (Abb. 1). Innen sind sie hohl oder mit leichtem Mark gefüllt. Zellen mit stark verdickten Zellwänden bilden in Längsrichtung stabile Fasern. Diese Fasern bilden ringförmig angeordnete Festigungselemente. Manchmal enthält ein Halm zwei miteinander verbundene Ringe aus festem Material, zwischen denen sich leichtes Füllmaterial befindet. In der Technik spricht man bei einer solchen Konstruktion von einer Sandwich-Bauweise.

Stabilisierend wirkt sich bei einem Grashalm zudem aus, dass er durch Knoten in Abschnitte untergliedert ist. Oberhalb der Knoten umhüllen die Blätter als Blattscheiden den Halm. Dies ist von großer Bedeutung, da sich an den Knoten weiches Material befindet, das durch die Blattscheiden geschützt wird. Vergleicht man den Aufbau eines Fernsehturms mit dem eines Grashalms, fallen viele Ähnlichkeiten auf (Abb. 1).

1 Ähnlichkeiten zwischen Graspflanze und Fernsehturm. Notiere in einer Tabelle, welche Übereinstimmungen du zwischen der technischen Konstruktion eines Fernsehturms und der natürlichen Struktur eines Grashalms feststellst.

	Höhe	Basisdurchmesser
Heinrich-Hertz-Turm in Hamburg	272 m	41 m
Fernsehturm in Berlin	368 m	32 m
Rheinturm in Düsseldorf	234 m	34 m
Fernsehturm in Stuttgart	217 m	10,8 m
Roggenpflanze	1,60 m	4 mm

2 *Höhe und Durchmesser verschiedener Objekte*

2 Schlankheitsgrade. Man bezeichnet den Quotienten aus Höhe und Basisdurchmesser als Schlankheitsgrad eines Objektes. Bei vielen Hochbauten werden möglichst hohe Werte angestrebt, da dies zu einer Materialeinsparung führt.

a) Berechne und vergleiche die Schlankheitsgrade der in Abbildung 2 genannten Objekte.

b) Ermittle für weitere Pflanzen, z. B. Blumen oder Bäume, durch eigene Messung die Schlankheitsgrade.

3 Falt-und Wellenprofile und Stabilität. Blätter, besonders wenn sie groß sind, sind stabil gebaut. Manchmal sind die Blattflächen gefaltet (Abb. 5). In den folgenden Versuchen soll der Einfluss von Faltungen auf die Stabilität untersucht werden.

a) Lege die Wellpappe wie abgebildet auf die Gläser (Abb. 3). Die Gläser sollen einen Abstand von 15 cm haben. Stelle auf die Pappen in die Mitte jeweils ein weiteres leeres Glas. Fülle in diese Gläser so lange Wasser, bis die Pappe einknickt. Welche Pappe hat eine höhere Traglast?

b) Falte stabiles Papier in 1 cm breite Streifen. Lege das Papier so auf zwei Gläser, dass die Falten in Längsrichtung verlaufen (Abb. 4). Ermittle wie in Versuch a die maximale Traglast.

c) Führe weitere Versuche mit Papier durch, bei denen du die Breite der Streifen variierst. Ermittle die optimale Streifenbreite.

d) Wo werden in der Technik Falt- und Wellenprofile verwendet?

3 *Versuch zur Stabilität von Wellpappe*

4 *Versuch zur Stabilität von gefaltetem Papier*

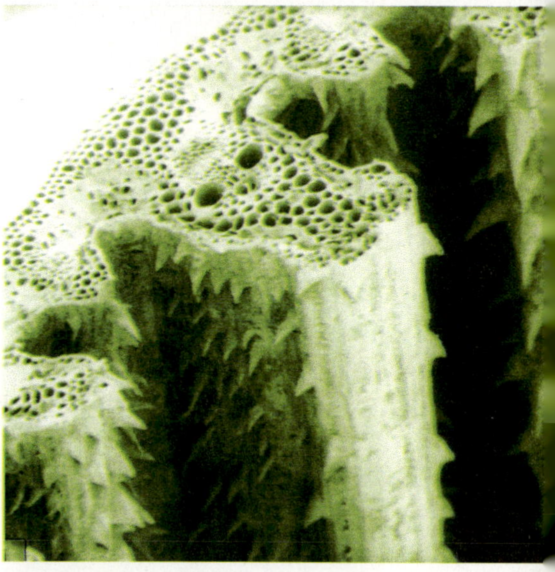

5 *Grasblatt im Querschnitt mit gewellter Unterseite*

1 *Blatt der Weißen Taubnessel*

14.5 Das Laubblatt

In einem **Laubblatt** kann man viele, sich verzweigende feine Linien erkennen (Abb. 1). Das sind die **Blattadern**. In den Blattadern verlaufen die Wasserleitungsbahnen der Blatter. Sie sind durch den Blattstiel mit den Wasserleitungsbahnen im Stängel verbunden. Das von der Wurzel aufgenommene Wasser wird durch den Stängel und die Leitungsbahnen der Blätter in das Innere des Blattes geleitet (Abb. 2).

2 *Wasserleitung in der Pflanze*

Das Blatt wird nach außen durch eine **Blatthaut** begrenzt (Abb. 3). Sie besteht aus kleinen, rechteckig geformten Gebilden. Diese kleinen Gebilde nennt man Zellen. Die Blatthaut schützt das Blattinnere vor Verletzungen und verhindert die Austrocknung des Blattes. Unter der oberen Blatthaut befinden sich längliche Zellen. Die darunter liegenden Zellen sind nicht so dicht angeordnet. Zwischen ihnen bleiben viele Hohlräume wie bei einem Schwamm frei. Aus den Leitungsbahnen tritt Wasser in die Hohlräume über. Dabei vermischt sich das Wasser mit der in den Hohlräumen vorhandenen Luft. Es entsteht Wasserdampf.

In der unteren Blatthaut befinden sich viele spaltförmige Öffnungen (Abb. 4). Die **Spaltöffnungen** können von der Pflanze aktiv geöffnet oder geschlossen werden. Wenn die Spaltöffnungen geöffnet sind, kann Wasser als Wasserdampf aus dem Blatt nach außen entweichen. Durch Öffnen und Schließen der Spaltöffnungen wird die Menge des austretenden Wasserdampfes reguliert. Diese geregelte Wasserdampfabgabe über die Spaltöffnungen bezeichnet man als **Transpiration**. Durch die Spaltöffnungen kann auch Luft von außen in das Blattinnere eintreten. Aus dem Blatt wiederum treten Gase aus, die bei den Lebensvorgängen der Pflanze entstanden sind.

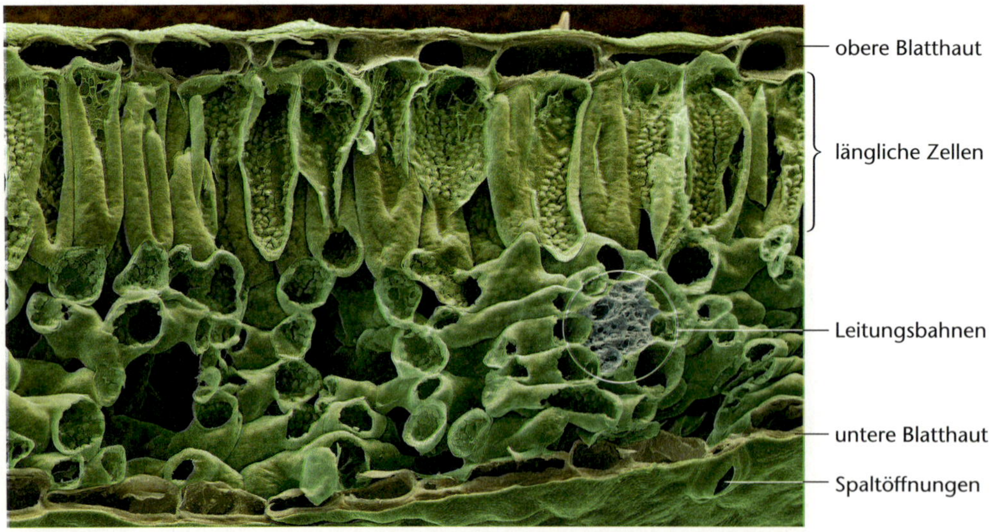

3 *Bau eines Laubblattes (Querschnitt)*

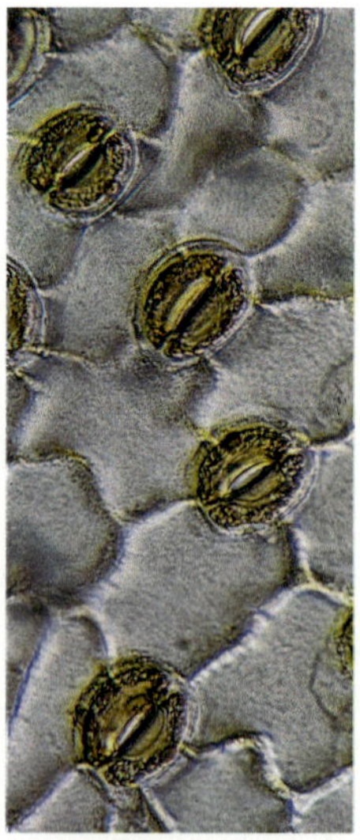

4 *Blattunterseite mit Spaltöffnungen*

1 Wasserleitung in der Pflanze. Beschreibe anhand von Abbildung 2 die Wasserleitung in der Pflanze.

2 Blattadern. Nimm ein möglichst großes Blatt der Weißen Taubnessel und zeichne den Umriss ab. Halte es gegen das Licht, um den Verlauf der Blattadern zu erkennen. Übertrage ihren Verlauf in deine Zeichnung, Vergleiche mit Blättern von anderen Pflanzen.

3 Versuche zur Transpiration von Pflanzenblättern.
a) Stelle in zwei Messzylinder mit genau markiertem und gleichem Wasserstand jeweils einen Fliederzweig mit gleich vielen Blättern. Bestreiche die Unterseite der Blätter des einen Zweiges mit Vaseline (Vaseline ist wasserundurchlässig). Vergleiche die Wasserstände in den Messzylindern nach einem Tag. Deute das Versuchsergebnis.

b) Stelle jeweils einen Fliederzweig mit acht bzw. sechzehn Blättern in einen Messzylinder mit markiertem Wasserstand. Gib etwas Paraffinöl auf die Wasseroberfläche, damit kein Wasser verdunstet. Protokolliere die Wasserstände drei Tage lang jeweils täglich zur gleichen Zeit. Beschreibe und erkläre das Ergebnis

Steckbriefe von Pflanzen erstellen

Ein bestimmtes Gebiet auf dem Schulgelände ist euer Untersuchungsgebiet. Es sollte nicht zu groß sein und sollte von möglichst vielen verschiedenen Pfllanzen bewachsen sein. Es kann ein Abschnitt eines Wegraines, einer Hecke, ein festgelegtes Gebiet im Park oder Wald, ein Teil einer Wiese oder eines anderen Lebensraumes sein.
Teilt euch in Zweiergruppen auf. Jede Gruppe nimmt einen Bleistift und eine Pappkarte mit. Dort weist eure Lehrerin oder euer Lehrer jeder Gruppe eine bestimmte Pflanze zu. Es kann sich um eine krautige Pflanze, einen Strauch oder um einen Baum handeln. Die Merkmale der Pflanze werden möglichst genau auf der Karte notiert (siehe Beispiele auf dieser Seite). Achtet darauf, die Pflanze nicht zu beschädigen.
In eurem Steckbrief könnt ihr auf folgende Merkmale besonders achten:
Trägt die Pflanze zur Zeit Blüten? Wenn ja, welche Farbe haben die Blüten? Sitzen mehrere oder eine Blüte an einer Pflanze? Welche Farbe haben Stängel oder Stamm? Haben Blattober- und Blattunterseite verschiedene Farben? Welche Form haben die Blätter?
Ertastet mit geschlossenen Augen die Oberfläche von Stängel, Stamm oder Blättern (zum Beispiel: glatt, rau, behaart, rund, kantig, gefurcht, mit Stacheln oder Dornen).
Riecht an der Pflanze und ihren Blüten (zum Beispiel stark oder schwach duftend, harzig, angenehmer oder unangenehmer Duft).
Schreibt auf den Steckbrief euren Namen. Die Steckbriefe von allen Gruppen werden eingesammelt und durchgemischt. Dann liest eine Schülerin oder ein Schüler einen Steckbrief vor. Versucht herauszubekommen, welche Pflanze in dem Steckbrief gemeint ist. Fahrt mit den übrigen Steckbriefen fort.

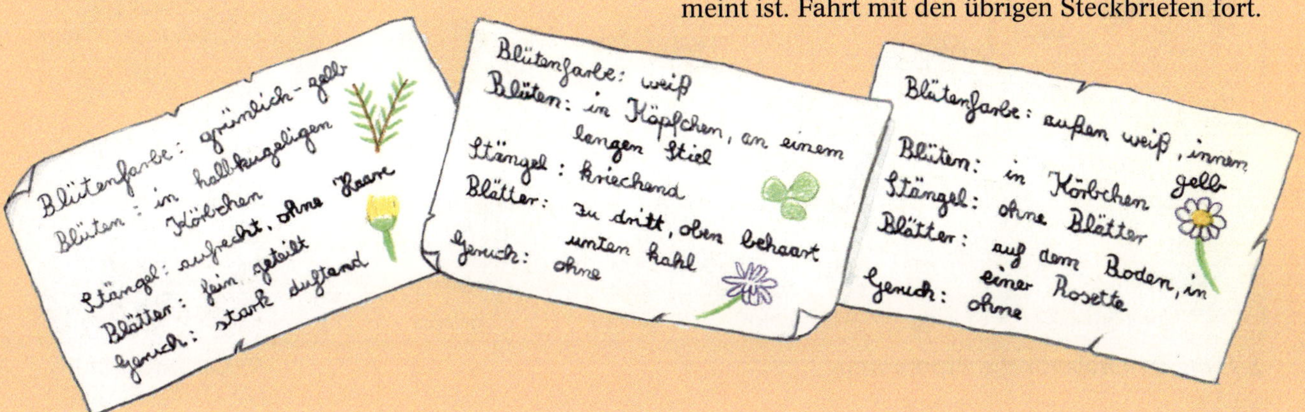

Ordnen mit einem Bestimmungsschlüssel

1 *Menschen aus vier Familien*

Bestimmungsschlüssel der Familien

1a Füße groß	2
1b Füße klein	3
2a Kopf länglich	Familie Meier
2b Kopf rund	Familie Henkel
3a Hals lang	Familie Grosser
3b Hals kurz	Familie Seele

Die Menschen in Abbildung 1 gehören vier verschiedenen Familien an und unterscheiden sich in vielen Merkmalen. Diese Merkmale haben unterschiedliche Bedeutung für die Verwandtschaft. So sind die Form des Kopfes und die Größe der Füße wichtig, nicht die Länge der Haare. Durch die Bestimmung der Merkmale kann man die Personen ihren Familien zuordnen.

Bei der Bestimmung von Pflanzen können alle Merkmale wichtig sein. Besonders häufig aber wird in Bestimmungsbüchern nach den Merkmalen von Blüten und Blättern gefragt. Bei den Blättern gibt es fünf Merkmalsbereiche, die die Unterschiede zwischen den Arten erkennen lassen: die Stellung der Blätter am Stängel, der Ansatz am Stängel, die Form des Blattes, die Ausprägung des Blattrandes und die Blattäderung (Abb. 2).

Bei einem Bestimmungsschlüssel wird unter einer Nummer ein Merkmalspaar betrachtet. Die erste Entscheidung im Bestimmungsschlüssel der Familien ist die Frage: „Große Füße oder kleine Füße?“ Bei großen Füßen geht es mit der Nummer 2 weiter, bei kleinen mit der Nummer 3. Es ist wichtig, immer beide Beschreibungen zu lesen.

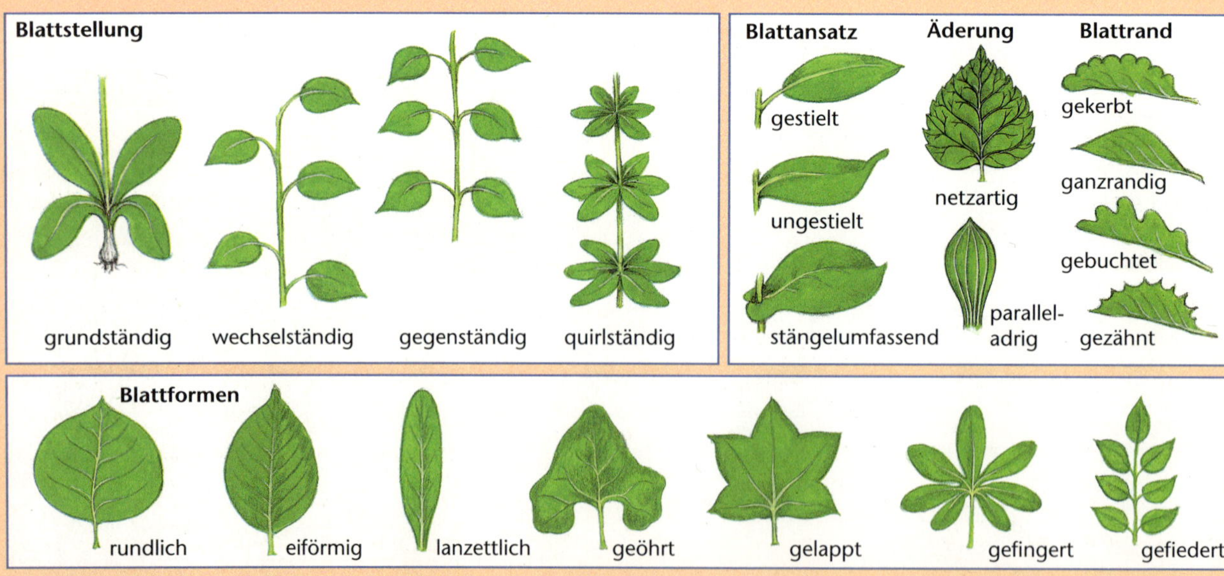

2 *Blattmerkmale für die Bestimmung*

Bestimmungsschlüssel der Familie Meier	
1a weiblich	Meier Grete
1b männlich	2
2a kurzer Hals	Meier Siggi
2b langer Hals	Meier Jupp

1 Personen bestimmen.
a) Bestimme mithilfe des Bestimmungsschlüssels der Familien die Familienzugehörigkeit für alle zwölf Personen.
b) Für Familie Meier gibt es einen eigenen Bestimmungsschlüssel. Bestimme für diese Familie die Namen der Personen.
c) Stelle einen entsprechenden Bestimmungsschlüssel für die Familie Grosser auf. Die Vornamen kannst du dir ausdenken.

3 *Gemeiner Gilbweiderich*

2 Blattmerkmale. In Abbildung 3 ist der Gemeine Gilbweiderich zu sehen. Beschreibe die Merkmale der Blätter. Verwende die Begriffe aus Abbildung 2.

3 Bestimmen anhand von Blattmerkmalen. Die Abbildung 4 zeigt die Blätter von acht verschiedenen Blütenpflanzen.
Bestimme die Namen der Pflanzen mithilfe des Bestimmungsschlüssels. Die verwendeten Fachbegriffe sind in Abbildung 2 verdeutlicht.

1a	Blätter ungeteilt	2
1b	Blätter geteilt	6
2a	Blätter ungestielt, paralleladrig	Spitzwegerich
2b	Blätter gestielt, netzadrig	3
3a	Blätter ganzrandig, eiförmig, mit Spitze	Rotbuche
3b	Blätter anders	4
4a	Blätter gebuchtet	Stieleiche
4b	Blätter gesägt oder gezähnt	5
5a	Blätter rundlich, ohne deutliche Spitze, schwach gesägt	Schwarzerle
5b	Blätter gelappt, buchtig gezähnt, mit deutlicher Spitze	Spitzahorn
6a	Blätter gefingert	Rosskastanie
6b	Blätter gefiedert	7
7a	Rand der Fiedern glatt, Endfieder zur Ranke umgebildet	Saaterbse
7b	Rand der Fiedern gesägt, am Stielansatz mit Nebenblättern	Heckenrose

4 *Blätter von verschiedenen Blütenpflanzen*

15 Fortpflanzung und Entwicklung bei Blütenpflanzen

15.1 Blüten und ihr Aufbau

1 *Kirschblüte im Längsschnitt*

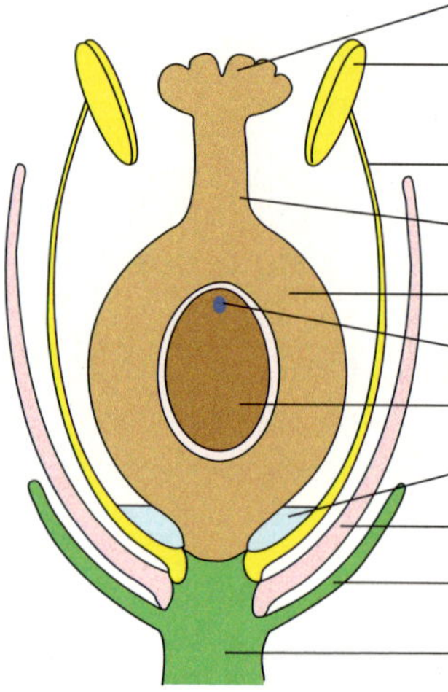

2 *Schema einer Kirschblüte*

Am Beispiel einer längs durchgeschnittenen Kirschblüte kann der Aufbau einer Blüte verdeutlicht werden: Der Blütenstiel trägt die Blüte (Abb. 1, 2). Der Blütenboden bildet die Unterlage für die Blütenteile. Vor dem Aufblühen werden die inneren Blütenteile von den grünen Kelchblättern geschützt. Die Kronblätter sind bei vielen Blütenpflanzen die auffälligsten Blütenteile. Weiße oder farbige Kronblätter locken Insekten an. Manche Blüten enthalten Nektardrüsen. In ihnen wird flüssiger, zuckerhaltiger Nektar gebildet. Bienen stellen aus Nektar Honig her.

Auf die Kronblätter folgen nach innen die Staubblätter. Jedes Staubblatt besteht aus Staubfaden und Staubbeutel. Er enthält den feinen Blütenstaub, die Pollenkörner. Wenn die Staubbeutel bei warmem Wetter aufplatzen, werden die Pollenkörner frei. In der Mitte der Blüte befindet sich das Fruchtblatt. Wegen seiner Ähnlichkeit mit einem umgekehrten Stempel wird das Fruchtblatt auch Stempel genannt. Der Stempel besteht aus drei Abschnitten: Fruchtknoten, länglicher Griffel und klebrige Narbe. Der Fruchtknoten enthält bei der Kirsche eine von Hüllen umgebene Samenanlage. Darin befindet sich eine mikroskopisch kleine Eizelle. Aus der Samenanlage entwickelt sich nach der Befruchtung der Eizelle der Samen. Häufig sind die Samen von Blütenpflanzen Bestandteil einer Frucht, wie z. B. Kirschkern und Kirsche. Die Früchte entstehen oft aus dem Fruchtknoten.

Die Bildung von Samen ist typisch für Blütenpflanzen. Deshalb werden sie auch **Samenpflanzen** genannt. Wenn Nachkommen durch Geschlechter erzeugt werden, spricht man von geschlechtlicher oder sexueller Fortpflanzung. Blüten dienen der **geschlechtlichen Fortpflanzung** der Blütenpflanzen.

Blütenpflanzen unterscheiden sich in Form, Anordnung, Größe, Farbe und Anzahl der Blütenteile. So entsteht die große Vielfalt von Blüten. Die weit überwiegende Zahl der Blütenpflanzen enthält Blüten, in denen männliche und weibliche Blütenteile wie bei der Kirschblüte vereint sind. In diesem Fall spricht man von **zwittrigen Blüten.** Es gibt jedoch auch Blüten, die nur männliche oder nur weibliche Blütenteile enthalten.

3 *Aufbau verschiedener Blüten*

1 Blüten-Zeichnung. Zeichne die Kirschblüte aus Abbildung 1 in dein Heft. Beschrifte deine Zeichnung mithilfe der Abbildung 2.

2 Aufgaben der Blütenteile. Lies den Text auf der Grundwissenseite und gib dann in Form einer Tabelle die Aufgabe(n) folgender Blütenteile an: Blütenstiel, Blütenboden, Kelchblätter, Kronblätter, Nektardrüsen, Staubblätter, Fruchtblatt (Stempel), Samenanlage.

3 Vergleich verschiedener Blüten. Abbildung 3 zeigt verschiedene Blüten. Vergleiche diese Blüten in Form einer Tabelle. Überlege vorab, nach welchen Gesichtspunkten du den Vergleich durchführen und wie du die Tabelle gestalten willst.

4 Verteilung männlicher und weiblicher Blüten. Die meisten Blütenpflanzen haben zwittrige Blüten. Daneben gibt es auch noch andere Verteilungen von Staubblättern und Fruchtblättern. Beschreibe anhand der Abbildung 4 die verschiedenen Verteilungen von männlichen und weiblichen Blütenteilen.

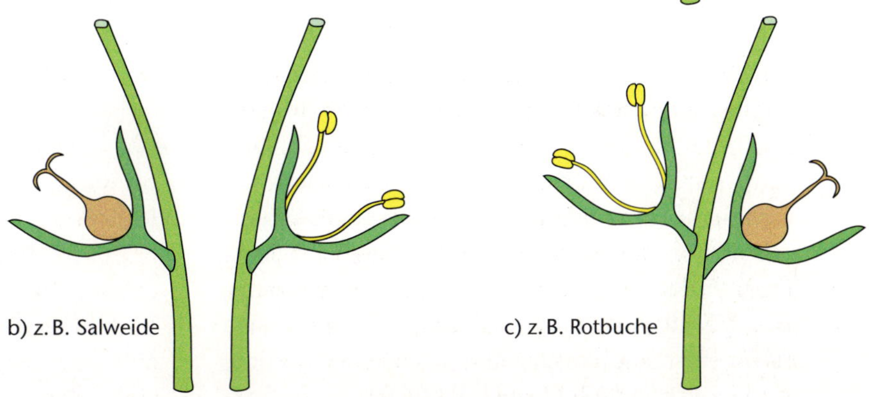

4 *Verteilung von männlichen und weiblichen Blütenteilen*

15.2 Bestäubung, Befruchtung, Samenbildung

1 *Bestäubung und Befruchtung*

Man spricht von **Bestäubung**, wenn Pollenkörner einer Blüte auf die Narbe einer anderen Blüte transportiert werden (Abb. 1). Bei manchen Pflanzen, z.B. Gräsern, werden die Pollen vom Wind übertragen. Man nennt solche Pflanzen **windblütig.** Bei Kirschen und vielen anderen Pflanzen geschieht der Pollentransport durch Insekten, zum Beispiel durch Bienen. Diese Pflanzen nennt man **insektenblütig**. Auf der Suche nach Nektar gelangen viele Pollenkörner in den Haarpelz der Insekten und werden so von Blüte zu Blüte übertragen.

Nach der Herkunft des Pollens unterscheidet man Selbstbestäubung und Fremdbestäubung. Bei der **Selbstbestäubung** stammt der Pollen von derselben Pflanze, die auch die bestäubte Blüte trägt. Bei der Süßkirsche und den meisten Blütenpflanzen ist **Fremdbestäubung** notwendig. Sie liegt dann vor, wenn der Pollen von einer anderen Pflanze der gleichen Art stammt.

Wenn durch Bestäubung ein Pollenkorn auf die Narbe eines Fruchtblatts gelangt, keimt das Pollenkorn dort aus. Mit einem Pollenschlauch wächst es durch den Griffel zur Samenanlage im Fruchtknoten. Mit dem Pollenschlauch werden einige männliche Geschlechtszellen, die Spermazellen, zur weiblichen Geschlechtszelle, der Eizelle, herangeführt. Wenn eine Spermazelle mit der Eizelle verschmilzt, nennt man das **Befruchtung**. Bei allen Lebewesen mit geschlechtlicher Fortpflanzung ist die Befruchtung der Beginn eines neuen Lebewesens.

In der Samenanlage im Inneren des Fruchtknotens wächst der Samen heran. Bei der Kirsche ist es das Innere des Kirschkerns (Abb. 2). Im Inneren des Samens entwickelt sich ein kleines Pflänzchen, der Embryo. Im reifen Samen besitzt der Embryo eine Keimwurzel, Keimblätter und einen winzigen Stängel.

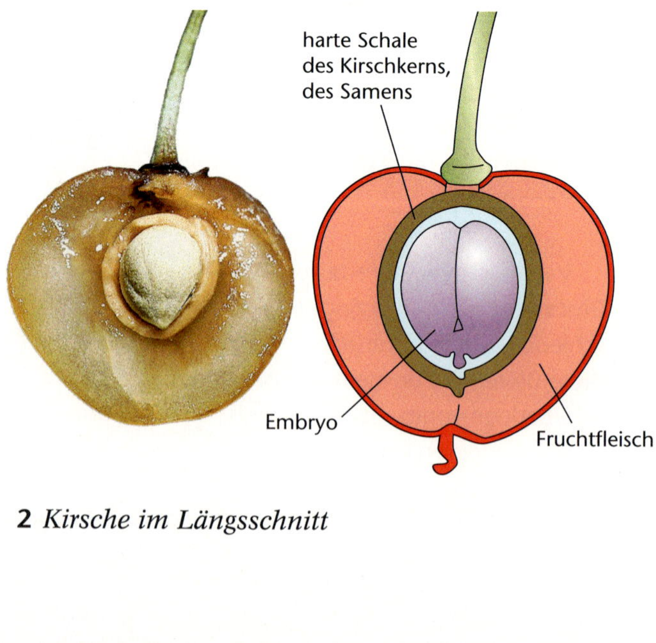

2 *Kirsche im Längsschnitt*

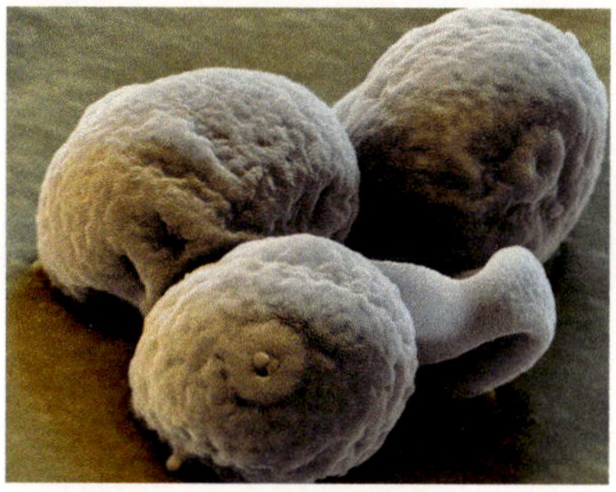

3 *a) Pollen des Roggens; etwa 1000-fach vergrößert* *b) Pollen der Sonnenblume; etwa 1000-fach vergrößert*

Windblütige Pflanzen
Blütenpflanzen mit Windbestäubung haben meist unscheinbare, nicht farbige Blüten ohne Nektardrüsen. Oft sind die Blüten nicht zwittrig, sondern in männliche und weibliche Blüten getrennt. Die reifen Staubblätter und die Narben der Fruchtblätter sind dem Wind ausgesetzt. Die Oberfläche der Narben ist sehr groß. Der Pollen ist nicht klebrig und hat meistens eine glatte Oberfläche. Windblütige Pflanzen produzieren Millionen von Pollen pro Blüte. Zu den windblütigen Pflanzen gehören z. B. Getreidepflanzen und andere Gräser, Nadelbäume, Birke, Hainbuche, Brennnessel und Beifuß. Bei vielen Laubbäumen wie Hainbuche, Pappel, Esche und Hasel erfolgt die Pollenausbreitung und Bestäubung vor dem Laubaustrieb.

Insektenblütige Pflanzen
Bienen, Hummeln, Tag- und Nachtfalter, Fliegen und Käfer sind die wichtigsten Bestäuber dieser Pflanzen. Die meisten dieser Insekten können Farben sehen und Düfte unterscheiden. Die meist zwittrigen Blüten sind daher auffällig in der Farbe, in der Musterung und im Duft. Nektar und Pollen dienen Bestäubern als Nahrung. Der Pollen der Insektenblütler ist klebrig. Insektenblütige Pflanzen brauchen im Durchschnitt nur etwa 6000 Pollenkörner, damit eines davon zufällig auf eine Narbe einer anderen Blüte gelangt.

1 Von der Blüte zur Frucht.
Erstelle ein Ablaufdiagramm, in dem du die einzelnen Schritte vom Aufblühen der Kirschblüte bis zur Bildung der Kirschfrucht hintereinander fügst.

2 Vergleich: Wind- und insektenblütige Pflanzen.
Erstelle anhand der Abbildung 3 und der zugehörigen Texte einen tabellarischen Vergleich zwischen typischen Eigenschaften von wind- und insektenblütigen Pflanzen. Überlege vorab, nach welchen Gesichtspunkten du den Vergleich durchführen willst.

3 Bedeutung der Bienen für eine erfolgreiche Obsternte.
a) Erstelle anhand der Angaben in Abbildung 4 einen Text.
b) Erläutere die Bedeutung von Bienen und anderen Bestäubern für Obst- und Gartenbau.

4 *Einige Bedingungen für ein Kirschernte*

15.3 Von der Blüte zur Frucht

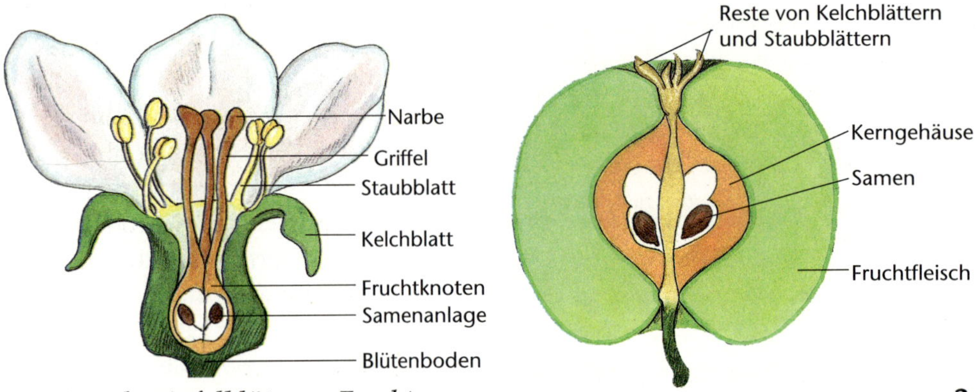

1 *Von der Apfelblüte zur Frucht*

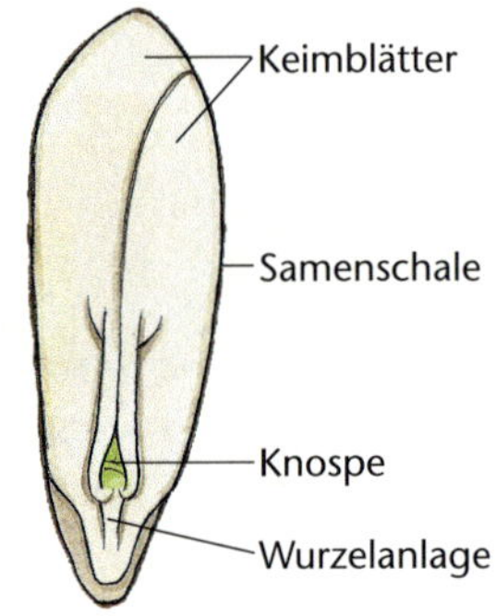

2 *Bau des Samens*

In den Samenanlagen der Blüte bilden sich nach der Befruchtung der **Samen** (Abb. 1). Jeder Samen enthält einen Embryo: ein kleines Pflänzchen mit Wurzel, Stängel und ein oder zwei Blättern. Während der Samen heranreift, entwickeln sich die Blütenteile zur Frucht. Reife Samen enthalten wenig Wasser. Sie befinden sich im Zustand der Samenruhe, atmen wenig und können lange Zeit überdauern.

An der Ausbildung der Früchte sind die Fruchtblätter beteiligt, bei manchen Früchten darüber hinaus andere Blütenteile. Während bei der Kirsche der Fruchtknoten das saftige Fruchtfleisch bildet, geht es beim Apfel aus dem Blütenboden hervor (Abb. 1). Im Inneren eines Apfels liegt das Kerngehäuse, das aus den Fruchtblättern entsteht. Die Apfelkerne sind die Samen der Apfelfrucht. Umgeben von der dunklen Samenschale beherbergt jeder Same einen Embryo (Abb. 2).

Bei der Erbse geht aus der Wand des Fruchtknotens die Erbsenhülse hervor (Abb. 3). In ihrem Inneren sitzen an der Mittelrippe aufgereiht mehrere Erbsen, die Samen. Jede Erbse besteht aus zwei grünen Hälften, den nährstoffreichen Keimblättern. Zwischen ihnen liegen Wurzel, Stängel und Knospe des Embryos.

Von großer Bedeutung für die Ernährung des Menschen sind die Früchte der Getreidepflanzen, zum Beispiel des Weizens (Abb. 4). Sie enthalten viele Nährstoffe. Diese Nährstoffe versorgen den Embryo in den ersten Tagen der Keimung und des Heranwachsens.

3 *a) Erbsenblüte, Fruchtknoten aufgeschnitten b) Frucht*

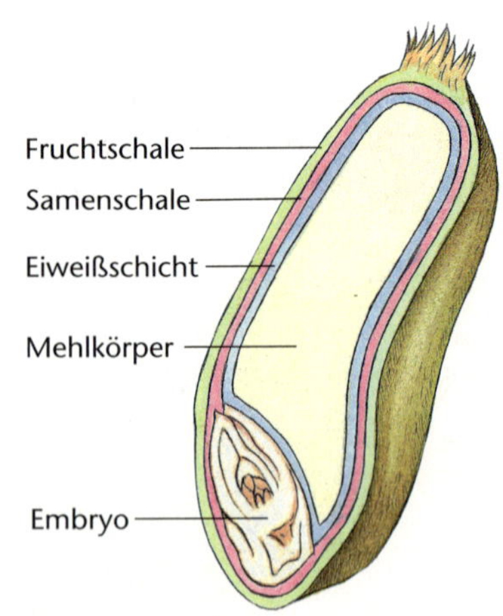

4 *Aufbau einer Weizenfrucht*

Sammel-Nussfrucht (a): Die einzelnen Früchte werden bei der Reife zu kleinen Nüssen. Die Nüsse sitzen auf dem fleischig saftigen Blütenboden.
Nuss (b): Die gesamte Fruchtschale ist trocken und hart; ein Samen.
Beere (c): Die Fruchtschale ist weich und fleischig; ein bis viele Samen.
Steinfrucht (d): Der äußere Teil der Fruchtschale ist fleischig und saftig, der innere Teil ist verholzt und steinhart; ein Same.
Sammel-Steinfrucht (e): Die einzelnen Früchte werden bei der Reife zu kleinen Steinfrüchten. Sie sitzen auf dem Blütenboden.

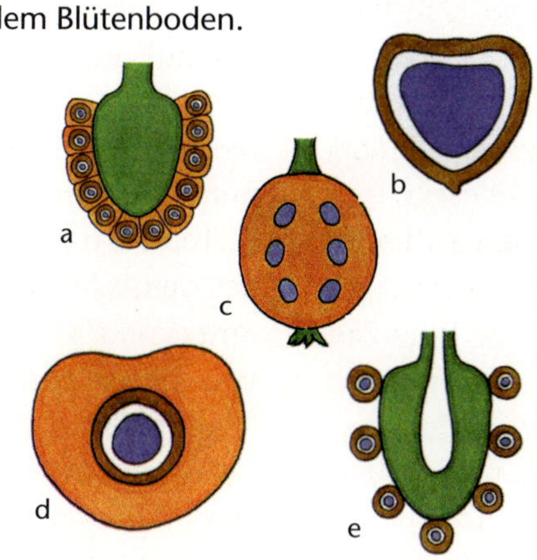

5 *Verschiedene Früchte und Fruchtformen*

1 Apfel im Querschnitt. Schneide einen Apfel etwa in der Mitte quer durch. Zeichne und beschrifte den Querschnitt.

2 Früchte und Samen zur Ernährung des Menschen. Nenne mindestens zehn verschiedene Pflanzen, deren Früchte oder Samen bei unserer Ernährung eine Rolle spielen.

3 Früchte zuordnen.
a) Benenne die in Abbildung 5 dargestellten Früchte. Ordne diese Früchte dann begründet den in Abbildung 5 genannten und gezeichneten Fruchtformen zu.
b) Ordne jeder der nachfolgend genannten Früchte eine der in Abbildung 5 beschriebenen Fruchtformen zu: Gurke, Pflaume, Eichel, Brombeere, Hagebutte, Buchecker, Banane, Kiwi.
c) Die Walnuss gehört biologisch zu den Steinfrüchten, nicht zu den Nüssen. Versuche, dafür eine Erklärung zu geben.

4 Ein Vergleich: Verpackung in der Natur – Verpackung in der Technik. Vergleiche die natürliche Verpackung einer Banane mit technischen Verpackungen, zum Beispiel der Verpackung einer Pralinenschachtel (Abb. 6).

Nimmt man eine Banane in die Hand, merkt man, wie stabil sie ist. Sie ist nicht rund, sondern hat abgerundete Kanten. Im Querschnitt wird deutlich, dass die Schale durch Fasern gegen Biegung verstärkt und dadurch auch elastisch ist. Es gelingt kaum, sie mit den Fingernägeln aufzureißen. Sowohl die Banane als auch die Bananenschale sind für sich genommen weich und unstabil. Zusammen aber sind beide kompakt und fest. Wer sich allerdings mit Bananen auskennt, weiß, dass man sie leicht öffnen kann. Die Bananenschale enthält – wie viele andere Früchte auch – Sollbruchstellen. Das sind vorgezeichnete Bruchlinien, an denen sich die Schale leicht öffnen lässt. Als mechanischer und chemischer Schutz dient die Schale gegen das Eindringen von fruchtfressenden Tieren. Als unreife Frucht ist die Banane mit ihrer grünen Farbe perfekt im Blattwerk der Bananenpflanze getarnt. Ihre gelbe Farbe dient der Anziehung Samen verbreitender Fruchtfresser. Die Bananenschale kann vollständig biologisch abgebaut werden – und es bleiben keine Reste zurück.

6 *Die natürliche Verpackung der Bananen-Frucht*

15.4 Ausbreitung von Samen und Früchten

1 *a Große Klette, b Früchte*

Mit Früchten und Samen können sich Pflanzen ausbreiten und in neue Lebensräume gelangen. Man unterscheidet verschiedene Formen der Ausbreitung:

Ausbreitung durch Wind: Früchte oder Samen, die durch Wind ausgebreitet werden, haben meistens ein geringes Gewicht und besitzen Flugeinrichtungen. Dazu zählen Haare, Federn, Schirme oder Flügel. Sie vergrößern den Luftwiderstand oder mindern die Sinkgeschwindigkeit beim Herunterfallen. Die Fallschirmfrüchte des Löwenzahns und die Propellerfrüchte des Ahorns sind Beispiele für die Verbreitung durch Wind (Abb. 3, 4).

Ausbreitung durch Wasser: Pflanzen, deren Samen oder Früchte hauptsächlich durch Wasser ausgebreitet werden, können auf dem Wasser schwimmen. Manche enthalten luftgefüllte Hohlräume. Kokosnüsse können auf dem Wasser schwimmen. Bei uns ist der Froschlöffel ein Beispiel für die Verbreitung von Früchten durch Wasser (Abb. 5).

Ausbreitung durch Tiere und Menschen: Eine Reihe von Früchten lockt mit auffälliger, meist roter oder schwarzer Färbung und mit süßen, fleischigen Teilen Tiere an. Tiere fressen die Früchte. Die unverdaulichen Samen werden mit dem Kot ausgeschieden. Früchte und Samen anderer Pflanzenarten besitzen Haft-, Kleb- oder Kletteinrichtungen, mit denen sie sich als „blinder Passagier" an das Fell vorbeilaufender Tiere oder an die Kleidung des Menschen heften. Die hakenförmig gebogenen Spitzen der Großen Klette waren Vorbild für Klettverschlüsse an unserer Kleidung (Abb. 1, 2).

Selbstausbreitung: Manche Pflanzen besitzen Einrichtungen, die sich blitzschnell zusammenziehen oder aufrollen können. Durch diese Bewegungen werden Früchte oder Samen von der Pflanze weggeschleudert. Ginster, Lupinen und das Springkraut breiten ihre Samen auf diese Weise aus.

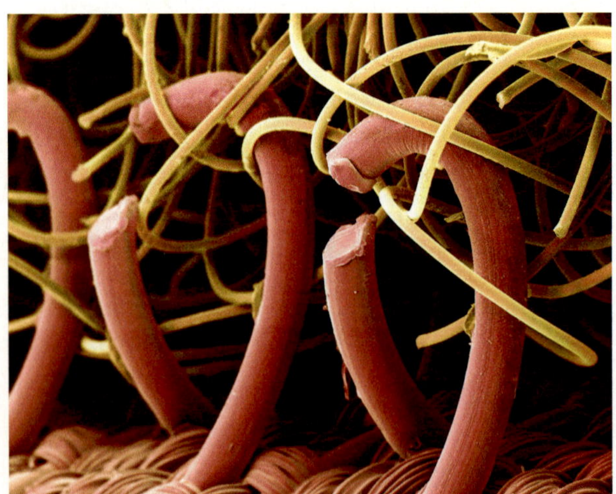

2 *Klettverschluss (80-fache Vergrößerung)*

1 Angepasstheiten an Wind-, Wasser- und Tierverbreitung. Fertige eine Übersicht an, in der dargestellt ist, wie die Früchte von Großer Klette (Abb. 1), Ahorn (Abb. 3, 4) und Froschlöffel (Abb. 5) an ihre Verbreitungsform angepasst sind.

2 Berechnungen zum Propellerflug des Bergahorns. Berechne anhand der Abbildung 4 die durchschnittliche Geschwindigkeit, mit der die Propellerfrucht des Bergahorns zu Boden fällt. Gib an, wie häufig sich der Propeller durchschnittlich in einer Sekunde dreht.

3 Ein Vergleich: Ahornfrucht und Modell. Erstelle nach den Angaben in Abbildung 3 ein Modell der Ahornfrucht. Führe mit dem Modell Flugversuche unter verschiedenen Bedingungen durch. Vergleiche die Ahornfrucht und das Modell in allen Einzelheiten (Abb. 3).

4 Samenausbreitung mit den Schuhen? Überlege einen Versuch, mit dem du die Vermutung überprüfen kannst, dass der Schmutz auf der Unterseite der Schuhsohlen Samen von Pflanzen enthalten könnte.

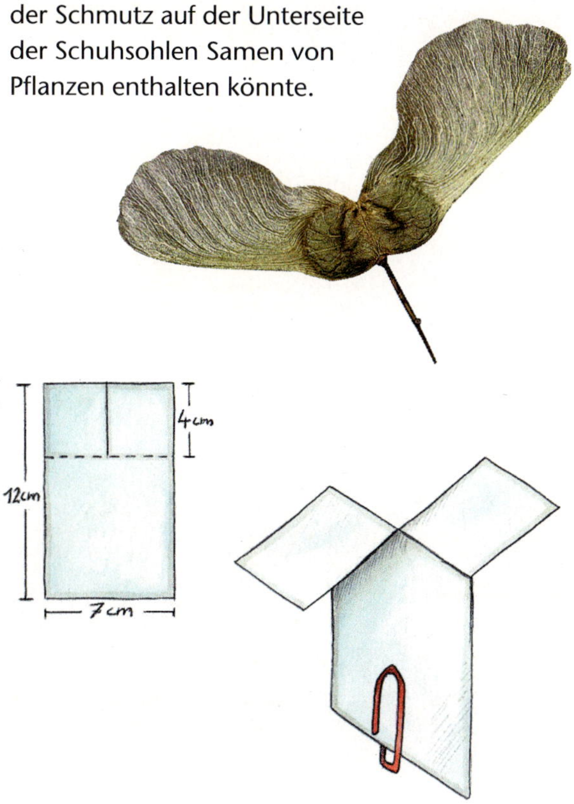

3 *Ahornfrucht und flugfähiges Modell*

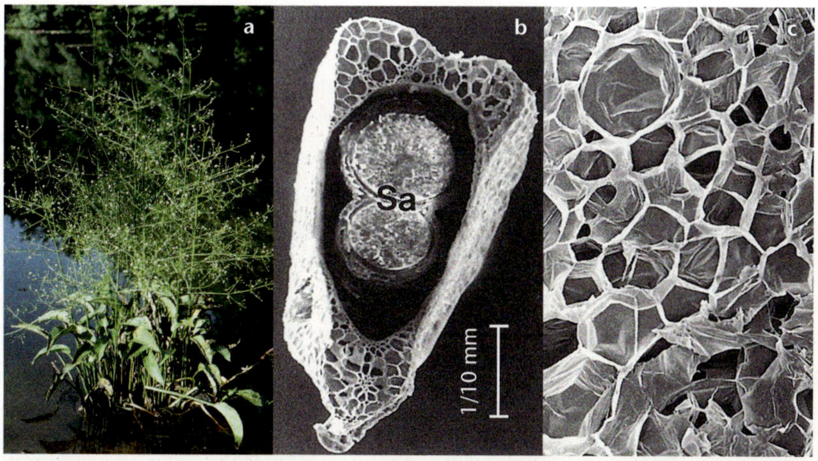

5 *a) Der Froschlöffel wächst im Uferbereich langsam fließender oder stehender Gewässer. b) Frucht des Froschlöffels mit Luftgewebe (Sa = Samen). c) Zum Vergleich: Styropor im mikroskopischen Bild.*

4 *Flug einer Frucht des Bergahorns in windstiller Luft. Die Einzelbilder wurden jeweils im Abstand von 1/50-Sekunde aufgenommen.*

15.5 Keimung und Wachstum

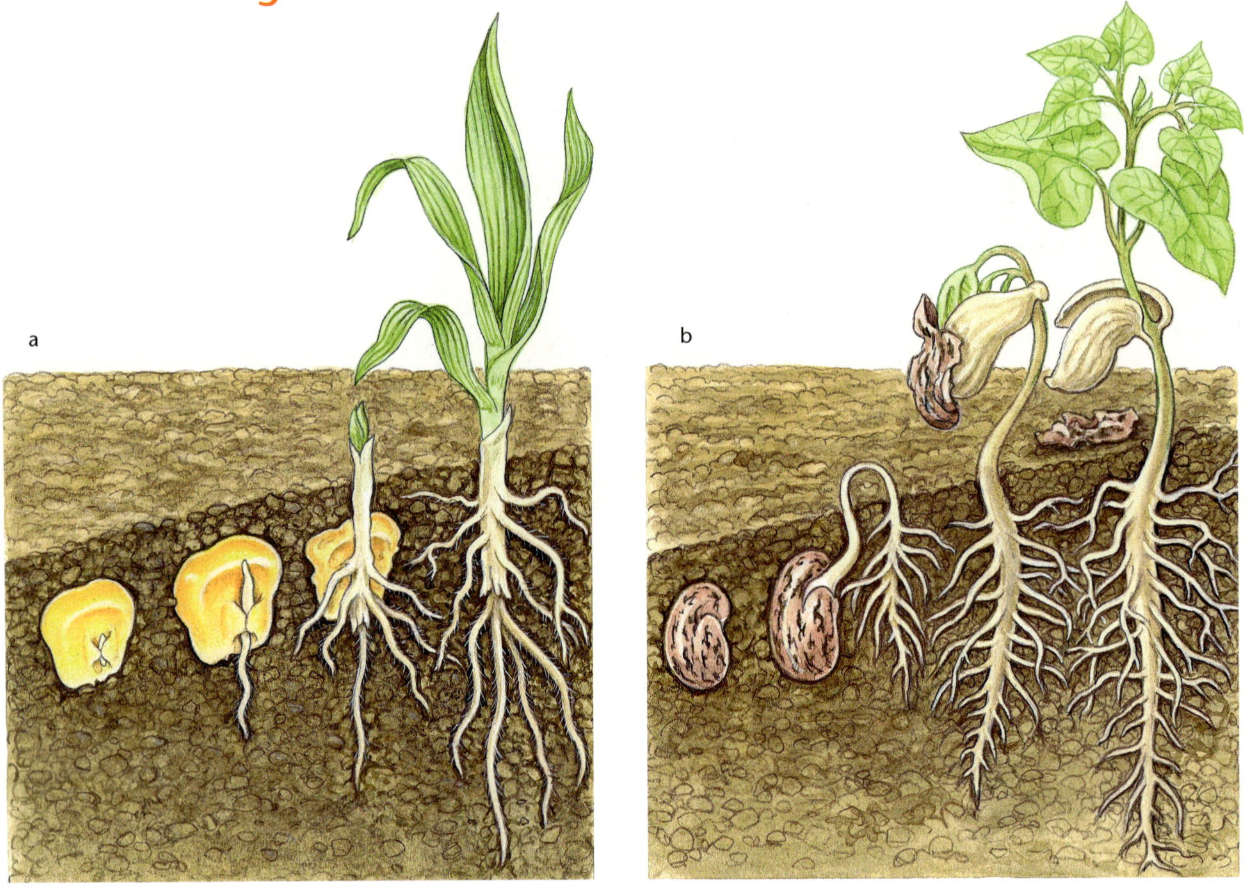

1 *Keimung bei a) Mais, b) Bohne*

Samen enthalten wenig Wasser. Der Embryo im Samen ruht und entwickelt sich nicht weiter. Man spricht von **Samenruhe**. In diesem Zustand können Samen ungünstige Bedingungen, zum Beispiel die Kälte im Winter oder lange Trockenheit, überdauern. Erst wenn bestimmte Bedingungen vorhanden sind, keimen die Samen aus. Als **Keimung** bezeichnet man den Vorgang, bei dem aus einem Samen ein Keimling mit den ersten grünen Blättern heranwächst.

Eine Voraussetzung für die Beendigung der Samenruhe ist die Aufnahme von Wasser. Der Samen nimmt dabei an Länge und Volumen zu. Wenn der Samen durch Wasseraufnahme an Volumen gewinnt, spricht man von **Quellung**. Dieser Vorgang bewirkt, dass die Nährstoffe im Samen für den Keimling nutzbar gemacht werden und der Keimling wachsen kann.

Als Erstes bricht die Keimwurzel aus dem gequollenen Samen heraus (Abb. 1). Sie wächst in Richtung der Schwerkraft, verzweigt sich und bildet Wurzelhaare aus. So wird der Keimling im Boden verankert und die Aufnahme von Wasser und Mineralsalzen gewährleistet.

Der Keimstängel mit der Knospe wächst entgegen der Schwerkraft aus dem Boden. Wenn der Stängel die ersten Laubblätter an das Licht gebracht hat, werden sie grün.

In den grünen Blättern findet Fotosynthese statt. So nennt man den Vorgang bei dem aus dem Kohlenstoffdioxid der Luft und Wasser mithilfe des Sonnenlichtes Nährstoffe hergestellt werden. Ein wichtiger Nährstoff ist Traubenzucker. Durch die Fotosynthese ist die Pflanze in der Lage sich selbstständig zu ernähren.

2 *Kressekeimung unter verschiedenen Bedingungen*

1 Versuch zur Quellung von Bohnen. Gib in einen Plastikbecher Bohnen bis einen Zentimeter unter den Rand. Stelle den Plastikbecher dann in ein größeres Gefäß. Fülle den Plastikbecher so mit Wasser, dass die Bohnen gut bedeckt sind. Spanne mit Gummi ein Stück Haushaltsfolie über die Öffnung des Bechers. Beschreibe das Ergebnis nach einem Tag. Begründe das Ergebnis.

2 Versuch zur Keimung der Feuerbohne. Fülle ein durchsichtiges Glasgefäß mit Gartenerde. Drücke in regelmäßigen Abständen vier Feuerbohnen am Rand des Glases etwa 3 cm tief in die Erde, so dass die Bohnen von außen gut sichtbar sind. Stelle das Gefäß an einen warmen und hellen Ort. Halte die Erde feucht. Protokolliere die Keimung und die weitere Entwicklung im Abstand von jeweils zwei Tagen.

3 Keimung bei der Gartenbohne und beim Mais. Vergleiche die Keimung bei der Gartenbohne und beim Mais (Abb. 1). Beschreibe Unterschiede und Gemeinsamkeiten.

4 Kressekeimung. Abbildung 2 zeigt die Ergebnisse eines Versuches zur Keimung von Kressesamen. In Schale 1, dem Kontrollversuch, war Erde, Wasser, Licht, Luft und Wärme vorhanden.
In den vier Schalen 2 bis 5 fehlte jeweils einer dieser fünf Faktoren: In einer Schale fehlte Wasser, eine andere stand im Dunkeln, eine Schale wurde in Kälte gehalten, eine Schale enthielt keine Erde. Ordne die Schalen 2 bis 5 einer dieser Bedingungen zu. Begründe deine Zuordnung. Formuliere anschließend einen Merksatz.

5 Angaben auf Verpackungen von Sämereien. Nenne anhand der Angaben auf Verpackungen von Sämereien (Abb. 3) die Ansprüche dieser Pflanzen an Boden, Wasser, Licht und Wärme.

3 *Angaben auf der Verpackung von Sämereien*

15.6 Ungeschlechtliche Fortpflanzung bei Blütenpflanzen

Der Ausläufer der Efeutute wird mithilfe eines Drahts in der Erde versenkt.

Die Bromelie bildet bewurzelte Ableger, die vorsichtig abgetrennt werden können.

Teilung der ganzen Pflanze, indem der Wurzelballen auseinander gerissen wird.

Die oberen Teile des Zyperngrases werden ins Wasser gestellt. Zwischen den Blättern bilden sich die Jungpflanzen.

Der Steinbrech bildet an langen Ausläufern Jungpflanzen, die in Erde gepflanzt werden können.

Das Brutblatt trägt an seinen Blatträndern kleine Jungpflanzen, die schnell einwurzeln, wenn sie zu Boden fallen.

1 *Verschiedene Möglichkeiten der ungeschlechtlichen Fortpflanzung*

Von **ungeschlechtlicher Fortpflanzung** bei Blütenpflanzen spricht man, wenn keine Blüten und damit keine Geschlechtszellen an der Fortpflanzung beteiligt sind. Viele Blütenpflanzen können sich sowohl geschlechtlich als auch ungeschlechtlich fortpflanzen (Abb. 1).

Eine Form der ungeschlechtlichen Fortpflanzung erfolgt durch **Ausläufer**. Das sind Seitensprosse, die in einiger Entfernung von der Mutterpflanze Tochterpflanzen bilden. Ausläufer finden sich bei der Erdbeere, beim Kriechenden Hahnenfuß, beim Weißklee und vielen Zimmerpflanzen (Abb. 3).

In Gärtnereien nutzt man die Fähigkeit sehr vieler Pflanzen, sich ungeschlechtlich durch **Stecklinge** zu vermehren. Stecklinge sind abgeschnittene Teile der Mutterpflanze, aus denen neue Pflanzen wachsen können (Abb. 2). Häufig werden Blätter mit einem Stück Sprossachse als Steckling verwendet.

Durch ungeschlechtliche Fortpflanzung entstehen Nachkommen, die in ihren erblichen Eigenschaften mit der Mutterpflanze gleich sind. Für Pflanzenzüchter und Gärtner ist es von Vorteil, vorhandene Pflanzen mit günstigen Eigenschaften ungeschlechtlich zu vermehren. Auf diese Weise werden zum Beispiel Obstsorten durch Stecklinge vermehrt. Die Fähigkeit, dass aus Teilen eines Organismus ein ganz neues Lebewesen nachwächst, bezeichnet man als **Regeneration**. Sie ist im Pflanzenreich häufig vorzufinden, bei Tieren dagegen selten.

1 Versuche zur ungeschlechtlichen Vermehrung von Zimmerpflanzen. Vermehre eine Zimmerpflanze auf eine Art und Weise, wie sie in Abbildung 1 und 2 dargestellt ist. Protokolliere deinen Versuch.

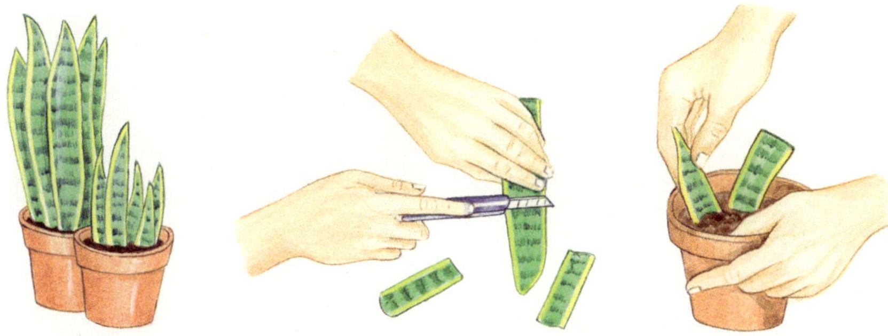

2 *Vermehrung durch Blattstücke bei einer Sanseverie*

2 Das Ausläufer-Spiel (Abb. 4).
Spielgruppe: 2 bis 5 Spieler; ein kariertes DIN-A4-Papier mit eingezeichnetem Spielfeld (20 x 20 Quadrate); verschiedene Farbstifte entsprechend der Anzahl der Mitspieler; ein Würfel.
Spielregeln:
1) Der Spieler, der beginnt, markiert den Keimpunkt seiner Pflanze durch ein Kreuz in einem Quadrat. Die anderen Mitspieler verfahren ebenso, wobei mindestens fünf Felder zwischen den Keimpflanzen sein müssen.
2) Der Würfel geht reihum. Jeder Spieler darf so viele Felder ankreuzen, wie er Punkte gewürfelt hat. Dabei darf nur entlang von Linien angekreuzt werden. Für eine Verzweigungsstelle im rechten Winkel muss ein Extrapunkt aufgebracht werden. Die Verzweigungsstelle wird mit einem Kreis um das Kreuz markiert.
3) Zwischen den Ausläufern muss ein Abstand von einem Feld eingehalten werden.
4) Wer eine Sechs würfelt kann wie in (2) verfahren; er kann aber auch stattdessen einen zweiten Wurf riskieren. Würfelt er dann eine Zahl zwischen vier und sechs, kann er eine neue Samenkeimung vollziehen (siehe Spielregel 1).
5) Es wird so lange gespielt, bis kein Spieler mehr eine Möglichkeit hat, zu ziehen. Dann werden die von den verschiedenen Pflanzen eingenommenen Felder ausgezählt. Der Spieler mit den meisten Feldern hat gewonnen.

Aufgabe:
a) Vergleiche das Spiel mit der ungeschlechtlichen Fortpflanzung durch Ausläufer und erläutere die Entsprechungen.
b) Inwiefern berücksichtigt das Spiel die Konkurrenz zwischen Pflanzen?

3 *Erdbeerpflanze mit Ausläufern*

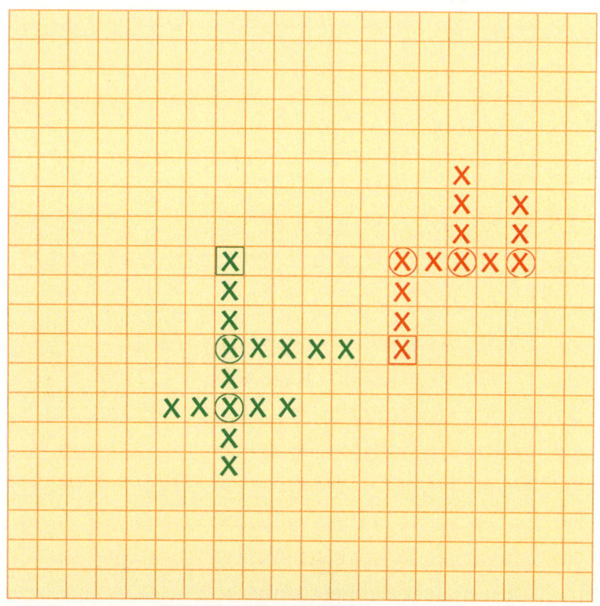

4 *Das Ausläuferspiel mit zwei Spielern nach einigen wenigen Spielzügen*

15.7 Pflege von Zimmerpflanzen

In Gärtnereien findet man eine große Auswahl von Zimmerpflanzen, die aus verschiedenen Ländern und Erdteilen kommen. Manche stammen aus dem tropischen Regenwald, andere aus Trockengebieten. Wie alle Lebewesen haben auch Zimmerpflanzen Ansprüche an ihre Umwelt. Nur wenn diese Ansprüche erfüllt werden, können Zimmerpflanzen dauerhaft gedeihen.

Je nach ihrer Herkunft unterscheiden sich verschiedene Arten von Zimmerpflanzen in ihren Ansprüchen. Einige benötigen viel Wasser, andere wenig. Manche Zimmerpflanzen können dauerhaft im Halbschatten wachsen. Die meisten Zimmerpflanzen gedeihen an einem hellen Standort ohne direkte Sonneneinstrahlung. In den Ansprüchen an Licht, Wärme, Mineralsalze und Luftfeuchtigkeit unterscheiden sich verschiedene Arten von Zimmerpflanzen. Um Zimmerpflanzen richtig zu pflegen, ist es daher hilfreich zu wissen, welche Umweltbedingungen die Pflanzen an ihrem ursprünglichen Standort in ihrem Herkunftsland haben.

Der Standort einer Pflanze in einem Zimmer oder Klassenraum richtet sich vor allem nach den Licht- und Temperaturverhältnissen. Bei guter Pflege wird das Gießen und Düngen auf die Ansprüche der Pflanze an Wasser und Mineralsalze abgestimmt.

1 *Dickblattgewächs (Crassula)*

2 *Fleißiges Lieschen (Impatiens)*

Name:	Impatiens – Fleißiges Lieschen, auch Springkraut des Sultans
Heimat:	Krautschicht der tropischen Regenwälder Ostafrikas und Asiens.
Aussehen:	Flache Sträucher, fleischige, saftiggrüne Blätter und Stängel. Blüht mit großen weißen, knallroten, orangeroten, rosafarbigen, lachsroten oder violetten Blüten.
Standort:	Bevorzugt einen schattigen Platz.
Pflanzenpflege:	Während des Wachstums nur wenig gießen, in der Blütezeit braucht die Pflanze viel Wasser. und einmal wöchentlich Mineralsalze.

3 *Zimmerpflanzensteckbrief*

- Die Pflanze wächst gut an einem hellen und fensternahen Standort.
- Die Pflanze wächst gut im Halbschatten.
- Die Pflanze verträgt Schatten.
- Die Pflanze verträgt volles Sonnenlicht am Südfenster.
- Die Pflanze wenig/selten gießen.
- Die Pflanze nach Bedarf gießen. Mit der Fingerprobe die Erde überprüfen.
- Die Pflanze braucht viel Wasser. Das überschüssige Wasser kann im Untersetzer stehen bleiben.
- Das Aussehen der Pflanze.
- Die Pflanze oft besprühen.
- Die Pflanze braucht in der Wachstumszeit wöchentlich einmal Mineralsalze.
- Die Pflanze hat hier ihren natürlichen Standort

4 *Erklärung der Symbole*

Philodendron - Baumfreund
Mexiko, Südamerika
klettert an Bäumen empor

Clivie - Riemenblatt
Südafrika
schwertförmige Blätter

Ficus – Gummibaum
in allen tropischen Regenwäldern
ledrige Blätter

Dieffenbachie
tropischer Regenwald Amerika,
große paddelähnliche Blätter

Monstera - Fensterblatt
tropisches Mittel-/Südamerika,
tief eingeschnittene Blätter

Tradeskantie
tropischer Regenwald Amerika
kriechende Bodenpflanze

Kugelkaktus
Mexiko,
stark bestachelte Rippen

Opuntie
Amerika/Westindische Inseln,
flache Glieder

5 *Pinnwand der Zimmerpflanzen*

1 Steckbrief einer Zimmerpflanze. Erstelle für deine Lieblings-Zimmerpflanze einen genauen Steckbrief ähnlich dem Beispiel in Abbildung 3. Benutze dazu auch die Symbole aus Abbildung 4.
Beschaffe dir Informationen von diesen beiden Seiten, aus Büchern über Zimmerpflanzen, aus Gärtnereien und/oder aus dem Internet.

15.8 Der Beruf des Gärtners

1 *Landschaftsgärtner*

2 *Floristin*

Es ist Ende April, eine sehr arbeitsreiche Zeit für Herrn Müller. Herr Müller ist Landschaftsgärtner. Es ist „Pflanzzeit" und um diese Jahreszeit wollen viele seiner Kunden den Garten neu angelegt haben, damit sie ihn im Sommer genießen können. Um die vielen Aufträge bewältigen zu können, fängt Herr Müller schon vor 7.00 Uhr mit der Arbeit an. Der kleine Lastwagen wird mit den Arbeitsgeräten, den Pflanzen und dem Saatgut beladen. Dann geht es los zum ersten Garten. Er gehört zu einem Neubau. Herr Müller musste mit seinen beiden Angestellten daher alles neu anlegen. In den vergangenen Tagen wurden Wege angelegt und zum Teil gepflastert. Der bestellte Mutterboden wurde verteilt, eine Kuhle für den Gartenteich mit dem Frontlader ausgehoben und mit Teichfolie ausgelegt. Heute sollen die Sträucher und Stauden gepflanzt werden. Stauden sind krautige Pflanzen, deren oberirdische Teile im Winter absterben. Die unterirdischen Teile überwintern und treiben im Frühjahr erneut aus. Auch der Rasen soll heute noch gesät werden, denn das Wetter ist zur Zeit gut. Das muss ausgenutzt werden, es wird also wieder ein langer Tag mit vielen Überstunden werden.

Zu den Tätigkeiten von Herrn Müller gehört es, Kunden zu beraten, Pläne für die Anlage eines Gartens zu erstellen oder einen Garten nach einem Plan eines Landschaftsarchitekten anzulegen. Die Materialien und Pflanzen müssen dabei rechtzeitig bestellt werden. Viele Pflanzen zieht er auf seinem eigenen Gelände. Dazu hat er auch ein Gewächshaus. Im Winter ist Herr Müller häufig mit dem Schneiden von Bäumen und Sträuchern in den Gärten seiner Kunden beschäftigt. Das ganze Jahr über verbringt Herr Müller immer wieder viel Zeit mit der Buchführung. Kostenvoranschläge und Rechnungen müssen erstellt werden. Alle Einkäufe von Pflanzen und Materialien müssen schriftlich festgehalten und die Einnahmen und Ausgaben überprüft werden.

Der Beruf des Gärtners umfasst folgende Fachrichtungen: Garten- und Landschaftsbau, Baumschule, Friedhofsgärtnerei, Gemüsebau, Obstbau, Staudengärtnerei und Zierpflanzenbau. Die Ausbildungszeit beträgt drei Jahre.

Floristinnen und Floristen arbeiten häufig mit Gärtnereien zusammen. Sie pflegen und versorgen Pflanzen, verkaufen sie und stellen auf Wunsch der Kunden Blumensträuße zusammen. Zu ihrem Aufgabenfeld gehört dabei die Beratung der Kunden. Häufig werden Pflanzen- und Blumendekorationen hergestellt, zum Beispiel für Hochzeiten und Trauerfälle. Gestecke, Tisch- und Raumschmuck, Girlanden und Kränze gehören dazu. Auch Floristen und Floristinnen lernen im Rahmen ihrer dreijährigen Ausbildung alles, was zum kaufmännischen Führen eines Geschäftes dazu gehört.

- Spaß an Kundenberatung und -betreuung
- Einfühlungsvermögen und Anpassungsfähigkeit
- Einfallsreichtum
- Denken in Zusammenhängen
- Bereitschaft und Fähigkeit zur Teamarbeit
- Geschicklichkeit und Fingerfertigkeit
- Fähigkeit zur Planung und Vorbereitung von Arbeitsabläufen
- Farbtüchtigkeit, gutes Farbunterscheidungsvermögen
- Ertragen von Stress
- rechnerische Fähigkeiten

3 *Anforderungen an Floristen*

- Einsetzen und Instandhalten von Maschinen und Geräten
- Bearbeiten und Pflegen des Bodens
- Beurteilen, Verwenden und Lagern von Bodenarten
- Verwenden von Pflanzen und pflanzlichen Produkten unter Beachtung ihrer Ansprüche und Wirtschaftlichkeit
- Vorbereiten, Einrichten und Abwickeln von Baustellen
- Ausführen von Erdarbeiten sowie Be- und Entwässerungsmaßnahmen
- Herstellen von befestigten Flächen und Dachbegrünungen
- Herstellen von Bauwerken in Außenanlagen, z.B. Mauern, Treppen, Teiche, Zäune, Lärmschutzwände, Sport- und Spielgeräte

4 *Tätigkeiten eines Gärtners*

Stauden- und Kleingehölzgärtner/innen befassen sich mit der Vermehrung, Anzucht und Pflege von Stauden und Kleingehölzen. Sie stammen nicht nur aus der heimischen Umgebung, sondern auch aus vielen fernen Ländern. Ihre Vermehrung und Aufzucht ist daher sehr vielfältig. Bei diesem Beruf müssen noch viele Arbeiten von Hand ausgeführt werden.

Baumschulist/innen befassen sich mit Zucht, Kultur und Verkauf von Zier- und Obstgehölzen und allen damit zusammenhängenden Arbeiten. Die Vermehrung der Pflanzen erfolgt durch Aussaat, über Stecklinge und andere Methoden. Mit Geräten und Maschinen sind Baumschulist/innen gut vertraut. Sie beraten die Kundschaft und richten die Gehölze und Pflanzen für den Verkauf her.

Die Aufgaben des **Zierpflanzengärtners** sind unterschiedlich. In Endverkaufsgärtnereien stehen das Heranziehen von verschiedenen kleineren Pflanzenkulturen, die Kundenberatung sowie der Verkauf im Vordergrund. In Produktionsgärtnereien werden meist wenige Pflanzenarten in größeren Mengen kultiviert. Maschinen und Automaten dienen der Arbeitserleichterung.

5 *Gärtnerfachrichtungen*

6 *Gärtner im Jahr 1607*

1 Gärtnereifachrichtungen.
a) Ordne die in Abbildung 4 genannten Tätigkeiten einer der im Grundwissentext genannten Gärtnereifachrichtung zu. Begründe deine Ansicht.
b) Vergleiche die Tätigkeiten der verschiedenen Fachrichtungen, die in Abbildung 5 beschrieben sind.

2 Gärtner früher und heute.
a) Beschreibe das Bild in Abbildung 6.
b) Vergleiche die in Abbildung 6 gezeigten Tätigkeiten der Gärtner mit der der heutigen Landschaftsgärtner. Beschreibe dabei Unterschiede und Gemeinsamkeiten.

3 Floristinnen/Floristen.
Begründe jeweils, in wie weit die in Abbildung 3 genannten Anforderungen an Floristinnen/Floristen für die Tätigkeit notwendig sind.

16 Ausgewählte Pflanzenfamilien

16.1 Vielfalt der Pflanzen

1 *Einige einheimische Blütenpflanzen*

Man schätzt, dass es weltweit mehr als 400 000 verschiedene Pflanzenarten gibt. Diese Vielfalt der Pflanzen hat sich in Millionen von Jahren entwickelt. Die kleinste Ordnungseinheit ist die **Art.** Darunter versteht man alle Pflanzen, die sich sehr ähnlich sehen und sich untereinander fortpflanzen können. Jede Art hat eine Summe bestimmter Merkmale, durch die sie sich von anderen Arten unterscheidet. So sieht die Pflanzenart „Stängelloser Enzian“ ganz anders aus als die Art „Klatschmohn“ (Abb. 1).

Wissenschaftler kennen viele Merkmale der einzelnen Arten. Einige Merkmale sind Zeichen der Verwandtschaft der Pflanzen miteinander. Arten, die sich in diesen Merkmalen ähneln, sind näher verwandt als solche, die sich in diesen Merkmalen unterscheiden. Verwandte Arten werden zu Gruppen zusammengefasst: Gattungen, Pflanzenfamilien, Ordnungen und Klassen (Abb. 4).

Jede Art hat einen **wissenschaftlichen Namen.** Im Jahr 1735 wurde durch den schwedischen Botaniker CARL VON LINNÉ der lateinische Doppelname eingeführt. Seitdem besteht jeder Artname aus zwei Teilen, dem Gattungsnamen und der spezifischen Kennung der Art: „Gentiana acaulis“ ist der international übliche, wissenschaftliche Name für „Stängelloser Enzian“. Die Gattung heißt Gentiana. Sie umfasst über 400 Enzianarten. Für die Bestimmung einer Pflanzenart sind die Merkmale von Blüte, Frucht und Blatt wichtig. Eine Methode, die Baueigentümlichkeiten einer Blüte zu untersuchen, ist das Erstellen eines **Blütendiagramms.** Hierzu erstellt man zunächst mithilfe der konkreten Blüte ein Legebild und vereinfacht dieses dann zu einem Blütendiagramm (Abb. 2). Vergleicht man die Blütendiagramme verschiedener Pflanzen, so werden Übereinstimmungen und Unterschiede deutlich. Pflanzenfamilien haben einen charakteristischen Blütenbau.

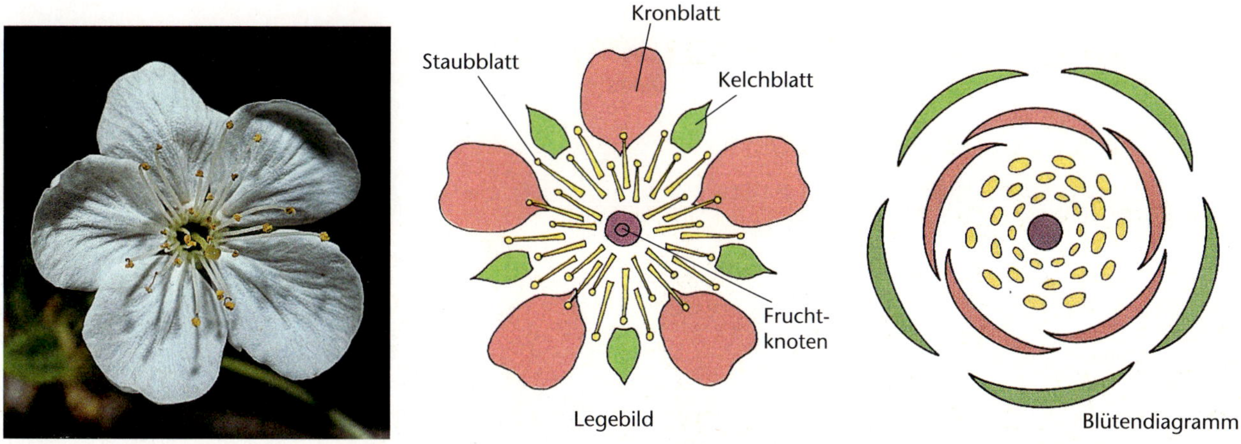

2 *Von der Blüte zum Blütendiagramm (Beispiel Kirschblüte)*

1 Pflanzen ordnen. Die Pflanzen in Abbildung 1 unterscheiden sich in verschiedenen Merkmalen. Gruppiere die Pflanzen nach Merkmalen. Ordne die Gruppen so an, dass du jede Pflanze fehlerfrei wiederfinden kannst.

2 Verwandtschaftsgruppen.
a) Stelle an zwei Beispielen aus Abbildung 4 die Verwandtschaftsgruppen in einer Zeichnung dar, z. B. durch Kreise. Beginne bei der Gattung.

b) Schreibe für die Pflanzenart Stängelloser Enzian die Verwandtschaftsverhältnisse so auf, wie sie in Abbildung 4 für den Klatschmohn angegeben sind.

3 Blütendiagramm. Die Große Sternmiere gehört zur Familie der Nelkengewächse. Ihr Blütendiagramm ist typisch für diese Familie. Zeichne es anhand des Fotos in Abbildung 3. Benutze für die verschiedenen Blütenteile dieselben Farben wie in Abbildung 2.

3 *Die Blüte der Großen Sternmiere*

4 *Verwandtschaftsgruppen im Pflanzenreich*

16.2 Kreuzblütler und Rosengewächse

1 *Kreuzblütler mit Blüten- und Fruchtaufbau*

2 *Rosengewächse: Heckenrose und Erdbeere*

Die **Kreuzblütler** besitzen strahlige Blüten (Abb. 1). Die Blüte besteht aus vier Kelchblättern und vier Kronblättern, die kreuzförmig angeordnet sind. Außerdem besitzen alle Kreuzblütler sechs Staubblätter, vier lange und zwei kürzere. Charakteristisch für die Familie der Kreuzblütler ist außerdem ihre Frucht, die Schote genannt wird (Abb. 1). Bei Fruchtreife fallen zwei große Klappen ab, die Schote öffnet sich. Die Samen bleiben zunächst an einem Rahmen hängen und werden schließlich durch den Wind ausgestreut.

Die **Rosengewächse** haben ebenfalls strahlige Blüten (Abb. 2). Besonders auffallend an diesen Blüten sind die vielen Staubblätter. Viele besitzen fünf Kronblätter und fünf Kelchblätter. Auch die Blattgestalt der Rosengewächse ist charakteristisch. Fast immer sind die Blätter gefiedert und besitzen am Blattgrund Nebenblätter. Die Blätter sind wechselständig.

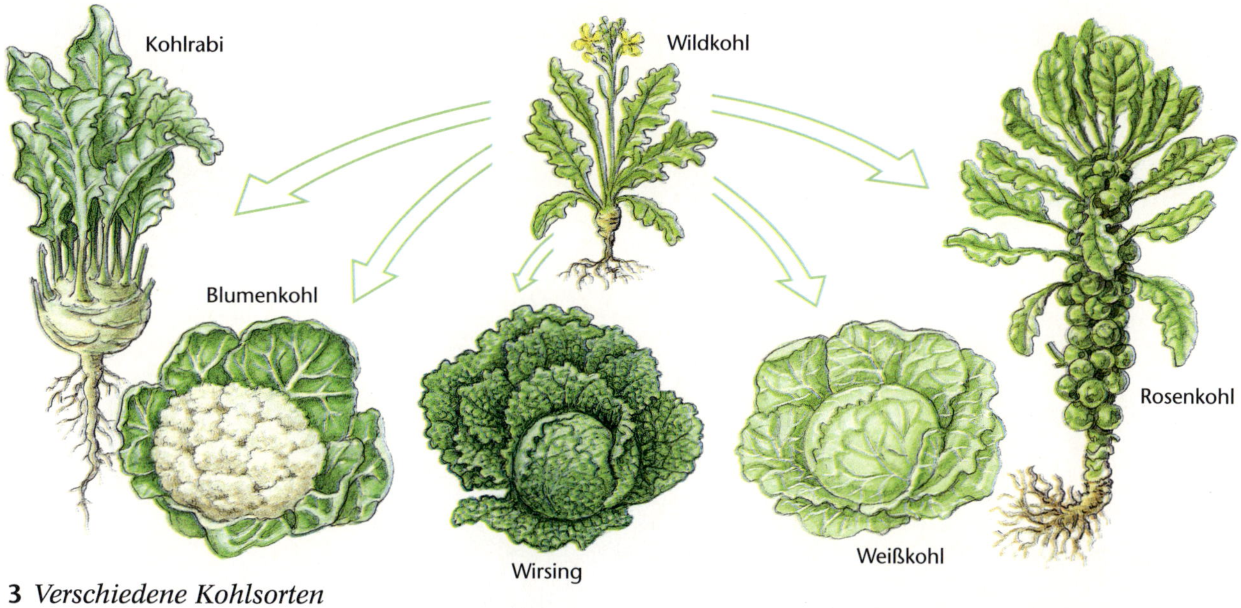

3 *Verschiedene Kohlsorten*

1 Kohlsorten. Kohl gehört zur Familie der Kreuzblütler (Abb. 3). Die verschiedenen Sorten wurden alle aus der Art „Wildkohl" gezüchtet. Bei den Kohlsorten werden unterschiedliche Teile als Nahrung für den Menschen genutzt.

a) Lege eine Liste mit den Kohlsorten von Abbildung 3 an. Benenne die jeweils genutzten Organe.

b) Ergänze weitere Kohlsorten.

c) Gib eine Erklärung, warum man von „Züchtungssorten" spricht und nicht von „gezüchteten Arten".

2 Rosengewächse. Gartenerdbeere und Heckenrose gehören zu den Rosengewächsen (Abb. 2).

a) Fertige eine Tabelle an, in die du die folgenden Merkmale beider Arten einträgst:
Wuchs, Merkmale des Blattes, Merkmale der Blüte.

b) Begründe, warum beide Arten zu den Rosengewächsen gehören.

4 *Sumpfdotterblume*

5 *Blutwurz*

3 Rosengewächs oder nicht? Die beiden Arten in den Abbildungen 4 und 5 haben strahlige Blüten mit vielen Staubblättern, dennoch gehört eine der beiden Arten nicht zu den Rosengewächsen, sondern ist Mitglied der Familie der Hahnenfußgewächse.

a) Vergleiche die Merkmale des Blattes und die Merkmale der Blüten beider Arten.

b) Zeichne von beiden Pflanzen ein Blütendiagramm.

c) Welche Pflanze ist ein Rosengewächs? Aufgrund welcher Merkmale hast du den Vertreter der Rosengewächse zugeordnet?

16.3 Lippenblütler und Schmetterlingsblütler

1 *Einige Lippenblütler und Schmetterlingsblütler*

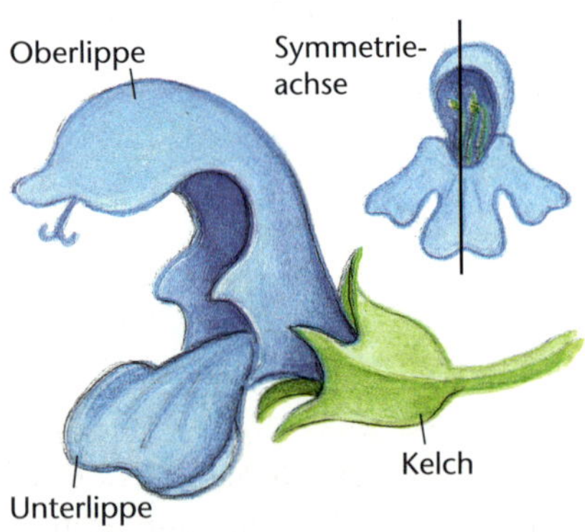

2 *Lippenblüte*

3 *Schmetterlingsblüte*

Die Blüten mancher Pflanzenarten sind zweiseitig symmetrisch. Bei ihnen stehen die beiden Längshälften wie Bild und Spiegelbild zueinander. Bekannte Familien mit zweiseitig symmetrischen Blüten sind die Lippenblütler und die Schmetterlingsblütler (Abb. 1). Am Bau der Blüte können die beiden Pflanzenfamilien unterschieden werden.

Die Mitglieder der Familie der **Lippenblütler** sind leicht zu erkennen. Ihre Blüten sind in Oberlippe und Unterlippe unterteilt (Abb. 2). Ihre Blätter stehen gegenständig am vierkantigen Stängel. Viele Arten der Lippenblütler sind als Gewürzpflanzen bekannt, z. B. Pfefferminze und Salbei.

Bei den Vertretern der **Schmetterlingsblütler** gliedert sich die Blüte in eine Fahne, ein Schiffchen und zwei Flügel (Abb. 3). Die Schmetterlingsblütler haben oft gefiederte Blätter. Dabei sitzen an einem Blattstiel viele kleine Blätter. Besonders charakteristisch sind ihre Früchte, die sich bei Reife entlang einer Naht öffnen und als Hülsen bezeichnet werden (Abb. 5). Derartige Hülsen sind uns von Erbsen, Bohnen und Linsen bekannt.

1 Ordnen nach Merkmalen. Die Arten in Abbildung 1 sind geordnet. Diese Ordnung erfolgt aufgrund verschiedener Merkmale. Bei jeder Verzweigung ist ein Merkmal entscheidend. Dieses Merkmal hat zwei Ausprägungen. So ist bei der ersten Verzweigung die Alternative: Pflanzen mit Lippenblüten oder Schmetterlingsblüten.

a) Formuliere für die übrigen Verzweigungen das jeweils entscheidende Merkmal mit seinen zwei Ausprägungen.

b) Erstelle aus diesen Angaben einen Bestimmungsschlüssel für alle Pflanzen der Abbildung 1.

2 Gewürze. Zu den Lippenblütlern gehören viele Pflanzen, die wir als Gewürze im Essen nutzen.

a) Finde mithilfe eines Lexikons heraus, welche Gewürze zu den Lippenblütlern gehören.

b) Fülle kleine Proben der Gewürze in Filmdöschen. Kann dein Sitznachbar die Gewürze am Geruch erkennen?

3 Das Leinkraut ist ein Rachenblütler. Auch die Rachenblütler haben zweiseitig symmetrische Blüten. Dennoch sind die Arten dieser Familie recht gut von den Schmetterlingsblütlern zu unterscheiden. Die Abbildung 4 zeigt das Leinkraut im Vergleich mit dem Wundklee. Erstelle eine Liste mit den unterschiedlichen Merkmalen.

4 *Leinkraut (Rachenblütler) und Wundklee (Schmetterlingsblütler)*

5 *Hülsen der Erbse*

4 Erbsen, Bohnen, Linsen. Die essbaren Samen von Erbsen, Bohnen und Linsen befinden sich in Hülsen. Abbildung 5 zeigt die Hülsen der Erbse. Erläutere den Bau der Hülse und beschreibe, wie sie sich öffnet.

16.4 Korbblütler

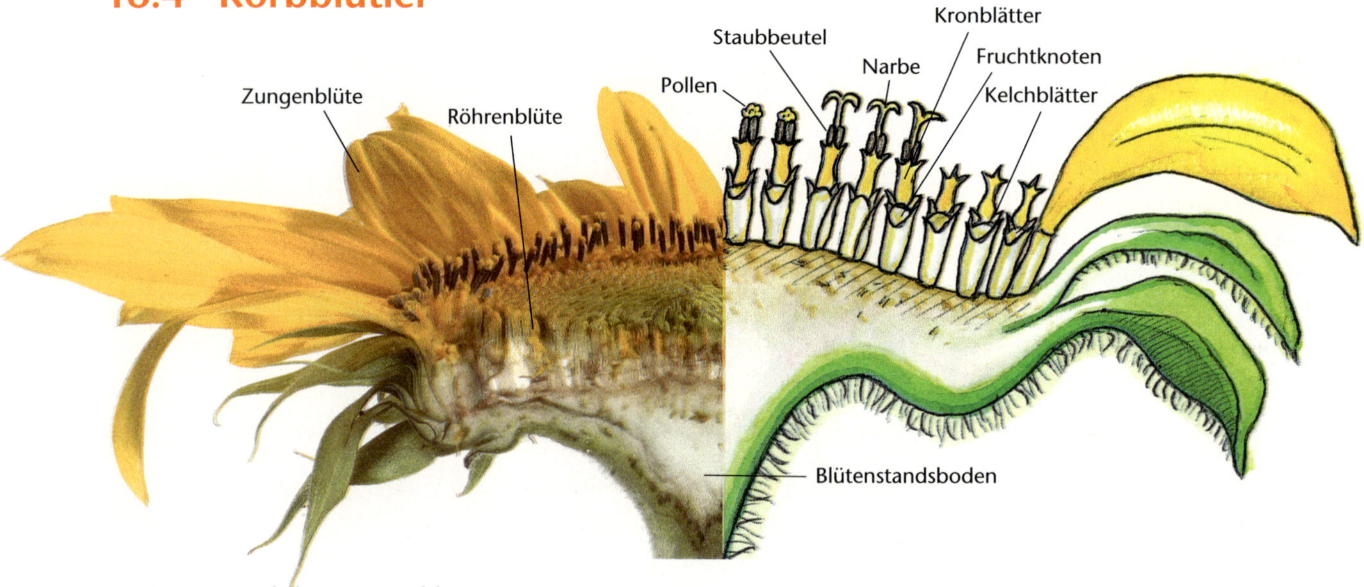

1 *Blütenstand der Sonnenblume*

Bei manchen Pflanzenarten stehen die Blüten nicht einzeln, sondern sind zu einem **Blütenstand** zusammengefasst (Abb. 2). Eine Ähre ist gekennzeichnet durch ungestielte Blüten, die entlang der Sprossachse angeordnet sind. Sie ist typisch für die Familie der Süßgräser. Die Dolde weist lang gestielte Blüten auf, wobei alle Blütenstiele aus einem Punkt entspringen. Möhre und Petersilie sind typische Vertreter der Familie der Doldengewächse. Das Köpfchen der Korbblütler enthält viele Einzelblüten, die auf einem breiten Blütenstandsboden sitzen.

Ein typischer **Korbblütler** ist die Sonnenblume (Abb. 1). Ihre Einzelblüten sind sehr klein und erst bei genauer Betrachtung erkennbar. Sie stehen zu

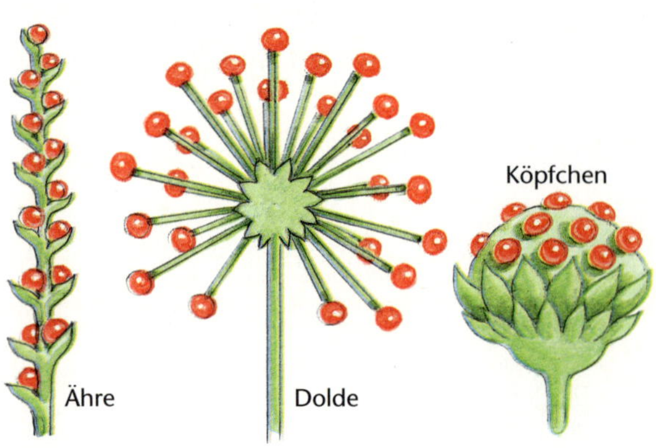

2 *Blütenstände*

einem Köpfchen vereinigt in großer Zahl auf dem Blütenstandsboden. Oberhalb des Fruchtknotens dieser winzigen Einzelblüten befinden sich die Kronblätter. Sie sind miteinander verwachsen und bilden eine Röhre. Diese Einzelblüten heißen daher auch **Röhrenblüten.**

Bei den Einzelblüten am Außenrand des Blütenstandes bilden die Kronblätter eine große nach außen gewölbte, strahlend gelbe Zunge. Diese Einzelblüten werden **Zungenblüten** genannt. Die Zungenblüten bilden den auffälligen Rand des Blütenstandes. Die Insekten fliegen die Blüten an und suchen dort nach Nektar. Die Insekten nehmen bei ihrem Blütenbesuch Pollen mit und übertragen diesen auf die Narben anderer Blüten. Um zu verhindern, dass Pollen einer Blüte auf die Narbe derselben Blüte gelangt, haben die Blüten in einem Blütenstand eine bestimmte Aufblühfolge. In jeder Einzelblüte reifen dabei zuerst die Pollen, später entwickeln sich die Narben. Dadurch ist sehr wahrscheinlich, dass die Einzelblüten mit dem Pollen anderer Blüten bestäubt werden.

Am einheitlichen Bau des Blütenstandes kann man die verwandtschaftliche Zugehörigkeit der vielen verschiedenen Arten der Korbblütler erkennen.

1 Aufblühfolge. Suche blühende Korbblütler in deiner Umgebung, z. B. Gänseblümchen oder Löwenzahn.

a) Präpariere aus dem Köpfchen die Einzelblüten heraus. Lege die Blüten so in eine Reihe, dass die Aufblühfolge der Abbildung 1 wiedergegeben wird. Klebe deine Blütenreihe mit einem durchsichtigen Streifen Klebeband auf ein Blatt Papier.

b) Zeichne mehrere Einzelblüten und beschrifte die Blütenteile.

2 Bestimmung. Abbildung 3 zeigt sieben Vertreter der Korbblütler.

a) Fertige eine Tabelle an, in die du für diese Arten folgende Merkmale notierst: Merkmale der Blüte, Merkmale des Blattes.

b) Bestimme die Arten mithilfe des Bestimmungsschlüssels. Lies zu jeder Nummer die beiden Beschreibungen a und b, ehe du dich entscheidest.

Bestimmungsschlüssel für Korbblütler		
1a	Körbchen mit Zungenblüten	2
1b	Körbchen ohne Zungenblüten	6
2a	nur ein Körbchen pro Stängel	3
2b	mehrere Körbchen pro Stängel	5
3a	weiße Zungenblüten, gelbe Röhrenblüten	4
3b	alle Einzelblüten gelb, grundständige Blätter als Rosette, gegenständige Beblätterung	Arnika
4a	weiße Zungenblüten mit rosa Rand, Blätter grundständig als Rosette	Gänseblümchen
4b	reinweiße Zungenblüten, Blätter wechselständig	Margerite
5a	grundständige Blätter gestielt, Stängel mit mindestens einem Stängelblatt	Waldhabichtskraut
5b	große gezähnte Blätter mit stacheligen Spitzen, stängelumfassend	Gänsedistel
6a	Körbchen flach, leuchtend gelb	Rainfarn
6b	Körbchen gewölbt, grünlich gelb	Strahlenlose Kamille

3 *Vertreter der Korbblütler*

16.5 Getreide sind Gräser

1 *Verschiedene Gräser*

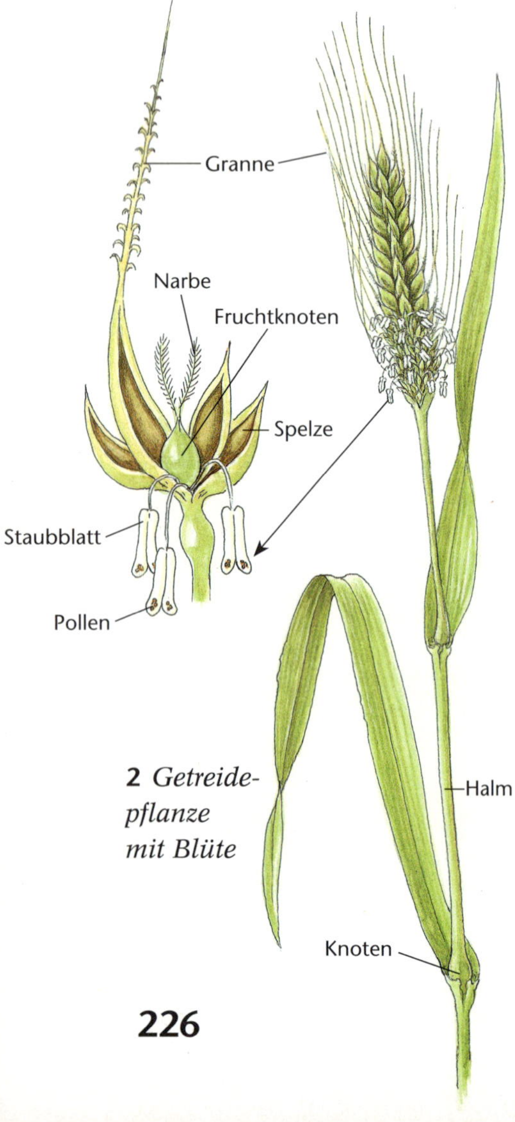

2 *Getreidepflanze mit Blüte*

Vergleicht man das Aussehen von Getreidepflanzen mit dem von Wildgräsern, fallen große Übereinstimmungen auf. Alle Getreidearten gehören zur Familie der **Gräser.** Gräser haben gemeinsame Kennzeichen. Die Blüten der Gräser sind unauffällig (Abb. 1, 2). Sie dienen nicht dazu, Insekten anzulocken. Bei sonnigem und trockenem Wetter blühen alle Graspflanzen einer Art gleichzeitig. Die Staubblätter mit den Blütenpollen befinden sich dann außerhalb der Blüte und sind so dem Wind ausgesetzt. Gräserpollen sind klein, leicht und nicht klebrig. Sie werden durch den Wind über große Entfernungen verbreitet, manchmal mehrere hundert Kilometer weit. Die Pollen werden durch die klebrigen Narben anderer Blüten aufgefangen. Man bezeichnet Gräser als **Windbestäuber.** Gräser haben viele kleine Einzelblüten, die am Halm einen Blütenstand bilden. Wenn die Einzelblüten eng zusammenstehen, nennt man sie Ähre.

Das Korn entwickelt sich aus dem Fruchtknoten der Grasblüte (Abb. 2). Die Fruchtknoten und später die Körner werden durch trockene Blätter, die Spelzen, umhüllt. Häufig trägt eine der Spelzen eine Borste, die Granne. Sie kann bis zu vier Zentimeter lang sein.

Die hohlen Stängel der Gräser bezeichnet man als Halme. Sie werden durch Knoten in kurze röhrenförmige Abschnitte unterteilt (Abb. 2). Dadurch sind Grashalme sehr stabil. Elastische Wände machen die Grashalme biegsam. Sie knicken auch bei starkem Wind nur selten um. Die schmalen Blätter der Gräser setzen immer an den Knoten an und umhüllen in ihrem unteren Abschnitt den Halm. Das stabilisiert den Halm zusätzlich.

Ordne zu:

1 Weizen
- benötigt mildes Klima und fruchtbaren Boden
- sehr ertragreich
- wichtigstes Brotgetreide, ergibt weißes Mehl
- kurze Halme
- keine Grannen
- dicke Körner
- Einzelblüten in Ähren

2 Roggen
- gedeiht auch auf wenig fruchtbarem Boden und bei rauem Klima
- Brotgetreide, ergibt dunkles Mehl
- lange, dünne Halme
- lange Grannen
- dunkle Körner
- Einzelblüten in Ähren

3 Hafer
- gedeiht bei feuchtem, kühlem Klima
- Verwendung als Haferflocken und Kindernahrung, da leicht verdaulich
- auch Verwendung als Viehfutter
- keine oder sehr kurze Grannen
- längliche Körner
- keine Ähren

4 Gerste
- ältestes bekanntes Getreide
- klimatisch anspruchslos, erträgt Frost
- Verwendung als Viehfutter und für die Bierherstellung
- meist lange, dünne Halme
- sehr lange Grannen
- längliche Körner
- Einzelblüten in Ähren

3 *Getreidepflanzen und ihre Steckbriefe*

1 Kennübung: Getreide.
a) Ordne die Texte über die Getreidepflanzen den Fotos in Abbildung 3 begründet zu.
b) Triticale ist eine häufig angebaute Kreuzung aus Weizen und Roggen. Welche Ziele haben die Züchter mit dieser Kreuzung verfolgt? Begründe deine Antwort.

2 Heuschnupfen durch Gräserpollen. Bei manchen Menschen lösen Gräserpollen eine Allergie aus, den so genannten Heuschnupfen.
a) Erläutere die Bedeutung des Pollenflugkalenders für Allergiker.
b) Herr P. leidet in jedem Jahr, vor allem in den Monaten März bis Mai, unter Heuschnupfen. Können Getreidepollen die Ursache sein? Begründe.

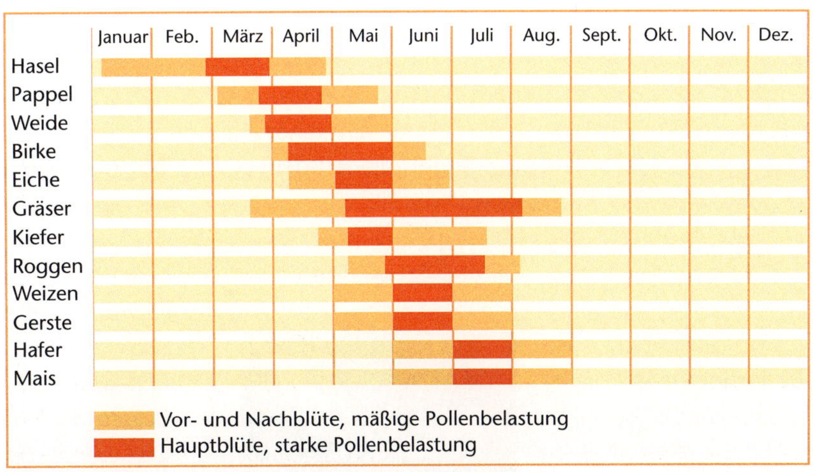

4 Pollenflugkalender

Zusammenfassung: Blütenpflanzen in ihrem Lebensraum

Auf diesen Seiten sind noch einmal wesentliche Erkenntnisse der Biologie, die Basiskonzepte, dargestellt. Weitere Informationen über Basiskonzepte findest du auf der Methodenseite *„Nur nicht den Überblick verlieren – Basiskonzepte“* in diesem Buch.

1. Wurzeln, Sprossachse, Blätter und Blüten sind die Organe einer Blütenpflanze. Eine Blütenpflanze ist ein System, dessen Teile, die Organe, zusammenarbeiten.

2. Blütenpflanzen nehmen mit ihren Wurzeln Mineralsalze und Wasser aus dem Boden auf. Diese Stoffe benötigt eine Pflanze für ihre Lebensvorgänge.

3. Die dicht an dicht stehenden Wurzelhaare bilden eine große Oberfläche. Die große Oberfläche der Wurzelhaare begünstigt die Aufnahme von Mineralsalzen und Wasser.

4. Die Sprossachse der meisten Blütenpflanzen ist stabil gebaut. Diesem stabilen Bau entspricht die Aufgabe, die Blätter und Blüten zu tragen und dem Wind standhalten zu können.

5. Mit ihren grünen Blättern nehmen Blüten pflanzen Licht von der Sonne auf. Mithilfe des Lichtes kann eine Pflanze Traubenzucker selbst herstellen.

6. Wenn Nachkommen durch Geschlechter gezeugt werden, spricht man von geschlechtlicher oder sexueller Fortpflanzung. Blüten dienen der geschlechtlichen Fortpflanzung von Blütenpflanzen. Ungeschlechtliche Fortpflanzung erfolgt zum Beispiel durch Ausläufer und Stecklinge.

7. Man spricht von Bestäubung, wenn Pollenkörner einer Blüte auf die Narbe einer anderen Blüte transportiert werden. Die Bestäubung kann durch Wind oder durch Insekten erfolgen. Insektenblütige Pflanzen haben farbige, duftende Blüten, die Insekten anlocken.

8. Die Verbreitung von Samen und Früchten kann durch Wind, Wasser, Tiere und Menschen sowie durch Selbstausbreitung erfolgen. Die Samen und Früchte der verschiedenen Blütenpflanzen zeigen Angepasstheiten an die Form der Verbreitung. Zum Beispiel hat die Ahornfrucht Flügel, die für die Verbreitung mit dem Wind von Vorteil sind.

9. Vergleicht man Merkmale verschiedener Pflanzen, so werden Gemeinsamkeiten und Unterschiede deutlich. Kreuzblütler, Rosengewächse, Lippenblütler, Schmetterlingsblütler und Korbblütler sind Beispiele für Gruppen von Pflanzen mit jeweils ähnlichem Aufbau der Blüte.

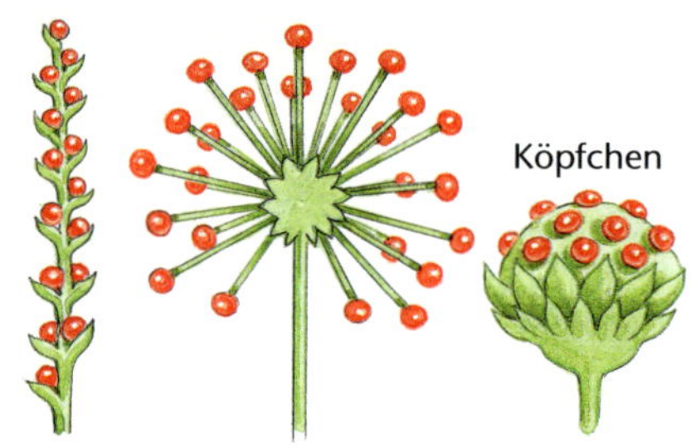

1 **Basiskonzepte zuordnen.** Ordnet jedem Sachverhalt auf dieser Seite (Nr. 1 bis 9) ein Basiskonzept oder mehrere Basiskonzepte (rechte Seite) zu.
Beispiel: siehe Nr. 1 (linke Seite) *„Wurzeln, Sprossachse, Blätter und Blüten sind die Organe einer Blütenpflanze. Eine Blütenpflanze ist ein System, dessen Teile, die Organe, zusammenarbeiten.“.* Diese Aussage passt zum Basiskonzept *„System“* (rechte Seite)

Basiskonzepte – grundlegende Erkenntnisse im Fach Biologie

System

System

Ein System besteht aus mehreren Teilen. Zwischen den Teilen eines Systems gibt es Beziehungen und Wechselwirkungen. Meistens arbeiten die Teile eines Systems zusammen.

Biologische Systeme können unterschiedlich groß sein: Die ganze Erde, ein bestimmter Lebensraum, ein Lebewesen mit seinen Organen oder ein Organ eines Lebewesens.

Entwicklung

Fortpflanzung und Entwicklung

Lebewesen haben eine begrenzte Lebensdauer. Durch Fortpflanzung vermehren sich Lebewesen und dadurch wird ihr Fortbestand gesichert.

Lebewesen entwickeln sich im Laufe ihres Lebens und verändern sich dabei

Lebensräume verändern sich

Die Lebensräume von Tieren und Pflanzen verändern sich im Laufe der Zeit, zum Beispiel in den Jahreszeiten.

Stammesgeschichte und Verwandtschaft

Jedes heutige Lebewesen hat Vorfahren, Vor-Vorfahren, Vor-Vor-Vorfahren und so weiter. Lebewesen sind im Laufe langer Zeiträume aus anderen Lebewesen hervorgegangen. Das nennt man stammesgeschichtliche Entwicklung oder kurz „Stammesgeschichte".

Vielfalt und Angepasstheit

Auf der Erde gibt es eine große Vielfalt der Arten. Selbst die Nachkommen von Eltern zeigen neben Gemeinsamkeiten Unterschiede in den Merkmalen. Alle Lebewesen besitzen Merkmale, mit denen sie an ihre Umwelt angepasst sind. Solche vorteilhaften Merkmale nennt man Angepasstheiten.

Struktur und Funktion

Struktur und Funktion

Unter Struktur versteht man in der Biologie den Bau von Lebewesen und ihrer Organe. Mit ihrem Bau sind sie an bestimmte Aufgaben (Funktionen) angepasst, zum Beispiel sich zu bewegen und zu ernähren. – Zwischen Struktur und Funktion gibt es Zusammenhänge.

Oberflächenvergößerung

Lebewesen nehmen Stoffe aus der Umgebung auf. Je größer die Oberfläche ist, an der die Stoffaufnahme stattfindet, desto größer kann die Menge an Stoffen sein, die über diese Oberfläche aufgenommen wird.

Gemeinsamkeiten und Unterschiede von Lebewesen

Wenn man Lebewesen miteinander vergleicht, erkennt man Gemeinsamkeiten und Unterschiede.

Steuerung und Regelung

Viele Zustände und Vorgänge im Körper eines Lebewesen werden gesteuert oder geregelt. Dadurch werden die Bedingungen im Körper beständig (stabil) gehalten.

Stoff- und Energieumwandlung

Lebewesen nehmen Stoffe aus der Umgebung auf, wandeln sie um und geben Stoffe an die Umgebung ab. Manche Stoffe enthalten viel nutzbare Energie. Energie ist für alle Lebensvorgänge notwendig.

Glossar

Anti-Baby-Pillen
Künstlich hergestellte Hormonpräparate, die die Reifung eines Follikels und die Ovulation verhindern. Die „Pille“ dient der Empfängnisverhütung. Die Wirkstoffe der Pille beeinflussen das Gehirn und die Hirnanhangsdrüse.

Art
Die Tiere oder Pflanzen einer Art ähneln einander sehr. Sie können sich untereinander fortpflanzen und haben fruchtbare Nachkommen. Auf der Erde leben fast zwei Millionen Tier- und Pflanzenarten.

Artgemäße Tierhaltung
Jedes Tier hat bestimmte Ansprüche an Ernährung, Bewegungsmöglichkeiten, Pflege und Unterbringung. Wer ein Tier hält oder betreut, trägt die Verantwortung, das Tier seiner Art und seinen Bedürfnissen entsprechend angemessen zu ernähren, zu pflegen und verhaltensgerecht unterzubringen.

Äußere Befruchtung
Die Befruchtung des Eies erfolgt außerhalb des Körpers. Viele Amphibien- und Fischweibchen legen ihre Eier ins Wasser ab, die Eier werden dann vom Männchen besamt. Die Befruchtung findet im Wasser statt.

Ballaststoffe
Bestandteile der Nahrung, die nicht verdaut werden können. Ballaststoffe sind für die normale Darmfunktion unentbehrlich.

Befruchtung
Verschmelzen von einer weiblicher Geschlechtszelle (Eizelle) und einer männlichen Geschlechtszelle (Spermazelle).

Bestäubung
Bei der Bestäubung gelangen die in den Staubbeuteln der Pflanzen gebildeten Pollenkörner auf die Narbe des Stempels. Der Transport der Pollenkörner erfolgt durch den Wind oder durch Insekten.

Biotop (Lebensraum)
Einheitlicher und gegenüber der Umgebung abgegrenzter Bereich mit typischen Lebewesen. Lebensräume sind z.B. Hochmoor, Strand, Buchenwald, Pfütze oder Aquarium.

Blüte
Teil von Blütenpflanzen, der der geschlechtlichen Fortpflanzung dient. Eine Kirschblüte besteht aus Kelchblättern, Kronblättern, Staubblättern und Stempel.

Blütendiagramm
Ein Blütendiagramm ist eine Zeichnung von der Anordnung der Blütenteile. Ein Blütendiagramm zeigt vereinfacht den Bauplan der Blüte.

Blütenpflanzen
Eine Blütenpflanze besteht aus Spross und Wurzel. Der Spross hat eine Sprossachse und Blätter, zeitweise auch Blüten. Zu den Blütenpflanzen gehören Kräuter, Sträucher, Bäume, nicht aber Pilze, Moose, Farne, Algen.

Blutkreislauf
Die Blutgefäße sind so miteinander verbunden, dass das Blut vom Herzen aus durch den Körper wieder zum Herzen zurückfließt.

Chlorophyll
Grüner Farbstoff in den Chloroplasten von Pflanzenzellen. Mithilfe des Chlorophylls können Pflanzenzellen die Energie des Sonnenlichtes für die Produktion von Traubenzucker nutzen.

Chloroplasten
Blattgrünkörner, die im Inneren das Chlorophyll enthalten, mit dessen Hilfe Pflanzen Fotosynthese betreiben.

Domestikation
Entstehung einer Haustierrasse aus einer Wildform.

Eisprung
Platzen des Follikels und Abgabe einer reifen Eizelle in den Eileitertrichter.

Embryo
Bezeichnung für den heranwachsenden Menschen in der Gebärmutter während der ersten drei Schwangerschaftsmonate

Empfängnisverhütung
Verschiedene Methoden, die eine Befruchtung oder eine Schwangerschaft verhindern sollen.

Erdspross
Der Erdspross besteht aus dem verdickten, unterirdisch wachsenden Teil des Stängels. Er dient meist zur Speicherung von Nährstoffen. Zahlreiche Frühblüher, z. B. Buschwindröschen und Schlüsselblume, besitzen einen Erdspross.

Fetus
Bezeichnung für den heranwachsenden Menschen in der Gebärmutter vom vierten Schwangerschaftsmonat bis zum Ende der Schwangerschaft.

Fische
Eine Klasse der Wirbeltiere, deren gemeinsame Merkmale es sind, dass sie im Wasser leben, durch Kiemen atmen und Flossen besitzen. Es gibt etwa 35 000 Arten.

Fleischfressergebiss
Das Fleischfressergebiss zeichnet sich durch dolchartig ausgebildete Eckzähne aus. Die Backenzähne besitzen spitze Höcker, die ein Zerschneiden des Fleisches ermöglichen. Der größte Backenzahn heißt Reißzahn.

Flossen
Organe der Fische, die der Fortbewegung, Steuerung und Stabilisierung dienen

Follikel
Flüssigkeitsgefülltes, etwa kirschgroßes Bläschen im Eierstock, in dem eine Eizelle heranreift. Nach dem Eisprung werden die Follikelzellen zum Gelbkörper.

Frucht
Die Frucht entsteht nach der Befruchtung aus Bestandteilen der Blüte. Die Frucht umschließt den Samen und dient zu seiner Verbreitung.

Gelbkörper
Entsteht im Eierstock nach dem Eisprung aus dem Follikel. Follikel und Gelbkörper bilden bestimmte Hormone.

Gelenk
Die bewegliche Verbindung zwischen zwei Knochen bezeichnet man als Gelenk. Zu einem Gelenk gehören Gelenkkopf, Gelenkpfanne, Gelenkschmiere, Gelenkknorpel und Gelenkkapsel.

Gesundheit
Eine unter vielen Definitionen von „Gesundheit" ist die der Word Health Organization (WHO): Danach ist Gesundheit nicht einfach die Abwesenheit von Krankheit, sondern als „Zustand des vollkommenen körperlichen, seelischen und sozialen Wohlbefindens" zu charakterisieren.

Gewebe
Ein Verband, der besondere Funktionen ausführt. Mehrere Gewebe zusammen bilden ein Organ. Zum Beispiel bilden Bindegewebe und Muskelgewebe zusammen einen Muskel.

Gleichwarme Tiere
Gleichwarme Tiere haben eine Körpertemperatur, die unabhängig von der Umgebungstemperatur ist. Gleichwarme Tiere sind Säugetiere und Vögel.

Gräser
Gräser sind eine Pflanzenfamilie. Gräser besitzen unscheinbare kleine Blüten und lange, schmale Blätter. Zu den Gräsern gehören z. B. auch die Getreidearten Gerste, Hafer, Roggen und Weizen.

Haltungsschäden
So bezeichnet man Erkrankungen der Wirbelsäule und der Muskeln, die die Wirbelsäule in ihrer normalen Form halten. Dadurch verändert sich die Körperhaltung. Rundrücken, Hohlrücken und seitliche Verkrümmungen der Wirbelsäule sind einige Beispiele für Haltungsschäden.

Innere Befruchtung
Die Befruchtung des Eies erfolgt im Körper des Weibchens. Dies ist z. B. bei Reptilien, Vögeln und Säugetieren, aber auch bei vielen Insekten der Fall.

Jahr
Ein Jahr ist die Zeit für einen Umlauf der Erde um die Sonne.

Jahresvogel
Jahresvögel leben das ganze Jahr über in ihrem Brutgebiet. Sie verlassen ihr Gebiet auch im Winter nicht, da sie selbst in dieser ungünstigen Jahreszeit noch ausreichend Futter finden. Amseln und Kohlmeisen kann man deshalb auch im Winter bei uns beobachten. Jahresvögel nennt man auch Standvögel.

Jahreszeiten
Wenn sich die Erde um die Sonne bewegt, ist die Erde der Sonne unterschiedlich zugeneigt. Dadurch erwärmt sie sich unterschiedlich. Das verursacht die Jahreszeiten. Menschen, Tiere und Pflanzen passen sich den Jahreszeiten an.

Kältestarre
Überwinterungsform wirbelloser Tiere, bei der sie die kalte Jahreszeit nahezu regungslos zumeist unter der Erdoberfläche verbringen. In diesem Zustand atmen die Tiere kaum und das Herz schlägt nur sehr langsam

Kaulquappe
Frühe Entwicklungsform von Kröten und Fröschen (Larve).

Keimung
Vorgang, bei dem aus einem Samen der Keimling heranwächst.

Kiemen
Die Kiemen sind Atmungsorgane von wasserlebenden Tieren. Mit den Kiemen wird Sauerstoff aus dem Wasser aufgenommen und Kohlenstoffdioxid abgegeben. Die Kiemen der Fische liegen unter dem Kiemendeckel und bestehen aus Kiemenbögen, an denen viele kleine Kiemenblättchen sitzen.

Knolle
Eine Knolle ist ein Überwinterungsorgan bestimmter Pflanzenarten. Sie entsteht aus einer Verdickung unterirdischer Pflanzenteile. In einer Knolle sind Nährstoffe enthalten. Frühblüher, z. B. Scharbockskraut oder Krokus haben Knollen.

Knorpel
Glatter, elastischer Bestandteil des Skeletts. Aus Knorpel bestehen die Bandscheiben, die zwischen Wirbelknochen der Wirbelsäule liegen, Nase und Ohrmuscheln. Auch die Knochenenden in Gelenken sind von Knorpel überzogen.

Kohlenhydrate
Kommen in den Nahrungsmitteln als Traubenzucker (Glucose) und Fruchtzucker vor. Weitere Zucker sind der Haushaltszucker (Saccharose) sowie Stärke.

Lebensgemeinschaft
Gemeinschaft von Lebewesen mit ähnlichen Anforderungen an ihre Umwelt. Lebensgemeinschaften entwickeln sich z. B. in einem Teich, im Wald oder in einer Stadt.

Lebensraum (Biotop)
Einheitlicher und gegenüber der Umgebung abgegrenzter Bereich mit typischen Lebewesen. Lebensräume sind z.B. Hochmoor, Strand, Buchenwald, Pfütze oder Aquarium.

Menstruation
Bei der Menstruation tritt blutige Flüssigkeit aus der Gebärmutter durch die Scheide aus. Die Menstruation wiederholt sich ungefähr alle vier Wochen und wird daher auch als Regel, Periode oder Monatsblutung bezeichnet. Eine Menstruation dauert etwa drei bis fünf Tage.

Metamorphose
Gestaltwandel von Tieren während ihrer Entwicklung. Bei der vollständigen Metamorphose (z. B. bei Käfern, Bienen, Schmetterlingen) entwickelt sich aus dem Ei eine Larve, die später eine starre Puppe ausbildet. Aus ihr schlüpft das fertige Insekt, das man Imago nennt. Bei der unvollständigen Metamorphose z. B. bei Heuschrecken) tritt kein Puppenstadium auf.

Mikroskop
Gerät zur Vergrößerung, das aus mehreren Linsen besteht.

Mineralsalze
Mineralsalze sind in unseren Nahrungsmitteln enthalten und für unsere Gesundheit unentbehrlich. Eisen benötigen wir z. B. für die roten Blutkörperchen, Kalzium ist wichtig für den Knochenbau.

Muskel
Ein Muskel besteht aus vielen lang gestreckten Fasern. Diese können sich zusammenziehen. So ermöglichen Muskeln zusammen mit Knochen und Sehnen die Bewegungen des Körpers. Bei der Überdehnung eines Muskels kommt es zu einer Zerrung, bei Überanstrengung zu Muskelkater.

Nährstoffe
Alle Nahrungsmittel enthalten bestimmte Nährstoffe. Sie werden von den Lebewesen zum Wachstum und zur Energieversorgung benötigt. Die Nährstoffe sind Eiweiße, Fette und Kohlenhydrate.

Nestflüchter
Bei manchen Vögeln und Säugetieren sind die Jungtiere nach der Geburt so weit entwickelt, dass sie selbstständig Nahrung aufnehmen können und den Eltern folgen können. Haare oder Federn sind bereits vorhanden. Nestflüchter sind z. B. die Jungtiere von Ente, Huhn, Feldhase und Reh.

Nesthocker
Jungtiere von Vögeln und Säugetieren, die bei der Geburt noch geschlossene Augen haben und den Eltern noch nicht folgen können. Haare und Federn fehlen oder sind nur spärlich vorhanden. Zu den Nesthockern gehören, z. B. Kaninchen, Eichhörnchen, Katze und die Jungtiere von allen Singvögeln.

Organ
Zusammenschluss aus mehreren Geweben, die bestimmte Aufgaben gemeinsam übernehmen.

Pflanzenfamilie
Zu einer Pflanzenfamilie fasst man verschiedene Pflanzenarten zusammen, die sich im Aussehen, besonders aber im Aufbau der Blüte ähneln. Bekannte Pflanzenfamilien sind z.B. Kreuzblütengewächse und Nelkengewächse. Die Korbblütler sind mit 1200 Arten eine der größten Pflanzenfamilien.

Pflanzenfressergebiss
Im Pflanzenfressergebiss fehlen die Eckzähne. Die Backenzähne zeichnen sich durch eine breite Kaufläche aus, die durch Zahnschmelzfalten noch vergrößert wird. Die Backenzähne zermahlen die Nahrung.

Pubertät
Die Pubertät ist die Zeit, in der sich ein Kind zum Jugendlichen entwickelt und geschlechtsreif wird. Sie beginnt beim Mädchen zwischen dem 9. und 12. Lebensjahr und beim Jungen zwischen dem 12. und 15. Lebensjahr.

Rangordnung
Bei vielen Tieren, die in Gruppen leben, gibt es eine Rangordnung. Das ranghöchste Tier darf als erstes fressen und sich am häufigsten paaren. Das ranghöchste Tier ist für die Gruppe wegen seiner Erfahrung und seiner Stärke wichtig. Ranghöchste Tiere können Weibchen oder Männchen sein.

Reize
Alle Einflüsse, die mithilfe der Sinnesorgane aufgenommen werden können und Informationen darstellen.

Reptilien
Reptilien sind landlebende Tiere, deren Haut mit Hornschuppen bedeckt ist. Bekannte Vertreter sind Eidechsen und Schlangen. Auch die ausgestorbenen Saurier gehörten zu den Reptilien. Reptilien werden auch Kriechtiere genannt. Sie bilden eine Klasse der Wirbeltiere.

Revier
Lebensraum, der gegen Konkurrenten verteidigt wird.

Säugetiere
Alle Tiere, die ihre Jungen aus Milchdrüsen säugen, sind Säugetiere. Sie haben als Körperbedeckung Haare, eine gleich bleibende Körpertemperatur und vier Gliedmaßen. Zu den Säugetieren gehören etwa 4500 Arten. Die Säugetiere bilden eine Klasse der Wirbeltiere.

Skelett
Skelett ist ein anderer Begriff für Knochengerüst. Das menschliche Skelett besteht aus über 200 Knochen. Seine Aufgabe ist es, den Körper zu stützen und innere Organe zu schützen.

Spross
Zum Spross gehören die oberirdischen Teile der Blütenpflanze: Stängel, Blätter und Blüte. Alle Teile des Sprosses können grün werden und Fotosynthese leisten.

Stoffwechsel
Die Vorgänge bei Aufnahme, Umbau und Ausscheiden von Stoffen bezeichnet man als Stoffwechsel.

Tag
Ein Tag ist die Zeit für eine Umdrehung der Erde um ihre eigene Achse. Auf dem der Sonne zugewandten Teil der Erde ist es Tag. Auf der der Sonne abgewandten Seite ist es Nacht.

Tageslänge
Die Tageslänge ist die Zeit zwischen Sonnenaufgang und Sonnenuntergang.

Temperatur
Die Temperatur beschreibt, wie warm oder kalt ein Körper ist. Temperaturen werden mit einem Thermometer gemessen und in °C (Grad Celsius) angegeben.

Transpiration
Geregelte Wasserdampfabgabe der Pflanze über die Spaltöffnungen auf der Blattunterseite.

Ungeschlechtliche Fortpflanzung
Bei Pflanzen ist es eine häufige Art der Fortpflanzung. Aus einem Teilstück der Mutterpflanze entsteht eine neue Pflanze. Ungeschlechtliche Fortpflanzung haben z. B. Erdbeeren, Kartoffeln. Fast alle Zimmerpflanzen kann man ungeschlechtlich fortpflanzen.

Verdauung
Die Verdauung findet beim Menschen in Mund, Magen und Darm statt. Dabei werden die Nährstoffe in kleinere, wasserlösliche Bestandteile zerlegt. Diese können dann durch die Darmwand ins Blut aufgenommen werden.

Vitamine
Vitamine sind lebensnotwendige Nahrungsbestandteile. Sie haben im Körper jeweils eine bestimmte Wirkung und müssen mit der täglichen Nahrung aufgenommen werden. Bereits geringe Mengen reichen für die tägliche Versorgung.

Vögel
Vögel sind eine Klasse der Wirbeltiere, deren Haut mit Federn bedeckt ist. Auf der Erde leben etwa 9000 Arten. Die kleinsten sind die fünf Zentimeter großen Kolibris, die größten die drei Meter hohen Strauße, die nicht fliegen können.

Wechselwarme Tiere
Bei wechselwarmen Tieren ist die Körpertemperatur so hoch wie die jeweilige Umgebungstemperatur. Zu den wechselwarmen Tieren gehören Amphibien, Reptilien und Fische.

Wiederkäuer
Wiederkäuer sind Pflanzenfresser. Sie haben einen Magen, der es ihnen ermöglicht, gefressene Nahrung wieder hoch zu würgen. Diese Nahrung wird erneut durchgekaut und geschluckt. Zu den Wiederkäuern gehören u. a. Rinder, Giraffen, Hirsche, Antilopen, Ziegen und Schafe.

Winterschlaf
Einen Winterschlaf halten Igel, Fledermäuse und andere Säugetiere. Während des Winterschlafs sind wichtige Lebensvorgänge dieser Tiere so stark verlangsamt, dass die ungünstige Jahreszeit ohne Nahrungsaufnahme überdauert werden kann. Sinkt die Außentemperatur auf lebensgefährliche Temperaturen ab, so erwachen die Tiere und können z. B. ihren Standort wechseln.

Wirbeltiere
Fische, Amphibien, Reptilien, Vögel und Säugetiere haben als gemeinsames Merkmal eine aus einzelnen Wirbeln zusammengesetzte Wirbelsäule. Sie werden deshalb zum Stamm der Wirbeltiere zusammengefasst.

Wurzel
Die Wurzel ist der unterirdische Teil der Pflanze und besteht meist aus einer Hauptwurzel und zahlreichen Seitenwurzeln. Wurzeln verankern die Pflanze im Boden und geben ihr festen Halt. Mithilfe von zahlreichen Wurzelhaaren nimmt die Pflanze aus dem Boden das Wasser und die darin gelösten Mineralsalze auf.

Züchtung
Gezielte Auswahl und Vermehrung von Pflanzen und Tieren durch den Menschen, z.B. bei Haus- und Nutztieren.

Zugvogel
Zugvögel verlassen im Herbst ihr Brutgebiet und ziehen in Gebiete, in denen sie genügend Nahrung finden. Manche Zugvögel ziehen bis nach Afrika, dazu gehört der Storch und der Kuckuck. Andere Zugvögel, wie die Singdrossel, überwintern in den Ländern am Mittelmeer.

Zwiebel
Eine Zwiebel besteht aus vielen verdickten, fleischigen Zwiebelschuppen. Die Zwiebel ist ein Speicherorgan für Nährstoffe. Frühblüher, wie die Tulpen oder Narzissen haben als Speicherorgan, zur Überdauerung der kalten Monate ohne Blätter, eine Zwiebel.

Stichwortverzeichnis

Bildquellenverzeichnis

aerowest, Dortmund: 107.5; agrar-press, St. Goar: 46.2; 56.1; 56.4; aid, Auswertungs- u. Informationsdienst f. Ernährung, Landwirtschaft u. Forsten, Bonn: 54.2 - 5; AKG, Archiv f. Kunst u. Geschiche, Berlin: 126.1 l.; 158.1; 217.6; Anders, Uwe, Destedt: S. 3; 13.2 e; 14.2; 15.4; 15.5; 161.6; 191.3; 192.1; 198.1; 207.5; S. 227 ; S. 228; Angermayer, Toni, Holzkirchen: S. 3; S. 12 u. l.; 13.2 a, d, f; 16.1; 43.4; 53.6; 54.1; 68.2; 82.1 f; 85.2 c, d, e; 87.4 b, c; 88.1 l.; 92.2; 94.1; 112.2; 113.4; 144.1; 144.4; Associated Press (AP), Frankfurt/M.: 75.4; 77.5; Blickwinkel. Witten: 51.3; Bongarts Sportfotografie, Hamburg: 166.1; Bonnier Alba AB, Stockholm: 160.1 (Lennart Nilsson); 181.3 (Lennart Nilsson); Bundeszentrale f. gesundheitl. Aufklärung, BZG, Köln: S. 4; 150.1; 152.1; CMA – Bestes vom Bauern, Bonn: 56.2; 56.3; Coleman, Bruce, Ltd. Uxbridge: 32.1; CORBIS, Düsseldorf: 87.4 d; 108.1; 136.2; Danegger, Manfred, Owingen-Billafingen: 62.1; 62.2; 64.1; 70.1; 85.2 b ; S. 146; Das Fotoarchiv, Christoph & Friends, Essen: 170.1 u. l.; Deutsches Museum, München: 148/149 (IMAX, Forum der Technik); dpa Picture-Alliance, Frankfurt/M.: 57.5 (Kluge); 216.1 (Schindler); 216.2 (Wolfraum); Dorling Kindersley Limited, London, erschienen bei BLV Verlagsgesellschaft, München 1994: 30.1; 30.3; S. 58; Joseph Duff, Operation Migration, Blackstock, Ontaria: S. 60/61; Eye of Science, Reutlingen: 105.2; 198.3; 205.3; 208.2; Floramedia Service, Vaduz: 124.1 b; 134.2;194.1; 198.4; 202.1; 204.2; 209.3; 211.2; 218.1 M.: S. 228; Förster, Steffen, New York: 13.2 g, 13.3; 14.1; 15.3; 44.1; 45.3; 55.7; 55.8; 126.1 r.; 163.3; 163.4; 193.3; 212.1; 214.1; S. 215; 218.1 r.; 219.3; 220.2 o. l.; 221.5; 223.4 r.; FWU, Institut f. Film u. Bild in Wissenschaft u. Unterricht, München: 109.3; S. 146; Glader, Hans, Isselburg: 112.1; Greiner & Meyer, Braunschweig: 31.5; 85.2 a, f; 92.1; 106.3; 124.1 d; 142.2; 204.1 M.; 208.1 b; 213.3; Hartz, Volker, Braunschweig: 88.1 o.; Hausmann, Klaus, Prof. Dr. , Institut f. Zoologie d. Universität, Berlin: 8.1 M. u.; Huk, Thomas Dr., Braunschweig: 173.4 u. l.; IFA-Bilderteam, Ottobrunn: 71.2 (The Natural History); 88.1 r.; 128.1 l.; Institut f. Meeresforschung d. Universität Kiel: 80.1; Institut f. Wissenschaftl. Fotografie, Manfred P Kage, Lauterstein: 102.3; 102.4; Issing, Robert, Güntersleben: 16.1; Juniors Bildarchiv, Ruhpolding: S. 10; 24.1; 34.2; 35.3; 106.1; Kandula, Architektur-Bilderservice, Witten: 196.1 r.; Koch, Heidi u. Hans-Jürgen, Freiburg: 108.2; Kohn, Klaus G., Braunschweig: 16.1 l.; 33.4; 34.1; 51.4; 51.5; 99.3; 110.1; 111.3; 153.3; 153.4; 155.3; 156.1; 157.3; 167.4; 168.1; 170.1 o.l., u.r.; 172.1; 173.4 r.; 175.4; 182.1; 183.2 u.; 184.1; 191.4; 197.3; 197.4; 207.6; 223.5; 224.1; Kuhn, Regina, Stuttgart: 40.1; 40.2; 40.3; Lanting, Frans, Inc., Santa Cruz, California, USA: 58.1; Lavendelfoto Gerhard Höfer, Hamburg: 205.4; 223.4 l.; Leins, P., aus: Blüte und Fruicht, S. 278, Schweizerbart, Stutgart 2000: 209.5 b, c; Leshem, Yossi, Tel Aviv: 138.1; Mauritius, Mittenwald: 47.6; 52.2; 73.4 (N. Rosing), 106.4; 134.1 (Thonig); S. 188/189 (Thonig); 214.2; Meyer, Juliane, Oerzen: S. 20/21; Nationalmuseum, Kopenhagen: 163.5; Natural History Photographic Agency, NHPA,Sussex: S. 6/7 (Stephen Dalton); Naturfoto Labhardt, Basel: 98.1; Naturhistorisches Museum, Wien: 78.2; Okapia, Frankfurt/M.: S. 3; S. 4; 8.1 o. r. (Norbert Pelka); 8.1 l.(Owen Newman/OSF); S. 12 o.(Manfred Danegger); S. 12 u. r. (Francois Merlet); 16.1 (Castelein); 16.1 (Montag); 32.2 (Klein & Hubert/BIOS); 32.2 (Klein & Hubert/ BIOS); 74.1 (Wothe/SAVE); 74.2 (Francois Gohier); 78.1 (Francois Merlet); 79.3 (Michel Varin); 79.4 (NAS/Charles V. Angelo); 82.1 a (Andreas Hartl); 82.1 c – d (Christen); 82.1 e (Andreas Hartl); 89.3 (Dr. W. Irsch); 94.2 (Walter Rohdich); 115.2 (J.- L. Klein & M. L. Hubert); 124.1 a (Hilgert); 140.2 (Lothar Lenz); S. 5 und 176.1 b (NAS/David M. Phillips); 178.1 b (NAS/ David M. Phillips); 203.3 l. (Hapo); Reinhard-Tierfoto, Heiligkreuzsteinach: S. 10; S. 12 M. u.; 16.1; 22.1; 31.4; 38.2; 43.3; 46.1; 50.1; 50.2; S. 58; 87.4 a; 95.6; 96.1; 109.4; 128.1 M.; 131.4; 131.6;

140.3; 143.4;144.3; 203.3 r.; 218.1 o. l.; 220.2; 221.4; 226.1; René Mettler: Die Natur – Eine Entdeckungsreise durch das Jahr © für die deutsche Ausgabe: ars edition, München 1998: S. 122/123; Rixe, Dieter, Braunschweig: 55.1; 102.1; 124.1 e; 174.1; 177.3; 183.2 o.; Rolfes, Willi, Vechta: 8.1 M. o.; Saner & Thalmann/Matthias Saner, Entwicklungswerkstatt, Spiez, Schweiz: 41.5; Scherm, Heidi, Berlin: 182.1 o. r.; Schulenberg, Wolfgang, Vechta: 211.3; Schultze, E.-D., Prof. Dr., Max-Planck-Institut f. Biogeochemie, Jena: 131.5; Stockpremium, Düsseldorf: 105.3; Superbild, München: S. 10; 26.2; 32.3; 124.1 c; 128.1 r.; 173.4 o. l.; TopicMedia Service, Ottobrunn: 98.1 l.; 106.2; 130.1; 136.1; Uitz, Harald, Prof. Dr., Graz: 203.3 M.; Vogelwarte Helgoland: 139.4; Paul Weber Museum, Ratzeburg: 71.6; Westermann Archiv, Braunschweig: 219.2; Wildlife, Hamburg: 36.1; 36.2; 38.1; 48.2; 66.1; 68.1; 96.2; 138.2; 143.5; 144.2; 194.2; 208.1 a; Wüst, Walter: Die Brutvögel Mitteleuropas mit Farbbildern von Ludwig Binder, Bayerischer Schulbuchverlag, München 1970: 99.4; Zimen, Erik, Dr., Haarbach: S. 11 o. l.; 26.1; S. 58

Die Screenshots der Seiten 28/29 entstanden unter Verwendung von Microsoft Windows 2000 und Microsoft Word 2000.

Einbandgestaltung
Kleeeis Visuelle Konzepte, Braunschweig, unter Verwendung einer Aufnahme von Manfred Delpho/Wildlife, Hamburg

Grafiken

Ecke, Julius, www.naturstudiendesign.de: S. 4; 14.2; 25.6; 45.5; 52.3; 65.6; 65.7; 69.3; 80.1; 81.2; 83.2; 89.4; 93.5; 93.6; 95.8; 97.3; 103.7; 104.1; 105.4; 107.7; 127.3; 137.5; 138.3; 145.7; S. 146; 152.2; 160.2; 161.4; 161.5; 162.1; 162.2; S.164; S.165; 166.2; 166.3; 176.1 a; 177.1; 177.4; 178.1 a; 179.2; 179.3; 180.1; 181.2; 193.2; 193.4; 196.1; 202.2; 203.3; 203.4; 204.1; 204.2; 227.4

Henkel, Christine, Dahmen: S. 3; 9.2; S. 10; 23.6; 24.3; 25.5; 27.3; 31.6; 35.4; 37.7; 37.8; 37.9; 47.4; 49.3; 49.4; 49.5; 63.3; 63.4; 63.5; 69.4; 89.2; 92.3; 93.4; 94.3; 95.7; S. 100/101; 102.2; 103.5; 103.6; 114.1; 115.3; 116.1; 117.2; 121.2; 125.3; 135.3; 135.5; 140.1; 141.6; 142.1; 143.6; 153.5; 154.2; 159.2; 163.6; 167.5; S. 169; 181.4; S. 200/201; 219.4

Kessler, Mario/die Kleinert, München: S. 4; S. 5; S. 11; 24.2; 42.1; 44.2; 45.4; 64.2; 67.2; 67.3; 71.3; 84.1; 86.1; 90.1; 119.1; 128.2; 129.5; 129.6; S. 132/133; 159.3; 206.3; 210.1; 220.1; 221.3; S. 222; 224.2; 225.3; 226.2; S. 228

Schwanke & Raasch, Hannover: 17.2; 39.4; 46.3; 57.6; 81.4; 103.8; 111.2; 120.1; 121.3; 127.2; 129.3; 130.1; 130.2; 131.3; 137.3; 167.6; S. 171; 190.1; 190.2; 192.1; 195.4; 198.2; S. 199; 201.4; 206.1; 206.2; 206.4; 213.2; 219.2; 224.1

Es war nicht in allen Fällen möglich, die Inhaber der Bildrechte ausfindig zu machen und um Abdruckgenehmigungen zu bitten. Berechtigte Ansprüche werden selbstverständlich im Rahmen der üblichen Konditionen abgegolten.